塔里木高压致密砂岩气藏氮气钻完井技术

王春生　等编著

石油工业出版社

内容提要

本书针对塔里木盆地迪北异常高压致密砂岩气藏开发难题，系统阐述了氮气钻完井技术理论创新与工程实践。通过分析储层高压、高 CO_2 含量、裂缝发育等地质特征，提出了氮气钻井井身结构优化、抗冲蚀井口装备配套、油钻杆完井工艺及安全监测方法，并结合迪西 1 井等实例，验证了氮气钻井技术在降低储层伤害、提高钻井效率、保障安全作业方面的显著成效，为高压致密砂岩气藏开发提供了理论支撑与实践经验。

本书适用于石油工程领域科研人员、油田开发技术人员及高等院校相关专业师生，对非常规油气资源开发具有一定的参考价值。

图书在版编目（CIP）数据

塔里木高压致密砂岩气藏氮气钻完井技术 / 王春生等编著 . -- 北京：石油工业出版社，2025.5. -- ISBN 978-7-5183-6755-9

Ⅰ.TE242

中国国家版本馆 CIP 数据核字第 2024ZD3789 号

出版发行：石油工业出版社

（北京安定门外安华里 2 区 1 号　100011）

网　　址：www.petropub.com

编辑部：（010）64523710

图书营销中心：（010）64523633

经　　销：全国新华书店

印　　刷：北京中石油彩色印刷有限责任公司

2025 年 5 月第 1 版　2025 年 5 月第 1 次印刷

787×1092 毫米　开本：1/16　印张：16.25

字数：274 千字

定价：150.00 元

（如出现印装质量问题，我社图书营销中心负责调换）

版权所有，翻印必究

《塔里木高压致密砂岩气藏氮气钻完井技术》
编写组

组　　长：王春生

副组长：冯少波　　许期聪　　卢俊安　　梁红军

成　　员：李德鸿　　郑何光　　匡生平　　黄文鑫　　张　志
　　　　　李　宁　　张耀明　　邹光贵　　张绪亮　　章景城
　　　　　周　波　　尹　达　　王延民　　陈江林　　杨　谭
　　　　　申　彪　　董　仁　　贾国玉　　李晓春　　冯伟雄
　　　　　李　磊　　段永贤　　卢　强　　严永发　　将光强
　　　　　明传中　　杜锋辉　　白　璟　　邓　虎　　颜小兵
　　　　　张德军　　庞　平　　李枝林　　周长虹　　徐忠祥
　　　　　肖　洲　　邓　柯　　廖　兵　　罗　整　　刘殿琛
　　　　　颜　海　　吴　俊　　李金和　　王跃江　　刘瀚韬
　　　　　李　皋　　杨　旭　　李红涛　　黎洪志　　张　毅
　　　　　王　浩　　冯佳歆　　李胜富　　胡　毅　　王柯达

前言
PREFACE

在人类探索地球资源的历程中,科学技术的发展一直是油气资源开发的重要推动力之一,特别是对于高压致密气藏的勘探与开发,更需要技术的创新和突破。塔里木盆地作为中国西部地区重要的油气产区,其地下蕴藏着丰富的油气资源。由于塔里木盆地地质特征复杂多样,油气藏多呈现"三超(超深、超高温、超高压)特点,传统的钻完井技术往往难以应对高温、高压、高含腐蚀性介质等复杂工况,尤其是在高压致密气藏的开发过程中,井控风险极大,常规钻井流体的使用往往会引起储层伤害,降低气井产能,这些问题极大地制约了高压致密气藏的有效开发。氮气作为一种惰性气体,不仅可以有效减少井下复杂情况的发生,保护储层免受伤害,还能在一定程度上提高钻井效率,减少钻井成本。在众多技术创新中,氮气钻完井技术凭借其独特的优势,成为解决上述问题的有效途径。为了让氮气钻完井技术成果更好地推广应用,我们编写了《塔里木高压致密砂岩气藏氮气钻完井技术》一书。

首先,本书对塔里木盆地迪北高压致密砂岩气藏的地质特征进行了详细的分析,明确了开发此类气藏面临的主要难题。其次,本书着重介绍了氮气钻完井技术的原理、设备、工艺及应用实例,详细阐述了高压致密气藏开发过程中氮气钻完井技术的独特优势和显著效果。最后,通过应用实例,展示了氮气钻完井技术在提高钻井效率、降低钻井成本、减少储层伤害、提高气井产能等方面的实际应用成效。

本书由中国石油塔里木油田公司、中国石油川庆钻探工程有限公司钻采工程技术研究院、中国石油天然气集团有限公司超深层复杂油气藏勘探开发技术研发中心、新疆超深油气重点实验室、新疆维吾尔自治区超深层复杂油气藏勘探开发工程研究中心、国家能源高含硫气藏开采研发中心、国家能源页岩气研发（试验）中心和油气钻完井技术国家工程研究中心参与编写。在此，感谢所有参与本书编写的专家学者、工程技术人员，以及在本书编写过程中提供帮助的相关单位和个人，是他们的辛勤工作和无私奉献，使得这本书得以顺利完成。

在本书的编写过程中，笔者深感责任重大，希望本书不仅能为从事油气行业的工程技术人员提供实用的技术参考，更希望为石油工程领域的学术研究和技术创新提供新的思路和方法。

由于笔者水平有限，书中难免存在不妥之处，望读者批评指正。

目录
CONTENTS

第一章　迪北气藏地质特征及氮气钻完井难点和对策 ………………… 1
 第一节　迪北气藏地质特征 …………………………………………… 1
 第二节　迪北气藏储层氮气钻完井难点和对策 …………………… 11

第二章　氮气钻完井井身结构优化 …………………………………… 15
 第一节　迪北构造地层三压力剖面 ………………………………… 15
 第二节　库车北部迪北构造井身结构评价 ………………………… 27
 第三节　储层氮气钻井井壁稳定评价 ……………………………… 31

第三章　氮气钻完井装备与井口工具配套 …………………………… 58
 第一节　井口装置配套 ……………………………………………… 58
 第二节　内防喷工具配套 …………………………………………… 67
 第三节　防喷器剪切闸板配套 ……………………………………… 84
 第四节　应急关井系统配套 ………………………………………… 107
 第五节　氮气钻井油钻杆组合优化设计与校核 …………………… 112
 第六节　油套管柱强度设计 ………………………………………… 118
 第七节　氮气钻井牙轮钻头优化设计 ……………………………… 125

第四章　氮气钻完井工艺技术 ………………………………………… 128
 第一节　氮气钻完井总体方案 ……………………………………… 128
 第二节　氮气钻井参数优化 ………………………………………… 129
 第三节　油钻杆完井工艺技术 ……………………………………… 132
 第四节　应急处置程序 ……………………………………………… 145

第五章　氮气钻井安全监测技术 ……………………………………………… 151
第一节　氮气钻井安全风险类型 ……………………………………………… 151
第二节　氮气钻井安全风险的监测识别方法 ………………………………… 164
第三节　氮气钻井安全监测系统 ……………………………………………… 184
第四节　现场安全监测效果评价 ……………………………………………… 201

第六章　酸性、腐蚀气体下氮气钻井"油钻杆"技术 ………………………… 207
第一节　油钻杆结构及制造工艺 ……………………………………………… 207
第二节　油钻杆材料性能 ……………………………………………………… 212
第三节　模拟开采环境的材料腐蚀及适用性评价 …………………………… 221
第四节　油钻杆使用性能及复合载荷强度 …………………………………… 227
第五节　油钻杆现场应用及评价 ……………………………………………… 230

第七章　应用实例 ………………………………………………………………… 233
第一节　迪北氮气钻完井方案设计及应用过程 ……………………………… 233
第二节　应用效果分析评价 …………………………………………………… 247

第一章　迪北气藏地质特征及氮气钻完井难点和对策

迪北气藏位于迪北—吐孜构造段冲断斜坡的一系列断鼻和断背斜构造部位，具有储层致密、近源聚集、先致密后成藏的特征，是典型的异常高压致密砂岩气藏。厘清迪北气藏的地质特征，有助于确定有利含油气区、评估氮气钻完井的可行性、确定配套工艺及参数等，以此来指导区内油气的勘探开发。

第一节　迪北气藏地质特征

一、区域地质概况

库车坳陷位于塔里木盆地北缘，是叠加在塔里木古生界海相克拉通盆地之上的中新生代前陆盆地，北与南天山断裂褶皱带以逆冲断层或不整合相接，南为塔北隆起，东起阳霞凹陷，西至乌什凹陷，盆地整体呈北东东向展布，东西长约550 km，南北宽30~80 km，面积约3.7×10^4 km^2。库车坳陷可划分为"四带三凹"的构造格局："四带"从北向南分别为北部构造带、克拉苏构造带、秋里塔格构造带和南部斜坡带，"三凹"由西向东分别是乌什凹陷、拜城凹陷和阳霞凹陷。

北部构造带位于库车坳陷最北端，东西长约420 km，南北宽5~20 km，目前共发现依奇克里克、吐孜、迪北、吐东2四个油气藏，其中迪北气藏是库车坳陷中第一个发现并获得高产的致密气藏，该构造带内共上交探明储量天然气614.48×10^8 m^3、石油609.76×10^4 t。塔里木盆地第四次油气资源评价结果显示，北部构造带侏罗系—三叠系的天然气资源量为1.64×10^{12} m^3、石油资源量

为 $8500×10^4$ t,是库车坳陷油气勘探的重要接替区。北部构造带侏罗系—三叠系在北部山前局部受抬升剥蚀,大部分地区地层较完整且厚度稳定,其中,侏罗系自下而上发育阿合组、阳霞组、克孜勒努尔组、恰克马克组、齐古组和喀拉扎组,中下部为含煤地层及巨厚砂砾岩,上部为杂色和红色的碎屑岩沉积;三叠系与上覆侏罗系整合接触,自下而上发育俄霍布拉克组、克拉玛依组、黄山街组和塔里奇克组,主要为砂岩、泥岩不等厚互层沉积,顶部和底部发育一套含砾砂岩。

北部构造带位于库车坳陷最北端,紧邻南天山造山带,总面积达 6800 km²。该区域挤压作用强烈,发育多条成排的高陡逆冲断裂。受南天山差异挤压应力作用的影响,北部构造带具有明显的分段转换特征,自西向东分为巴什、迪北—吐孜和吐格尔明 3 个构造段(图 1-1)。巴什构造段位于克拉苏构造带以北,向西

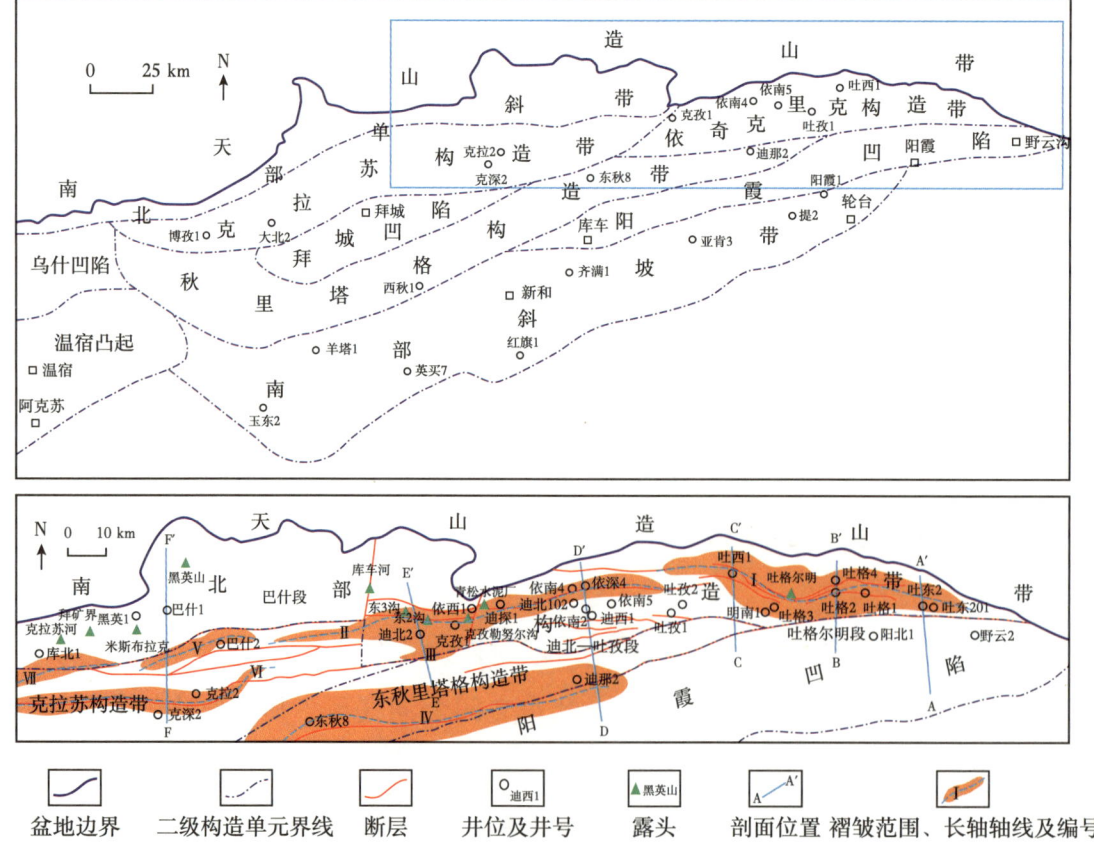

图 1-1 库车坳陷北部构造带构造位置与构造特征

延伸至乌什凹陷北部的塔拉克一带，向东与依奇克里克构造带大致以克孜 1 井为界，西窄东宽，为一不规则的条带状；迪北—吐孜和吐格尔明构造段位于依奇克里克构造带，南部与秋里塔格构造带和阳霞凹陷相邻，东至野云沟。目前已发现的油气藏均位于迪北—吐孜和吐格尔明构造段。另外，在三个段之间的转换区发育与南天山近垂直的逆冲走滑断裂，这种深层的走滑断裂在地表易形成明显的挠曲现象。如吐格尔明背斜在变形过程中，受差异挤压应力及南部古隆起影响，整体呈现"Z"字形特征，在背斜枢纽转折区形成规模较小的走滑断裂。

二、储层岩性特征

库车北部侏罗系阿合组储层以分流河道微相为主，夹少量泛滥平原沉积。分流河道砂体纵向叠置，横向连片，以砂岩、砾岩为主，厚度为 260~300 m，砂地比为 80%~90%。但内部旋回特征明显，发育板状、槽状交错层等沉积构造，单砂体连通性差，泥岩隔层不发育。

岩石类型以岩屑砂岩为主，含有少量长石岩屑砂岩。碎屑组分中，石英、长石和岩屑含量分别为 33.9%~46%、5.2%~16.2% 和 41.3%~53%，其中以变质岩屑为主，岩浆岩、沉积岩岩屑次之。岩石结构成熟度中等，颗粒间以点—线、凹凸—线接触为主，胶结类型为接触—孔隙和压嵌式。填隙物含量为 6.85%~9.51%，主要由泥质、铁泥质等杂基组成；其次为少量的胶结物，胶结物总量为 0~5%，主要为铁方解石、方解石、铁白云石、硅质和黄铁矿。

阿合组黏土矿物含量整体较高，类型有伊利石、绿泥石和伊/蒙混层等，其中伊利石含量为 42%~68.5%，平均含量为 52.4%，绿泥石含量为 18%~24%，伊/蒙混层含量为 10%~36%。以迪北 5 井实钻分层及岩性数据为例，阿合组一段以薄层—巨厚层状浅灰色细砂岩、含砾细砂岩、中砂岩、含砾中砂岩、含砾粗砂岩、砂砾岩和小砾岩为主，夹薄层—中厚层状深灰、灰色泥岩、灰黑色碳质泥岩和黑色煤层。阿合组二段上部（井段 5 868.5~6 128.0 m）以中厚层—巨厚层状浅灰色含砾中砂岩、砂砾岩和小砾岩为主，间夹薄层—中厚层状深灰、灰色泥岩、灰黑色碳质泥岩和黑色煤层；中部（井段 6 128.0~ 6 210.0 m）以厚层—巨厚层状深灰、灰色泥岩为主，间夹厚层状灰色泥质粉砂岩；下部（井段 6 210.0~6 275.0 m）以中厚层—巨厚层状浅灰色泥质细砂岩、细砂岩和含砾中砂岩为主，间夹中厚层状灰色泥岩。因此，阿合组也发育少量煤线，在井身结构设计中应予以重视。阿合组的上部阳霞组厚层状煤层与碳质泥岩交替发育，泥质有机碳含量为 0.22%~9.07%，平均值为 3.02%；生烃潜力为 0.2~17.28 mg/g，平均值为 3.54 mg/g，多数达到中等—好烃源岩标准。作为重要的煤系地层，阳霞组上部主要以泥岩为主，下部以泥岩、粉砂岩和细砂岩为主，厚度大、分布广、有机质含量高，是阿合组的主要烃源岩。

三、储层物性特征

库车北部侏罗系阿合组储层物性变化较大，非均质性强，如处于构造下倾方向的依南 2 井阿合组孔隙度分布区间主要为 0.3%~12.3%，平均值为 5.2%，渗透率为 0.01~41.2 mD，平均值为 1.42 mD（图 1-2）。位于依南断裂上盘、构造上倾方向的依南 4 井的平均孔隙度、平均渗透率分别为 7.77% 和 11.31 mD；依深 4 井的平均孔隙度和平均渗透率分别为 9.6% 和 7.63 mD；位于断鼻构造东翼的依南 5 井的平均孔隙度和平均渗透率分别为 6.2% 和 24.59 mD。综合分析认为：阿合组储层类型为低孔隙度低渗透率—特低孔隙度低渗透率储层，局部发育中孔隙度中渗透率储层。

阿合组储层储集类型主要为孔隙型（图 1-3），统计发现，以微孔隙为主，占 58.3%，粒内溶孔和粒间溶孔次之，分别占 24.46% 和 10.3%，微裂缝再次之，占 6.93%。

四、储层裂缝发育特征

根据图 1-4 和图 1-5 可知，库车北部侏罗系阿合组储层裂缝发育，主要发育构造缝，以半充填—未充填高角度缝（65°~80°）为主，其次为斜交缝，裂缝密度为 0.1~0.2 条/m。

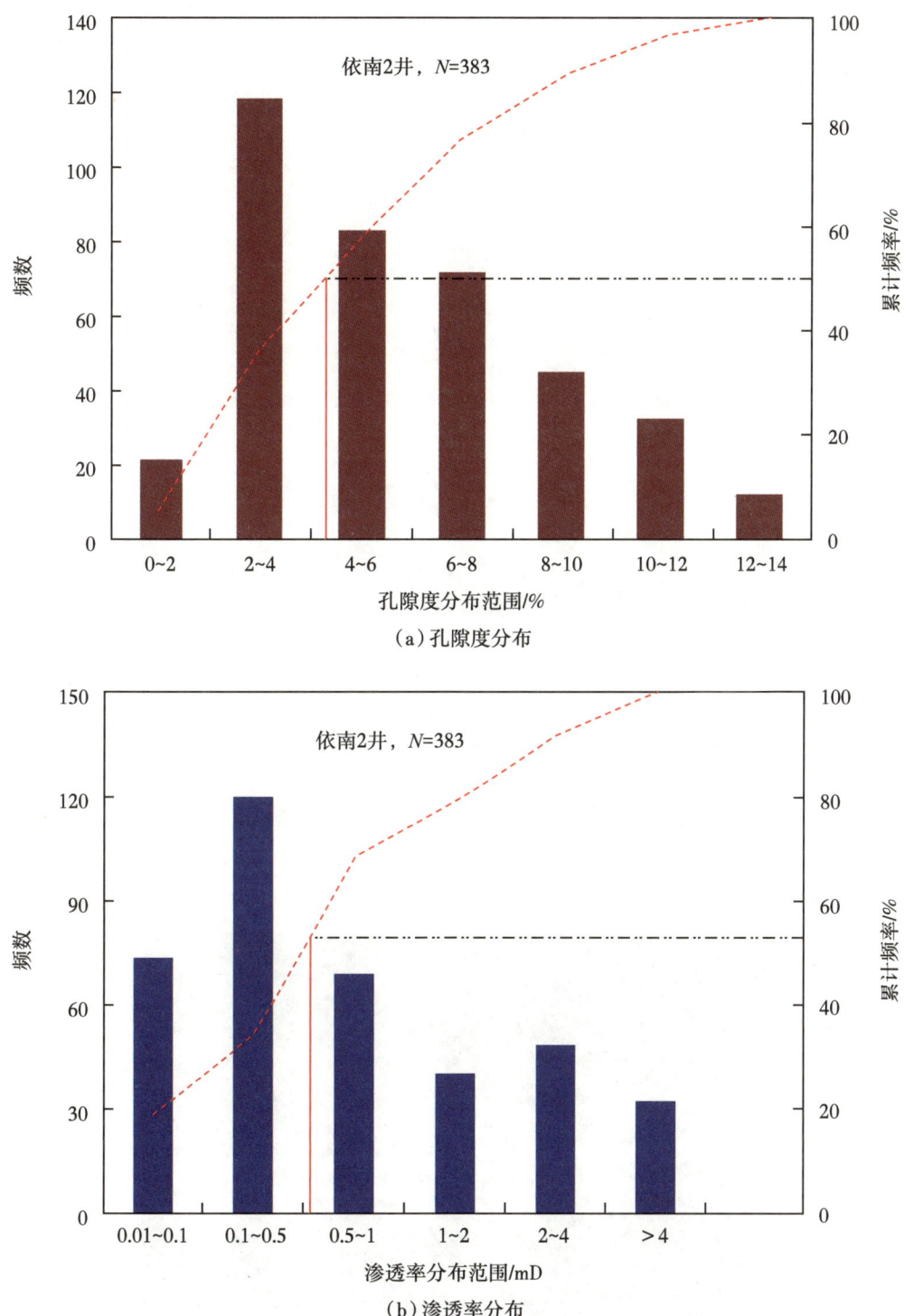

图 1-2　依南 2 井储层岩石孔渗特征图

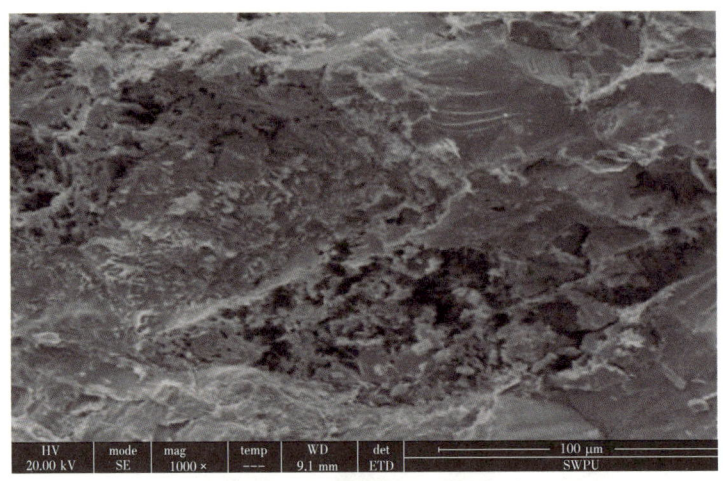
(a)粒内溶孔

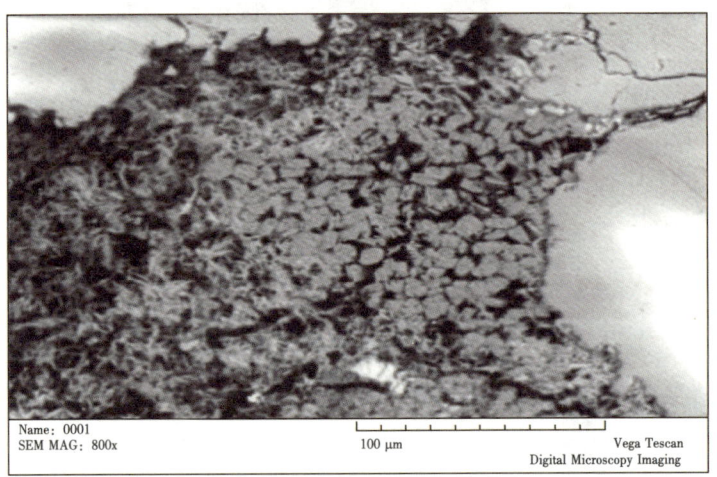
(b)泥质微孔

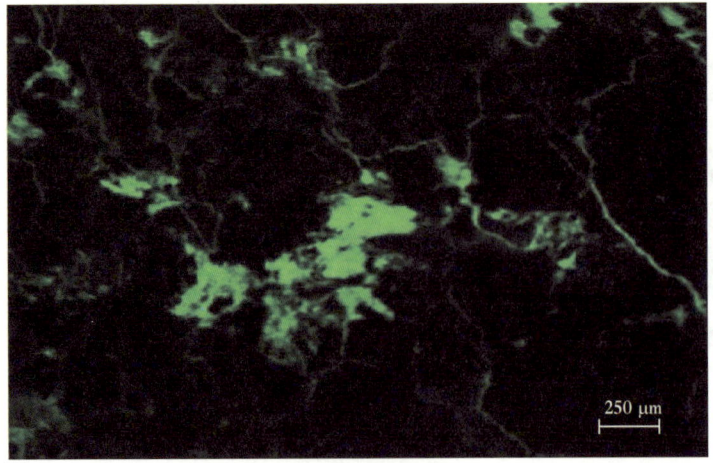
(c)微裂缝发育

图 1-3　迪北地区阿合组扫描电镜下孔隙类型

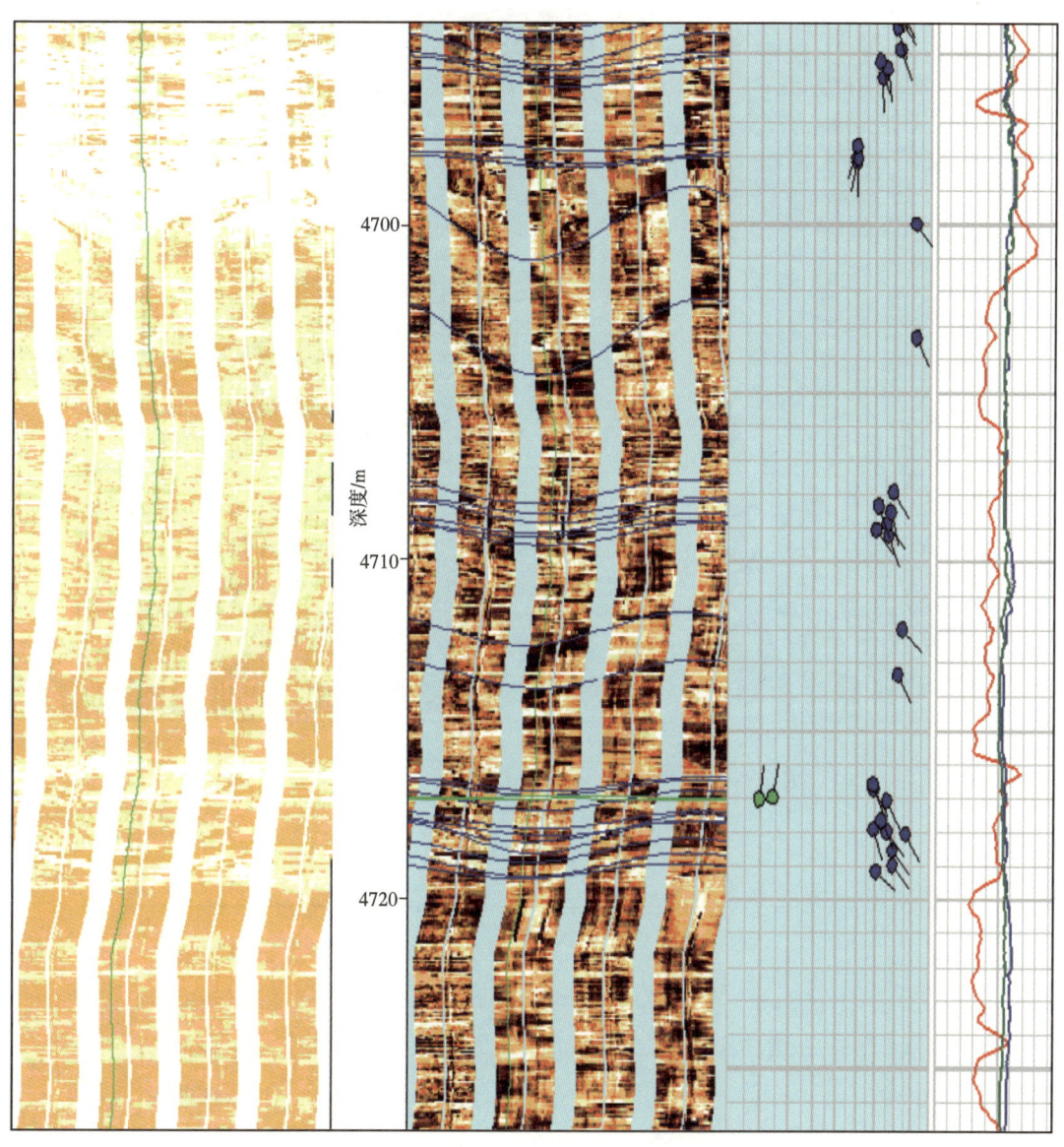

图 1-4 迪北 104 井 4695~4725 m 成像测井资料

五、气藏特征

根据气藏温度、压力数据，位于依奇克里克断裂下盘的依南 2 井和依南 5 井同属一个压力系统，具有异常高压的特点；位于上盘的依深 4 井和依南 4 井仅具有高压特点，且整个压力系数表现出自北向南逐渐增大的特点（图 1-6、图 1-7），这也说明依奇克里克断裂上盘封堵性较差，而下盘断裂封堵性较好，具备形成异常高压气藏条件。

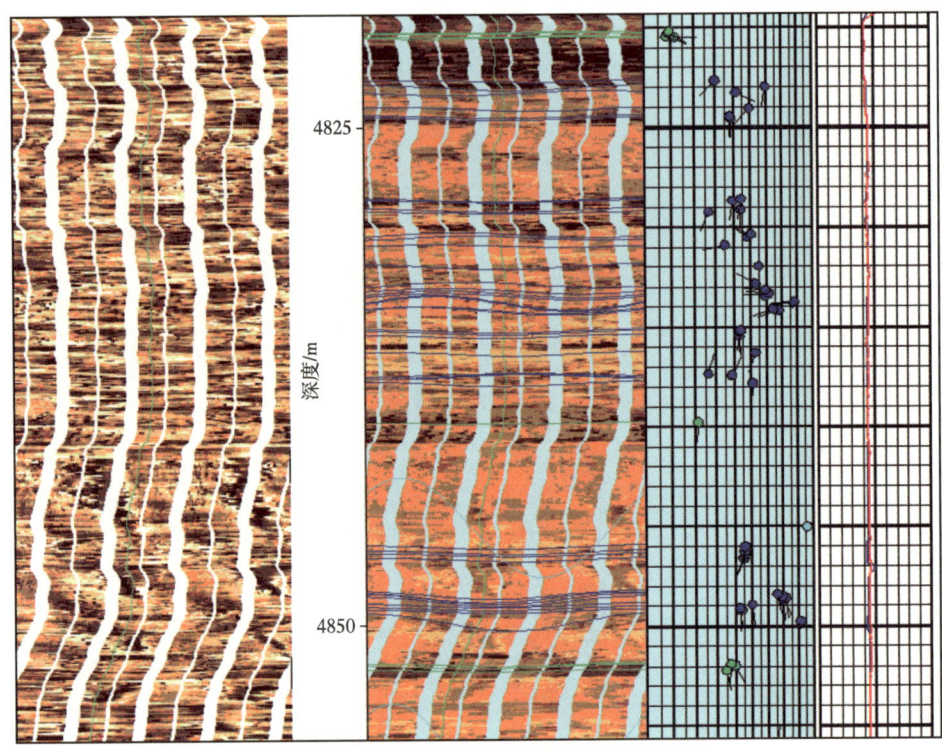

图 1-5 迪西 1 井 4820~4855 m 成像测井资料

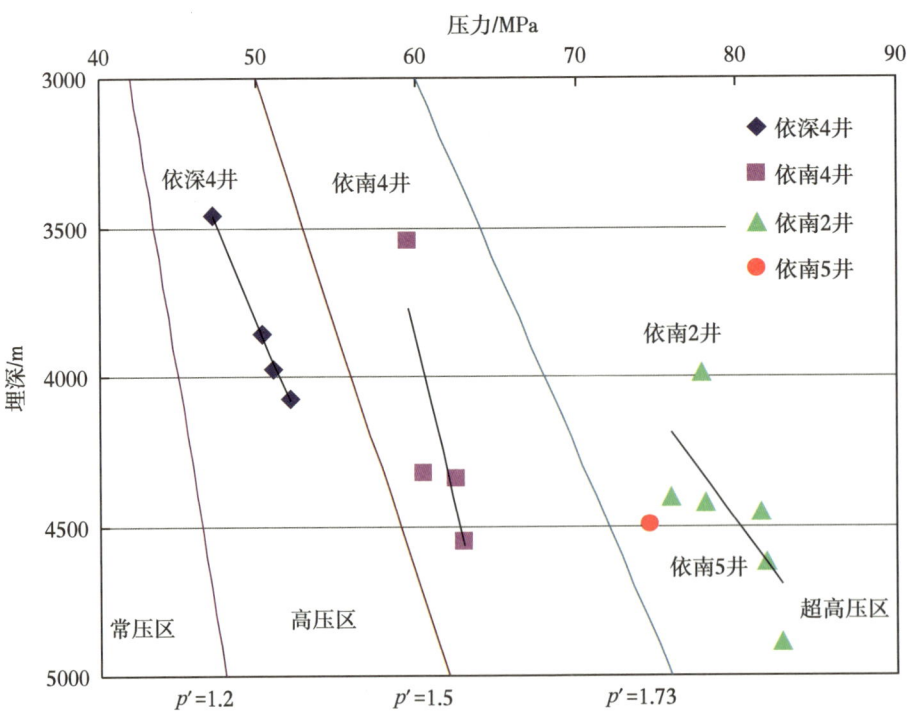

图 1-6 库车北部侏罗系压力分布关系图

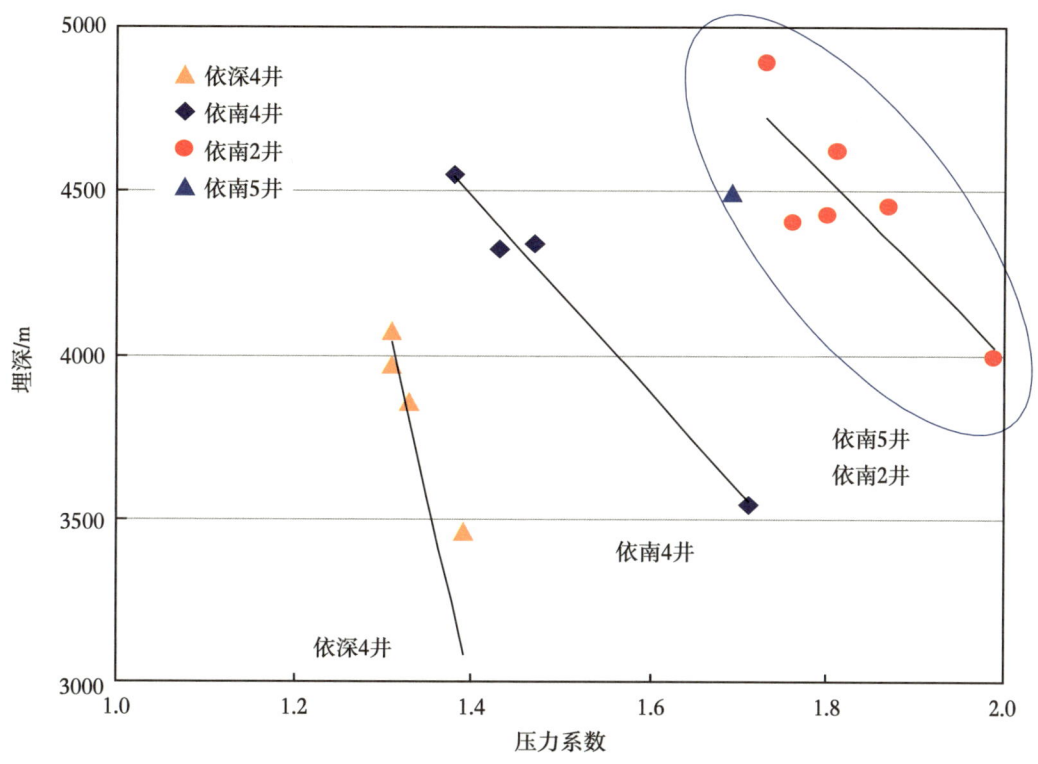

图 1-7　库车北部侏罗系压力系数分布关系图

气藏为局部构造加裂缝控制的异常高压边水凝析气藏，其气水界面在海拔 -3024 m 处。表 1-1 对迪西 1 井、依南 2 井与迪北 102 井三口井的天然气性质进行了分析，其中天然气密度为 0.652 0~0.778 8 g/cm³，甲烷含量为 72.1%~90.6%，N_2 含量为 0.475%~1.360%，CO_2 含量为 1.56%~1.99%，属低含二氧化碳、微含氮气、不含硫化氢的优质天然气。气藏凝析油密度为 0.780 5~0.816 6 g/cm³，黏度为 1.072~1.657 mPa·s，含蜡量为 1.4%~11.6%，胶质 + 沥青质含量为 0.20%~3.61%，表现为低黏度、高含蜡特征，几乎不含硫（表 1-2）。

表 1-1　迪北气藏的天然气性质

天然气性质	迪西 1 井	依南 2 井	迪北 102 井
密度 /(g/cm³)	0.698 7	0.652 0	0.778 8
甲烷含量 /%	90.60	88.79	72.10

续表

天然气性质	迪西 1 井	依南 2 井	迪北 102 井
乙烷含量 /%	4.61	5.46	14.60
重烃含量 /%	1.028	0.520	3.795
N_2 含量 /%	0.602	1.360	0.475
CO_2 含量 /%	1.99	1.56	1.59

表 1-2　迪北气藏的凝析油性质

凝析油性质	迪西 1 井	依南 2 井	迪北 102 井
密度 /（g/cm³）	0.791 3~0.813 5	0.796 7~0.816 6	0.780 5~0.803 0
黏度 /（mPa·s）	1.072	1.657	1.156
含硫量 /%	0.046 4	—	—
含蜡量 /%	10.6	1.4	11.6
胶质 + 沥青质含量 /%	0.20	3.61	0.87

气藏地层水性质见表 1-3。迪北 101 井取样井深为 4 867.0~4 985.0 m，水型为碳酸氢钠型，氯根含量为 19 400 mg/L，总矿化度为 25 410~47 126 mg/L，封存条件好。综合分析认为，库车北部侏罗系阿合组气藏为常温高压干气气藏。

表 1-3　迪北阿合组的地层水性质　　　　　　　　单位：mg/L

井号	Cl^-	HCO_3^-	SO_4^{2-}	Ca^{2+}	K^+	Na^+
迪北 101 井（4 867.0~4 985.0 m）	19 400	1 785.0	8.472	124.3	6 731.00	9933
迪北 102 井（4 938.0~5 099.0 m）	54 700	557.7	2.866	1 702.0	25 690.00	16 760
迪西 1 井（4 808.0~4 975.0 m）	5990	1 772.0	19.57	91.86	11.45	5060

第二节　迪北气藏储层氮气钻完井难点和对策

（1）储层地层压力高，关井井口压力高，井控风险极大。

阿合组储层埋藏深度为 4700~5000 m，地层压力系数为 1.70~1.82，地层压力最高可达 90 MPa，井口关井压力最高可达 67 MPa，对氮气钻完井井控装备和内防喷工具提出了更高要求。同时，揭开高压高产储层时，大量岩石被天然气顶入井筒，影响环空通畅性，引起扭矩上升。突然释放的地层压力也会上顶钻具，可能造成钻具顶天车的风险，影响关井作业。

针对这一难点，主要采取以下技术对策：

①优选钻机及井控装备。

选用 ZJ70D 净空高度达 9.70 m 的钻机，以满足安装井控装备的要求；选用 105 MPa 压力等级的套管头、多功能四通、防喷器组、氮气钻井专用排砂四通、节流压井管汇，满足关井时井口最高关井压力的要求；采用动密封压力为 17.5 MPa 的旋转控制头；钻机配备顶驱。

②优选内防喷工具并做结构优化。

选用气体钻井专用的 105 MPa 箭形回压阀、旋塞和投入式止回阀等内防喷工具，并进行以下结构优化：

a. 采用分体式结构，阀芯采用双向扶正装置。

b. 将阀芯扶正套的扶正位置加长，以保证扶正效果。

c. 密封橡胶件采用四氟乙烯，提高橡胶件的耐冲蚀性。

d. 减小阀芯弹簧硬度，以减小阀芯对阀座的冲击。

e. 分体连接部位加工标准的橡胶密封圈槽，加入橡胶密封圈提高密封可靠性。

③优选放喷与排砂管线。

选用 ϕ103 mm 的大通径放喷管线和专用排砂四通。排砂四通井口以内采用 ϕ180 mm-105 MPa 的高压力级别管线，井口以外采用 ϕ254 mm-5 MPa 的排砂管线，排砂管线遵循大、通、直、稳的原则，采用钢圈密封，排砂管线支撑采用框架固定；采用等通径管线，四通及法兰内径 162 mm，平板阀内径 179 mm；变径变向处采取防冲蚀处理。

④强化随钻数据监测。

强化对注入参数的监测和记录，并在上旋塞位置安装应力波监测仪，及时发现钻具上顶的现象。采用在线 X-ray 进行岩性监测，同时加密并实时共享录井数据，以便与排砂管线、注入管线监测合并，实时分析井下状态。

强化对返出流体参数的监测，在排砂管线监测基础上（O_2、CO_2、CO、H_2S、C_nH_n、温度、压力、湿度等），增加井眼阻塞监测、产气量和质量流量监测，以便定量记录、分析储层钻开瞬间发生和强度。

控制钻时，缓慢揭开储层，减缓地层压力释放速度，减小冲击。钻遇储层时，立即将钻头提离井底，防止环空被堵死。

（2）钻遇高压高产储层，高速气流对井口及地面装置产生极大的冲蚀。

氮气钻井钻遇目的层高产气流后，其携带的岩屑具有巨大的冲击力，对井口及地面装置产生极大的冲蚀作用，将导致设备及管线承压能力降低，从而增加施工作业风险。图 1-8 展示了在产气量为 $10×10^4$ m^3/d、$30×10^4$ m^3/d 和 $50×10^4$ m^3/d 的条件下，总冲蚀能量和临界冲蚀能量随井深的变化情况。由图 1-8 可知，产气量为 $30×10^4$ m^3/d 和 $50×10^4$ m^3/d 时，近井口处的环空总冲蚀能量高于临界值，上部井筒特别是井口装置面临冲蚀问题。迪西 1 井四开氮气钻井期间，多功能四通本体旁通敷焊 Ni60 合金，厚度为 1 mm，ϕ221 mm 内腔表面有 3/4 圆弧面被冲蚀，最宽处为 35 mm，最大冲蚀量达 3 mm；旋转控制头壳体未采取防冲蚀处理，旁通最大冲蚀深度为 8 mm。迪西 1 井五开氮气钻井通过改进，通过测厚仪监测，所有管线壁厚均无变化，防冲蚀效果较好。

针对这一问题，主要采取以下技术对策：

①对多功能四通、平板阀、井口防喷器、排砂四通等地面装置采取防冲蚀技术。

②优化钻进和测试流程，减少返出气体对多功能四通的冲蚀。

③在氮气钻井期间，定期用测厚仪检测地面设备的冲蚀情况，及时发现受冲蚀严重的部位，并及时采取措施。

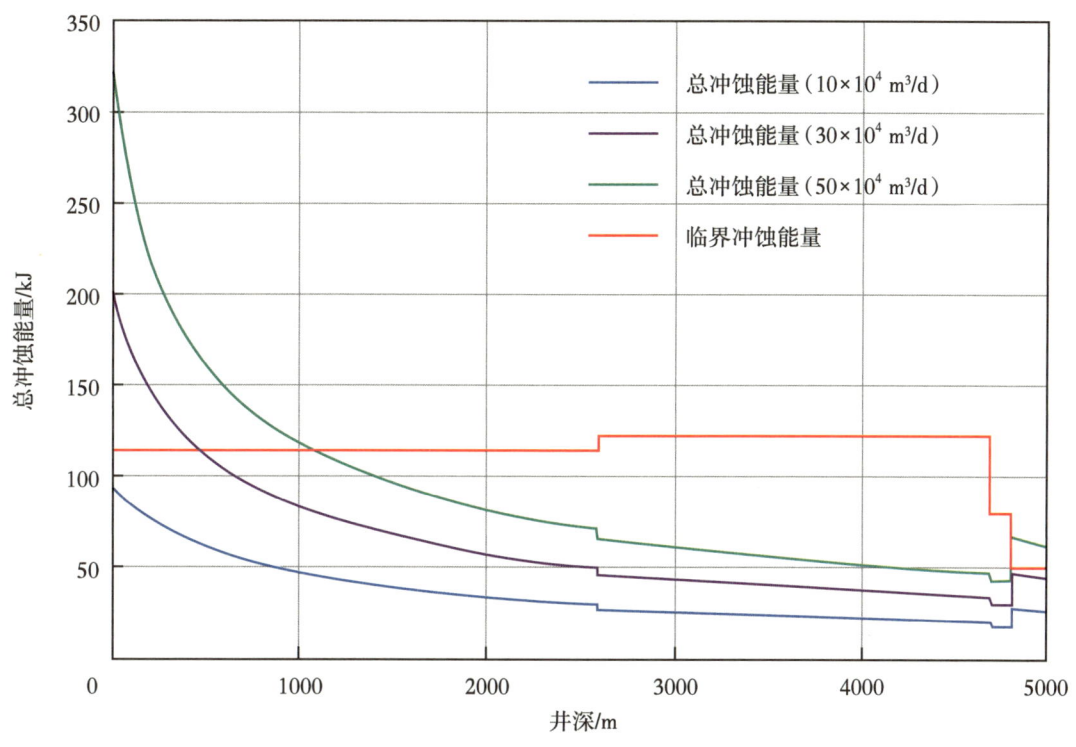

图 1-8　不同产气量下的环空总冲蚀能量曲线

（3）井壁垮塌可能造成环空堵塞甚至卡钻，影响安全作业。

钻遇高压高产气流时，由于地层压力高、气量大，地层岩石在极速的应力释放条件下会发生大面积崩塌，环空岩屑浓度短时间内急剧上升，大量岩屑进入钻具水眼，从而导致水眼和环空堵塞，直接影响氮气钻井安全及后续氮气钻井作业。

针对这一问题，主要采取以下技术对策：

①控制钻速，减小井底岩屑浓度。

②发现参数异常，立即将钻头快速提离井底。

③合理选择喷嘴，限制进入钻具内的流量。

④提高内防喷工具快速关闭动作的能力。

⑤优化钻具组合设计，减小钻头至箭形回压阀之间的距离，采用双母箭形回压阀。

（4）储层 CO_2 含量高，可能诱发氮气钻完井设备腐蚀。

迪西 1 井阿合组储层二氧化碳含量为 2.43%（摩尔分数），分压为 1.69 MPa，一旦地层出水，会在氮气钻进、生产测试及开发过程中造成对设备的腐蚀。随着腐蚀的进行，钻杆/油管壁厚逐渐减薄、强度逐渐降低。由于腐蚀、冲蚀原因，管壁厚度从 7.72 mm 减薄一半至 3.86 mm 时，常用的 S135 钻杆的抗拉强度、抗内压强度、抗外挤强度和抗扭强度分别下降 51.5%、47.1%、85.7% 和 51.9%，大幅增加钻具断落风险。

针对这一问题，主要采取以下技术对策：

①氮气钻完井采用超级 Gr13 油钻杆，实现油钻杆钻进、油钻杆完井一体化工艺。

②在排砂管线和测试管线上安装腐蚀挂片，进行腐蚀性评价，为下一步施工提供参考。

第二章　氮气钻完井井身结构优化

本章探讨了氮气钻完井井身结构优化问题，以应对复杂的地层条件和高压产层的挑战。迪北构造地区地层的特殊性对于氮气钻井的成功施工至关重要。地层孔隙压力、地层破裂压力以及地层坍塌压力是决定井身结构可行性的重要基础参数，通过深入探究三种压力的计算方法，预测了DB1井、DB103井的三压力剖面，以确保井身结构在复杂地层环境下的可靠性。此外，在三压力剖面预测的基础上，结合目标区块地层岩性特征总结梳理了井身结构优化的三个阶段，形成了适合迪北构造的氮气钻井井身优化设计方案。最后针对储层氮气钻井井壁稳定问题，构建了钻遇异常高压产层中孔隙压力分布模型、井周应力分布模型以及上覆泥岩层应力分布模型，同时探讨了井壁失稳的不同破坏模式。结合本章内容，可为迪北构造地区的氮气钻井提供科学的理论支持和工程解决方案，同时也将为氮气钻井技术的发展提供支持。

第一节　迪北构造地层三压力剖面

迪北构造地区地层条件复杂，其地层特征和井下环境对于氮气钻井工程的成功至关重要。通过结合工区钻井实际，基于测井、录井、地质及测试资料，运用工程测井精细解释模型和专业软件，建立地层三压力剖面，为井身结构优化提供依据。

一、地层孔隙压力计算

1. 基于等效深度法计算地层孔隙压力

等效深度法是指在不同深度具有相同岩石物理性质的泥页岩的骨架所受到的有效应力 σ 相等。等效深度法适用于刚勘探的地区，在尚未取得原始地层压力实测资料之前，用来计算地层孔隙压力。在不考虑温度影响的情况下，如果正常趋势线上某一点的 Δt 值与超压带上某一点的 Δt 值相同,则反映这两点孔隙结构和压实程度相同,两点具有等效性,与超压点测值相等的正常趋势线上某点的深度即为等效深度。用公式表示为:

$$p_p = G_0 H + (G_n - G_0) H_e \tag{2-1}$$

式中 p_p——地层孔隙压力,MPa;

G_0——上覆岩层压力梯度,MPa/100 m;

G_n——静水柱压力梯度,MPa/100 m;

H——地层深度,m;

H_e——等效深度,m。

例如,淡水地层 $p_p=0.023\ 1H-0.013\ 1H_e$,盐水地层 $p_p=0.023\ 1H-0.012\ 6H_e$。

正常压实趋势线的构建与等效深度(H_e)的求取是等效深度法的技术关键。将地层声波时差(ΔC)值代入式(2-1)可求出等效深度 H_e,求出实际的地层压力 p_p。研究发现,采用等效深度法来计算地层孔隙流体压力比较有效,而对于复杂岩性剖面、高压盐水层及高压气层段,这种计算方法失效,误差较大。这是因为等效深度法只考虑了泥页岩的垂直应力,没有考虑地层的岩性、孔隙度、温度和流体性质等因素的影响,当地层压力系数大或异常压力点与等效深度点相距较远时,误差较大。此外,该区的高压层(凝析气层和盐水层)在声波时差曲线上的特征非常不明显。为此,采用下述方法来计算或预测实际地层的孔隙流体压力。

2. 基于层速度—有效应力的关系预测地层孔隙压力

传统方法在利用层速度计算地层孔隙压力时没有将岩性、孔隙度、孔隙流体类型等影响因素系统地考虑进来。层速度低不一定意味着存在高压,也有可能是岩性较软或孔隙度较高引起的。

影响层速度的因素较多。层速度与地层孔隙压力有关,与其他地层参数也有关,如岩性、孔隙度等。所以,在对其他影响因素未作描述或适当假设的情况下,直接由层速度求取地层孔隙压力,容易产生较大误差。层速度有误差且分辨率比较低,其误差包括随机误差和系统误差,且层速度是两个主要反射层之间的平均速度,分辨率较低,这均影响压力预测数值及深度的准确性。

提高利用地震层速度预测地层孔隙压力精度的关键可归纳为以下三个方面：（1）地震速度资料的品质与合理拾取方法。这是提高层速度准确性和分辨率的关键。这方面还包括研究区合理时深关系模型的建立，时深关系模型越准确，则由双程时间转换的深度越可靠，这是减小预测结果深度误差的关键。（2）由层速度计算地层孔隙压力模型的合理性。这是在层速度确定的情况下，进一步提高地层孔隙压力预测精度的关键。（3）钻探程度及对研究区地质情况（沉积、地层和构造等）的认识程度。这是资料解释和确定预测模型参数的基础，认识程度越高，解释的速度会越接近地层的真实速度，确定的模型参数也会更合理，预测精度就越高。

单点计算模型指的是在由层速度计算地层孔隙压力时，层速度和地层孔隙压力之间为简单的一一对应关系，即一个层速度点对应一个地层孔隙压力点，速度高算出的地层孔隙压力低，速度低算出的地层孔隙压力高，不考虑其他影响层速度的因素，以及上下地层间的逻辑关系。如果地层岩性比较单一且以泥岩为主，则可以忽略砂岩或其他岩性夹层的影响。若异常高压成因以欠压实机制为主，单点算法有比较高的精度。在这种假设条件下，采用如下模型：

$$\begin{cases} V_{\text{int}} = a + kp_e - b\text{e}^{-dp_e} \\ p_p = p_o - \alpha p_e + \rho g \Delta C_p \times D / 1000 \end{cases} \quad (2-2)$$

式中　V_{int}——地震层速度，m/s；

　　　D——深度，m；

　　　a、b——经验系数，m/s；

　　　k——经验系数，m/(s·MPa)；

　　　d——经验系数，1/MPa；

　　　p_o、p_e、p_p——上覆岩层压力、垂直有效应力和地层孔隙压力，MPa；

　　　α——Biot 系数，一般取 0.15；

　　　ΔC_p——地层孔隙压力校正系数，一般取 0.35；

　　　ρ——水的密度，g/cm³，一般取 1 g/cm³；

　　　g——重力加速度，m/s²，一般取 9.806 65 m/s²。

对于式（2-2）中系数的确定，可据上部正常压实段的声波速度 V 和正常孔隙压力条件下计算的有效应力 p_e、实测的 p_p 及相应的声波时差测井或 VSP 测井的速度数据进行非线性回归求得。

综合以上两种方法的结果可知，第二种方法更接近实际。

二、地层破裂压力计算

地层破裂压力（p_F）的获取目前主要有两种途径：一是通过室内岩石力学实验或油气井现场水力压裂施工获取，这种方法虽然精度高，但成本较高且实验条件限制较多；二是从测井资料中提取地层破裂压力，这种方法较为便捷，但在复杂岩性剖面、砂泥岩共存区域等条件下准确度不高，容易导致预测误差。

在此，为了提高地层破裂压力的预测精度，笔者采用了一种测井估算砂泥岩剖面的地层破裂压力的新模型，并重点研究了模型中各参数的提取方法。

有关 p_f 的预测模型已有较多报道，这些模型都有其特定的适用条件，主要适用于砂泥岩地层，例如，国外 Hubbert-Willis 模型（1957）、Matthews-Kelly 模型（1967）、Eaton 模型（1969）、Andson 模型（1973）及 EXLOG 模型（1980）等，以及国内冯启宁模型（1983）、黄荣樽模型（1985）、谭廷栋模型（1990）、姜子昂模型（1994）等。这些模型从形式上看可归纳为以下两大类：

$$p_f = \alpha p_p + \left(\frac{2\nu}{1-\nu} + \xi\right)(p_o - \alpha p_p) + S_t \quad (2\text{-}3)$$

$$\begin{cases} p_{fu} = \dfrac{\nu}{1-\nu} p_o + u_b \left(\dfrac{1-2\nu}{1-\nu}\right)\left(1 - \dfrac{C_{ma}}{C_b}\right) p_p \\ p_{fd} = \dfrac{\nu}{1-\nu} p_o + \left(\dfrac{1-2\nu}{1-\nu}\right)\left(1 - \dfrac{C_{ma}}{C_b}\right) p_p \end{cases} \quad (2\text{-}4)$$

式中　p_f——地层破裂压力，MPa；

　　　p_p——地层孔隙压力，MPa；

　　　α——Biot 系数；

　　　ν——泊松比；

　　　ξ——构造应力系数，修正系数；

p_o——目的层上覆压力，MPa；

p_{fu}——考虑地层水平骨架应力的地层破裂压力，MPa；

p_{fd}——不考虑地层水平骨架应力的地层破裂压力，MPa；

S_t——岩石抗拉强度，MPa；

C_{ma}、C_b——地层骨架和地层体积压缩系数，1/MPa；

u_b——地层水平骨架应力的非平衡因子。

冯氏预测模型、黄氏预测模型（冯氏模型在 $\alpha=1$ 时的特例）和谭氏预测模型尽管源于同一理论体系，但在模型构建过程中针对参数调整和适用条件上存在差异。冯氏和黄氏模型主要适用于一般的地层破裂压力预测，但在复杂地质条件下，如砂泥岩地层中的破坏压力预测，适用性存在一定局限性。为了更准确地应用于砂泥岩地层的破裂压力预测，从三向地应力模型出发，在对谭氏破裂压力预测公式进行修正完善的基础上，经过一系列推导之后，建立了适合于砂泥岩地层特点的破裂压力预测模型：

$$p_f = \alpha p_p + u_b \frac{\nu}{1-\nu}(p_o - \alpha p_p) + C_1 C_2 S_t \tag{2-5}$$

式中 C_1、C_2——与地层条件相关系数；

u_b——地层水平骨架应力的非平衡因子。

该式的第一项反映了地层孔隙压力对破裂压力的影响，第二项反映了由上覆地层压力和地层孔隙压力综合作用的垂直骨架应力对破裂压力的贡献，第三项反映了岩石抗拉强度对破裂压力的影响，且 p_p、$p_o-\alpha p_p$、S_t 前边的系数项反映了它们对破裂压力所起作用的大小。式（2-5）中，$C_1=1$ 表示非裂缝性地层或孔隙性储层，否则 $C_1=0$；$C_2=1$ 表示压裂施工时计算的地层破裂压力，$C_2=0$ 表示用于钻井中为防止钻井液密度过大压漏地层，而需要忽略地层抗拉强度时计算的地层自然破裂压力（或漏失压力）。由此，根据式（2-5）可得到钻井时地层发生张性破裂时所对应的当量（等效）钻井液密度 ρ_{fGM} 值：

$$\rho_{fGM} = \frac{1000}{9.80665} \times \frac{p_f}{H} \tag{2-6}$$

式中 ρ_{fGM}——地层张性破裂压力的当量钻井液密度，g/cm³；

H——地层埋藏深度，m；

p_f——地层破裂压力，MPa。

地层破裂压力与测井响应有着密切的关系。由式（2-5）计算地层破裂压力，关键是从测井资料中准确地提取地层破裂压力计算模型中的输入参数，主要包括地层泊松比 v、Biot 弹性系数 α、地层水平骨架应力非平衡因子 u_b、抗拉强度 S_t 和孔隙压力 p_p 等参数。

（1）Biot 系数 α 的确定：α（$0 < \alpha \leqslant 1$）反映地层孔隙压力对骨架应力的影响程度。通常地层破裂压力随地层体积压缩系数 C_b 增大而减小、随骨架体积压缩 C_{ma} 系数增大而增大，进而随 α 增大而增大。可由声波测井和密度测井资料确定 α 值，其计算见式（2-7）：

$$\alpha = 1 - \frac{C_b}{C_{ma}} = 1 - \frac{\rho_b \left(3/\Delta t_c^2 - 4/\Delta t_s^2 \right)}{\rho_m \left(3/\Delta t_{mc}^2 - 4/\Delta t_{ms}^2 \right)} \quad (2-7)$$

式中 ρ_b、ρ_m——地层和岩石骨架体积密度，kg/m³；

Δt_{mc}、Δt_{ms}——岩石骨架的纵波、横波时差，s/m；

Δt_c、Δt_s——地层的纵波、横波时差，s/m；

α——Biot 系数；

C_b——地层压缩系数；

C_{ma}——岩石骨架压缩系数。

（2）地层水平骨架应力非平衡因子 u_b 的确定：该参数反映了沿 x 轴和 y 轴方向上的两个地应力不相等，而导致其水平骨架应力出现非平衡的现象，实际上它包含了地质构造应力系数 ξ 对破裂压力的贡献，可由双井径测井、声波测井和密度测井曲线来计算。具体计算见式（2-8）：

$$u_b = 1 + k\left[1 - \left(\frac{D_{min}}{D_{max}}\right)^2\right]\frac{\rho_b(1+v)\Delta t_{ms}^2}{\rho_m(1+v_m)\Delta t_s^2} \quad (2-8)$$

式中 D_{max}、D_{min}——双井径中的最大、最小值；

v_m——地层骨架的泊松比；

v——地层岩石的泊松比；

ρ_b、ρ_m——地层、岩石骨架体积密度，kg/m³；

Δt_s、Δt_{ms}——地层、岩石骨架横波时差，s/m；

k——经验系数，取值范围为 1~3。经多次试算，对砂泥岩地层 k 取经验值 2.0 比较合适。

三、地层坍塌压力计算

在钻井过程中，表现最突出的问题就是井壁稳定性问题。当井内的液柱压力低于地层坍塌压力（$p_m < p_B$）时，井壁岩石将产生剪切破坏。如果是塑性岩石，将向井内产生塑性流动而导致缩径，脆性岩石会引起坍塌掉块而造成扩径和卡钻。为此，必须将地层坍塌压力作为确定合理钻井液密度值的依据之一。

地应力是决定井壁稳定的主要因素。假设地层是连续的、井眼周围处于平面应变状态。根据有关弹性力学理论，与 σ_1 成 θ 夹角处的井壁上有效径向应力 σ_r、周向应力 σ_θ 和垂向应力 σ_z 的表达式见式（2-9）：

$$\begin{cases} \sigma'_r = p_m - p_p \\ \sigma'_\theta = (\sigma_1 + \sigma_2) - 2(\sigma_1 - \sigma_2)\cos 2\theta - p_m - p_p \\ \sigma'_z = \sigma_3 + 2v(\sigma_1 - \sigma_2) - p_p \end{cases} \quad （2-9）$$

在 $\theta=90°$ 或 270° 时，周向应力和垂向应力达到最大，即：

$$\begin{cases} \sigma'_r = p_m - p_p \\ \sigma'_\theta = 3\sigma_1 - \sigma_2 - p_m - p_p \\ \sigma'_z = \sigma_3 + 2v(\sigma_1 - \sigma_2) - p_p \end{cases} \quad （2-10）$$

式中 σ'_r——有效径向应力，MPa；

σ'_θ——有效周向应力，MPa；

σ'_z——有效垂向应力，MPa；

σ_1、σ_2——两个水平主应力，MPa；

σ_3——上覆岩层压力，MPa；

σ_r——径向应力，MPa；

σ_θ——周向应力，MPa；

σ_z——垂向应力，MPa；

θ——夹角，(°)；

p_m——钻井液柱压力，MPa；

v——岩石泊松比。

对三个主应力进行分析，找出其中的最大、最小主应力，并对其构成的剪切面利用摩尔—库仑剪切破坏准则，求出剪切面上的主应力 σ_n 和剪切应力 σ_s 为：

$$\begin{cases} \sigma_n = \dfrac{\sigma'_\theta + \sigma'_r}{2} - \dfrac{\sigma'_\theta - \sigma'_r}{2\sin\varphi} \\ \sigma_s = \dfrac{\sigma'_\theta - \sigma'_r}{2\cos\varphi} \end{cases} \quad (2\text{-}11)$$

式中 σ_n——主应力，MPa；

σ_s——剪切应力，MPa。

根据摩尔—库仑剪切破坏准则，得到：$\sigma_s = \tau_s + \sigma_n \tan\varphi$，其中 τ_s 为岩石固有剪切强度。令 $p_m = p_B$，推导出计算地层坍塌压力 (p_B) 的公式为：

$$p_B = p_p + \dfrac{[2v/(1-v) + k_t](1-\sin\varphi)}{2(\sigma_3 - p_p)\tau_s \cos\varphi} \quad (2\text{-}12)$$

式中 k_t——区域规则应力系数，可取为1；

p_B——地层坍塌压力，MPa；

τ_s——岩石固有剪切强度，MPa；

φ——岩石内摩擦角，(°)，一般 φ 取30°。

根据计算出的地层坍塌压力值 p_B，则可计算出坍塌当量钻井液密度 ρ_{BGM} 值：

$$\rho_{BGM} = \dfrac{1000}{9.806\,65} \times \dfrac{p_B}{H} \quad (2\text{-}13)$$

式中 ρ_{BGM}——地层坍塌压力的当量钻井液密度，g/cm³；

H——地层埋藏深度，m。

基于上述计算公式，可得到迪北1井、迪北103井、迪西1井的三压力预测剖面，如图2-1~图2-3所示。迪北构造地层压力系数如图2-4所示，分析可知，地层孔隙压力系数从库姆格列木群逐渐升高为1.38，至阳霞组顶部达到最

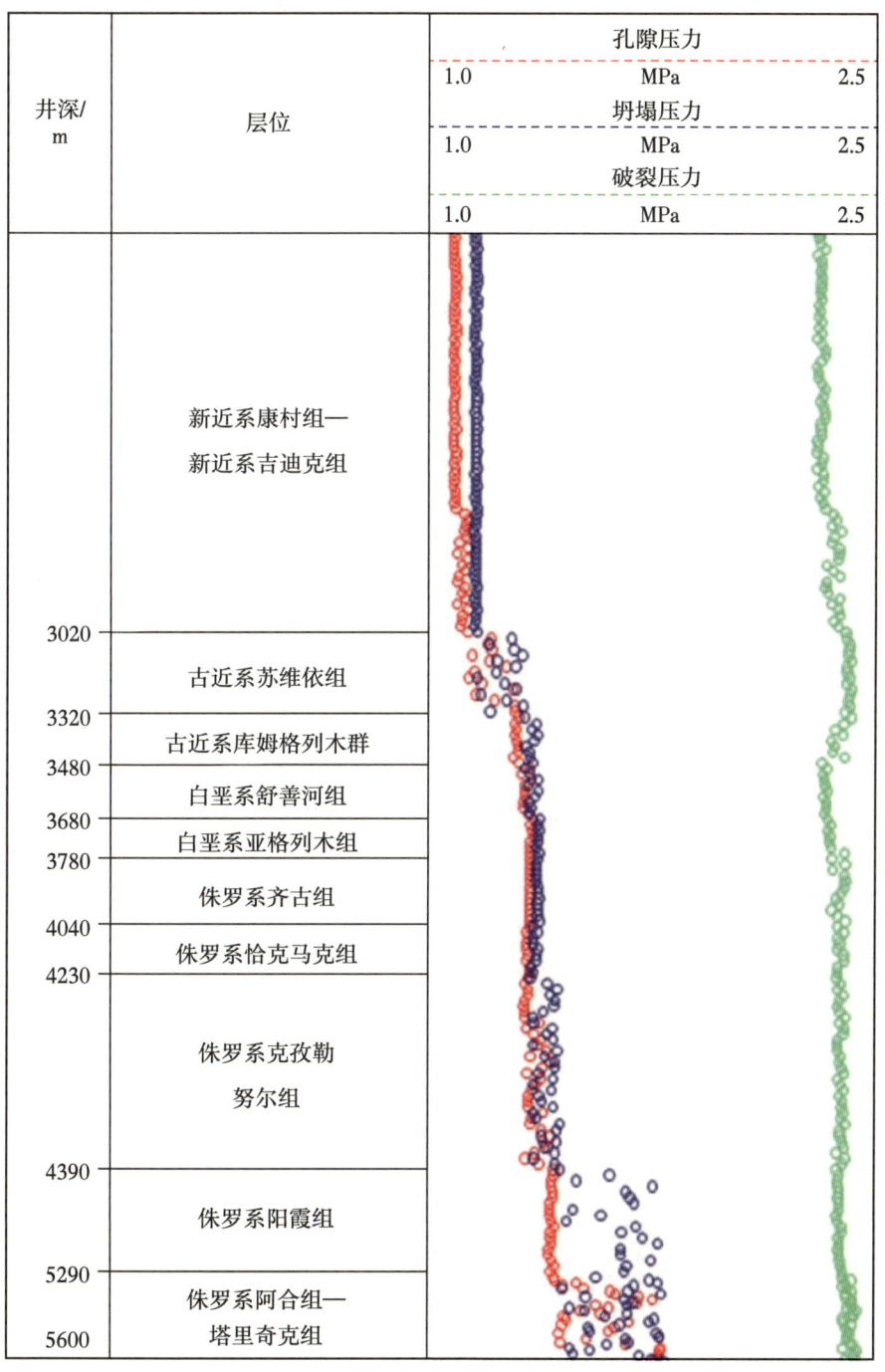

图2-1 迪北1井三压力剖面预测

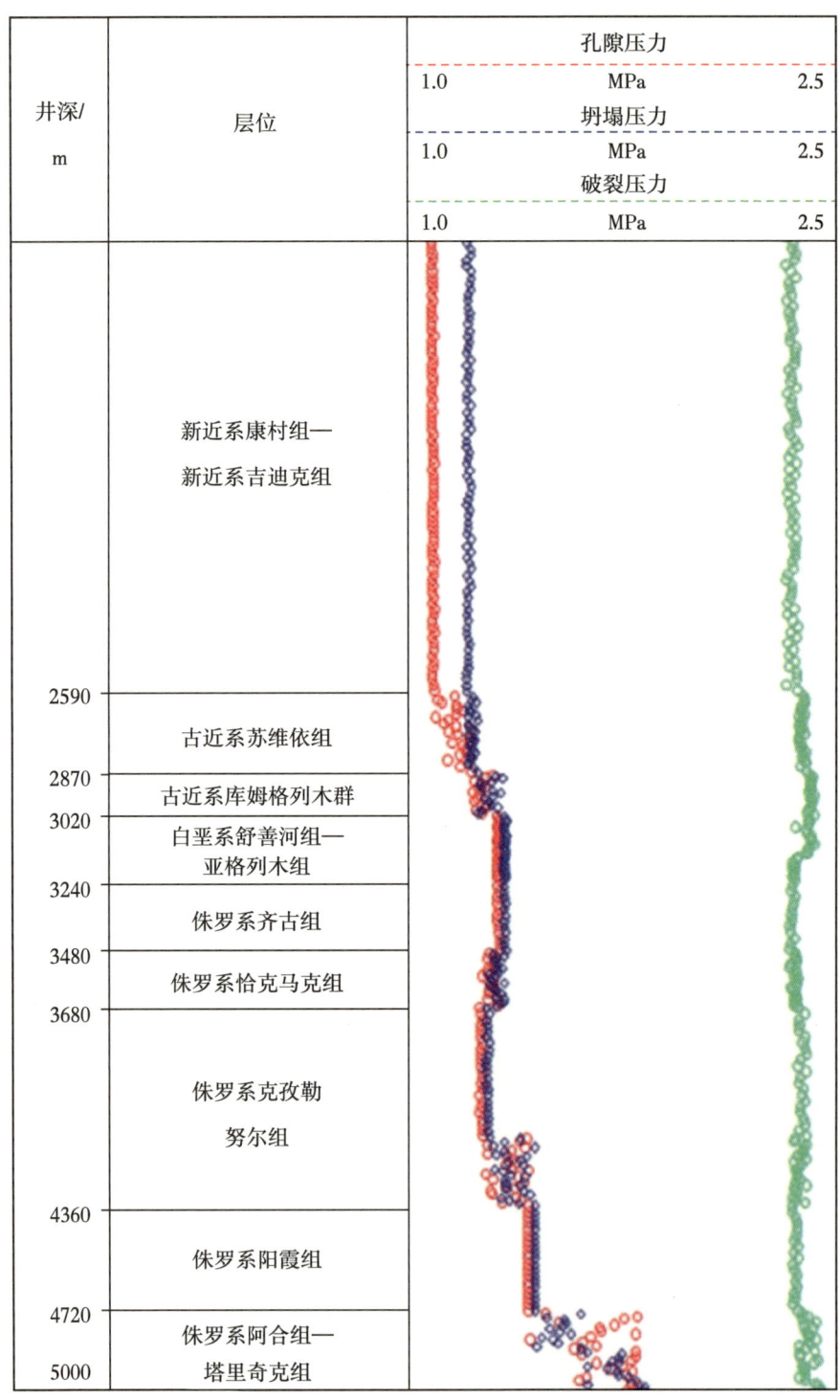

图 2-2　迪北 103 井三压力剖面预测

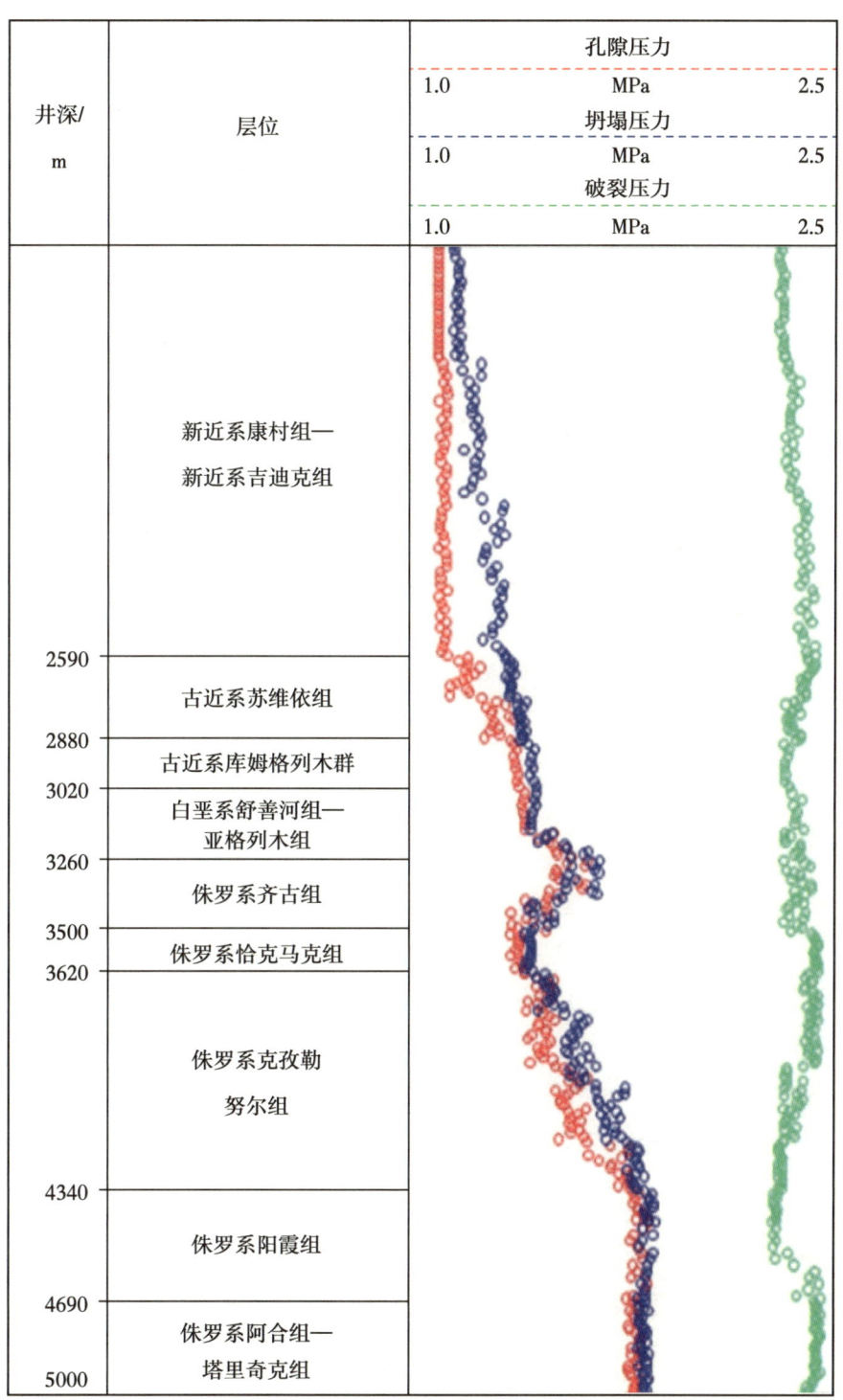

图 2-3　迪西 1 井三压力剖面预测

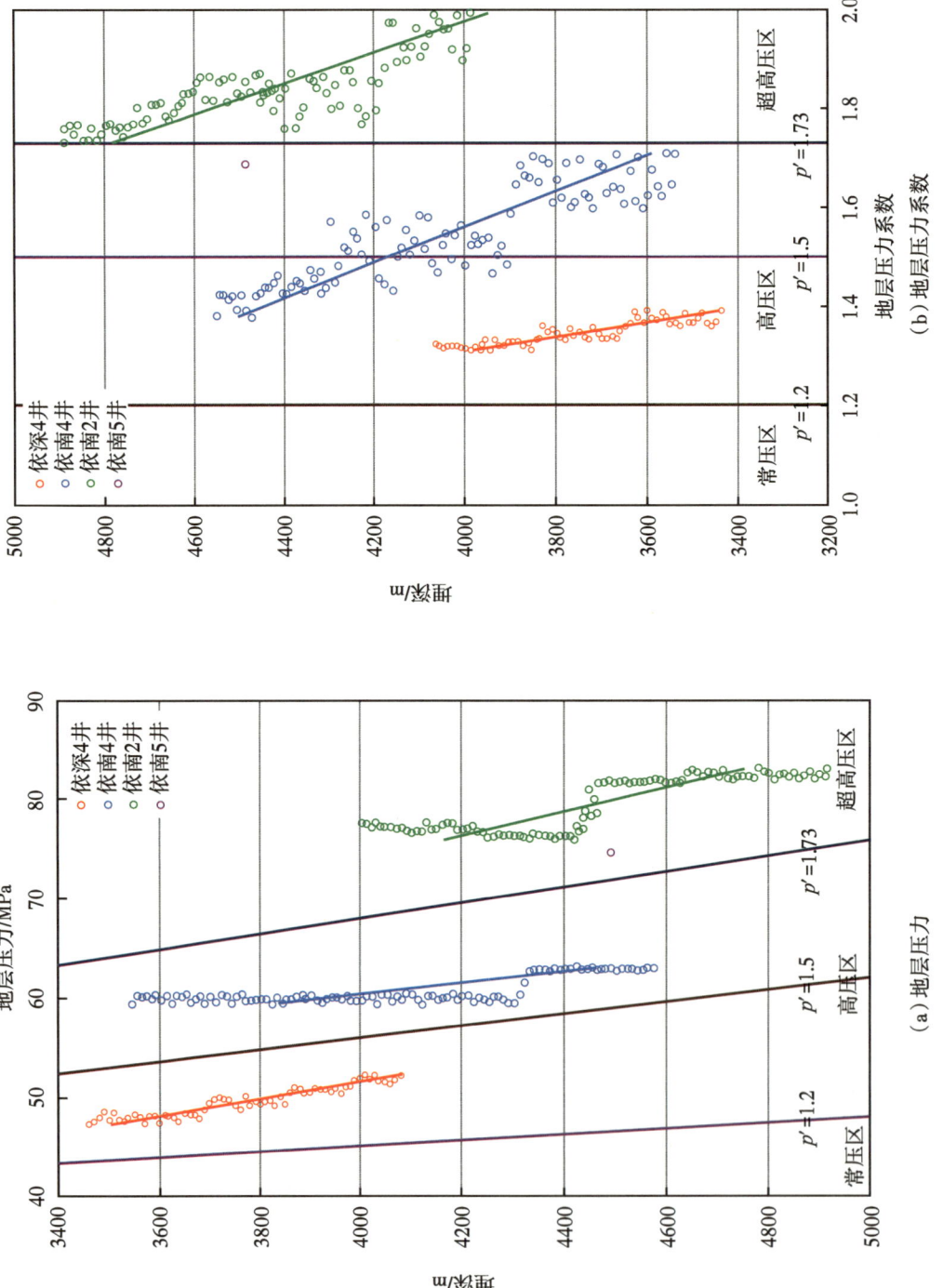

图 2-4 迪北构造地层压力系数

高为 1.82，阳霞组底部至三叠系略有降低，为 1.75 左右；预测坍塌压力当量钻井液密度为 1.15~1.85 g/cm³（未考虑水化学耦合情况）；地层破裂压力当量钻井液密度为 2.30~2.45 g/cm³，地层裂缝发育时，闭合压力即为漏失压力，其当量钻井液密度为 1.95 g/cm³。

第二节　库车北部迪北构造井身结构评价

本节系统阐述了迪北构造的地质特点、压力系统和目前氮气钻井工艺技术水平，得出氮气钻井工艺技术水平满足安全快速钻井的要求，提出了可行的井身结构方案。

一、已钻井井身结构评价

1. 迪西 1 井井身结构及氮气钻井概况

迪西 1 井位于塔里木盆地库车坳陷东部依奇克里克冲断带的依奇克里克断裂下盘迪西 1 号大型断鼻构造上，开钻日期为 2011 年 5 月 21 日，设计井深为 5000 m，完钻日期为 2012 年 6 月 28 日，完钻井深为 5000 m，完钻层位为三叠系塔里奇克组。迪西 1 井的井身结构如图 2-5 所示。该井于 4706 m 钻遇主力目的层侏罗系阿合组，钻揭 280 m。将 ϕ244.5 mm 套管下至 4708 m，随后开展氮气钻井。第一次氮气钻进至 4 811.38 m，进尺 103.38 m，中途环空测试两次后，转钻井液钻进至 4878 m 四开中完，将 ϕ177.8 mm 尾管下至 4 877.65 m（喇叭口 4 497.1 m），回接 ϕ206.37 mm 套管至井口；第二次氮气钻进至 5000 m 完井，进尺 120 m，中途环空测试 3 次，压井，下 ϕ127 mm 尾管。

2. 迪北 101 井井身结构及氮气钻井概况

氮气钻井井段为 4 785.00~4 837.07 m，氮气钻井层位为阿合组。迪北 101 井身结构如图 2-6 所示，在钻井过程中，遇到了 3 个显示层段，其中包括一个煤层。钻井测试结果显示，使用 8 mm 油嘴进行生产测试时，产出天然气量为 6.72×10^4 m³/d。平均机械钻速达到了 5.48 m/h。然而，氮气钻井遭遇了困难，钻进至 4 836.54 m 时，卡钻发生，旁通阀断裂，导致不得不使用钻井液替代氮气，最终终止了氮气钻井。主要问题在于 ϕ273.05 mm 套管下至阳霞组底部，阿合组采用氮气钻井，但因上部煤系地层垮塌发生了卡钻。

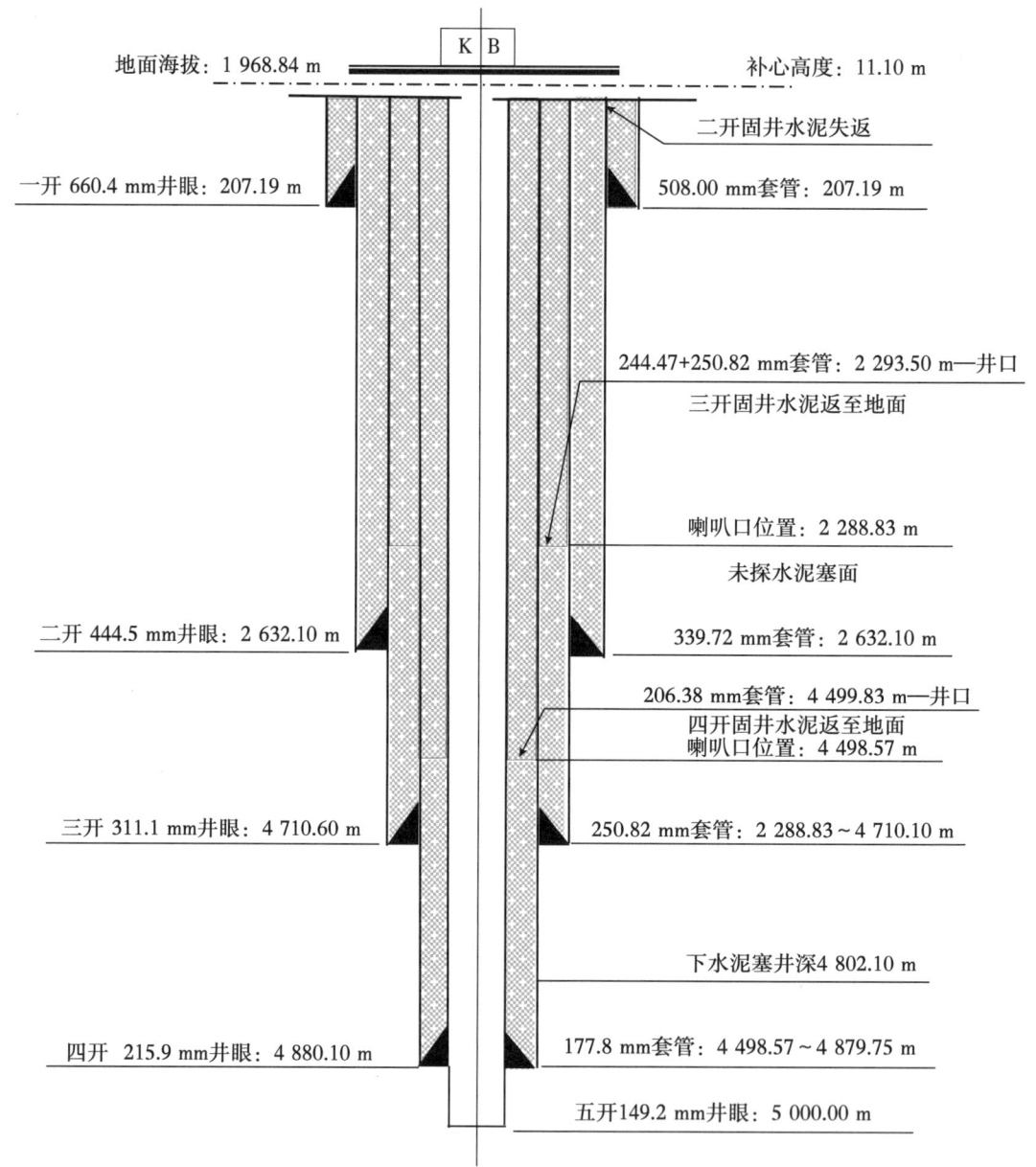

图 2-5　迪西 1 井井身结构图

为改进此情况，采取了吉迪克组的策略，因该组发育膏层而储层敏感性强，且常规钻井液钻井储层伤害严重。改进方案包括在 ϕ196.85 mm+ϕ206.37 mm 生产套管下至阿合组高产气层上部，以封隔煤系地层，并采用氮气钻井钻进主力产层，以获得高产后直接进行完井开发。总体来说，改进的总体思路是封隔易垮塌的层段，实行专层专打，以确保目的层钻井的安全和高效进行。

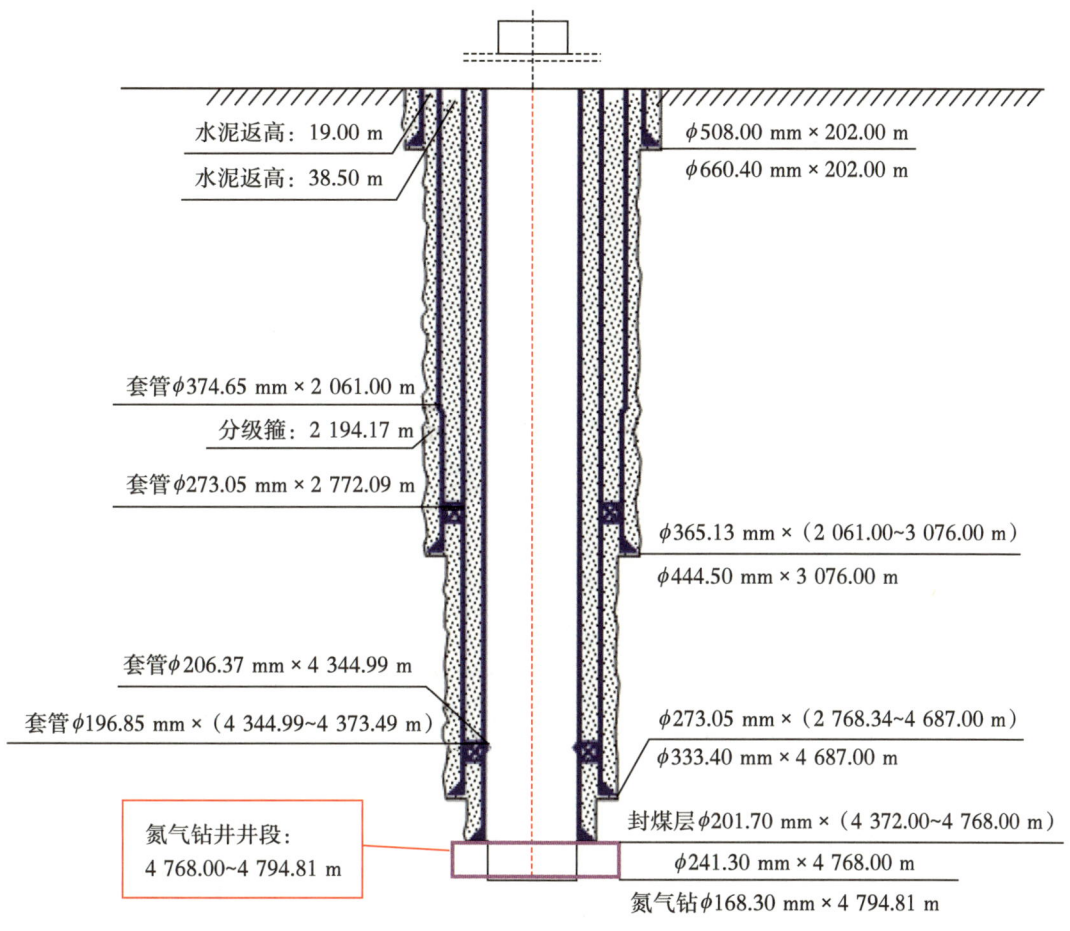

图 2-6　迪北 101 井井身结构图

二、迪北构造氮气钻井井身优化设计方案

迪北区块目的层阿合组上部发育煤层，井壁垮塌严重，钻进过程中易发生阻卡甚至卡钻等复杂故障。为了满足迪北区块目的层阿合组氮气钻完井的需要，井身结构经过两次演化，可分为三个阶段，如图 2-7 所示。第一阶段优化采用塔标 I 五开井身结构，三开套管下至阳霞组底部，四开、五开进行氮气钻井，该阶段的井身结构由于没有对目的层阿合组上部的煤层进行专门封堵，导致钻进过程井壁垮塌现象严重。第二阶段采用塔标 II 四开井身结构，三开套管下至侏罗系阳霞组底部，四开进行氮气钻井，与第一阶段一样，由于没有对煤

层进行专封，同样面临着井壁垮塌的问题，实钻过程中遇阻频繁，并导致卡钻的发生。第三阶段采用塔标Ⅱ五开井身结构，三开套管下至阳霞组底部，封阳霞组以上低压地层，为减缓井底CO_2对套管的腐蚀，并增加套管的抗气体冲击能力，四开采用材质为超级13Cr的套管下至阿合组上部煤层底，封固阿合组煤系地层，五开阿合组下部采用氮气钻钻进，该阶段井身结构较传统的设计方法增加了坍塌压力的约束条件，对煤层与目的层实施专封专打，使井身结构设计更加趋于合理和具有针对性。

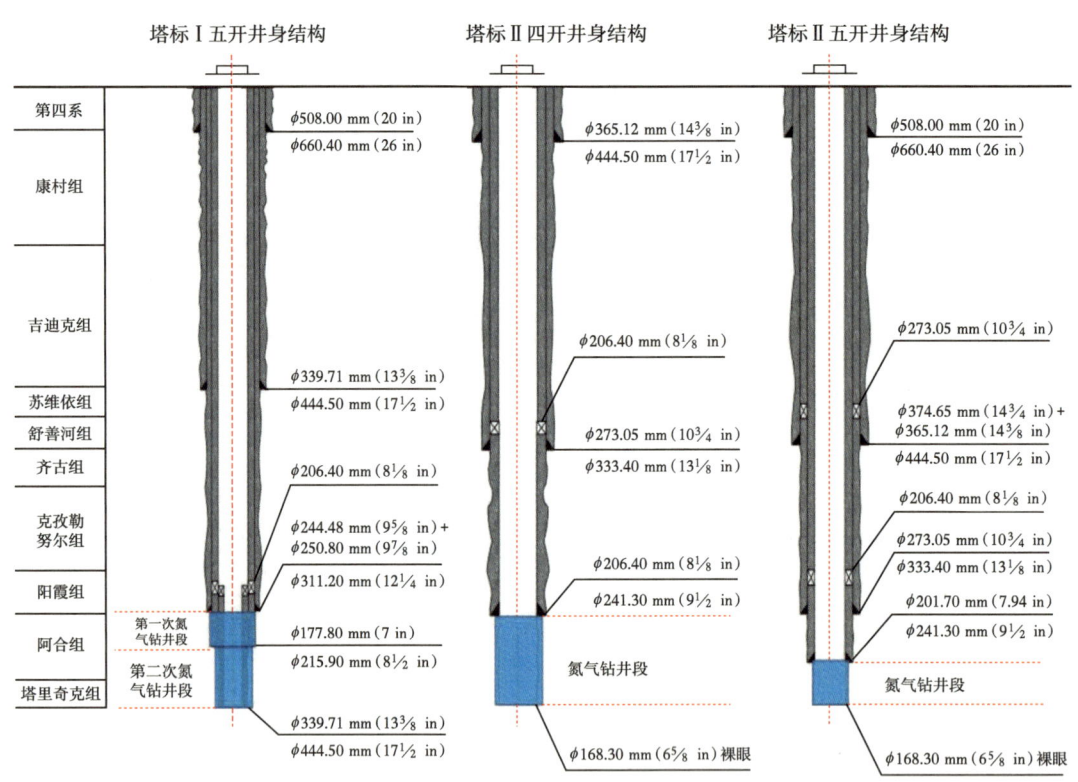

图 2-7 井身结构演化图

井身结构优化方案如图 2-8 所示，优化后的井身结构特点包括先封盖上部盐膏层，随后封固易垮塌煤层以确保目的层钻井的安全，采用四开技术套管来隔离不稳定层段，解决环空带压问题，并在目的层阿合组实施氮气钻井；在钻进中遇高产情况下可提前完钻，最后在达到完钻井深度时，根据产出需求选择钻杆完井或压井，以实现高效而可控的迪北构造氮气钻井作业。

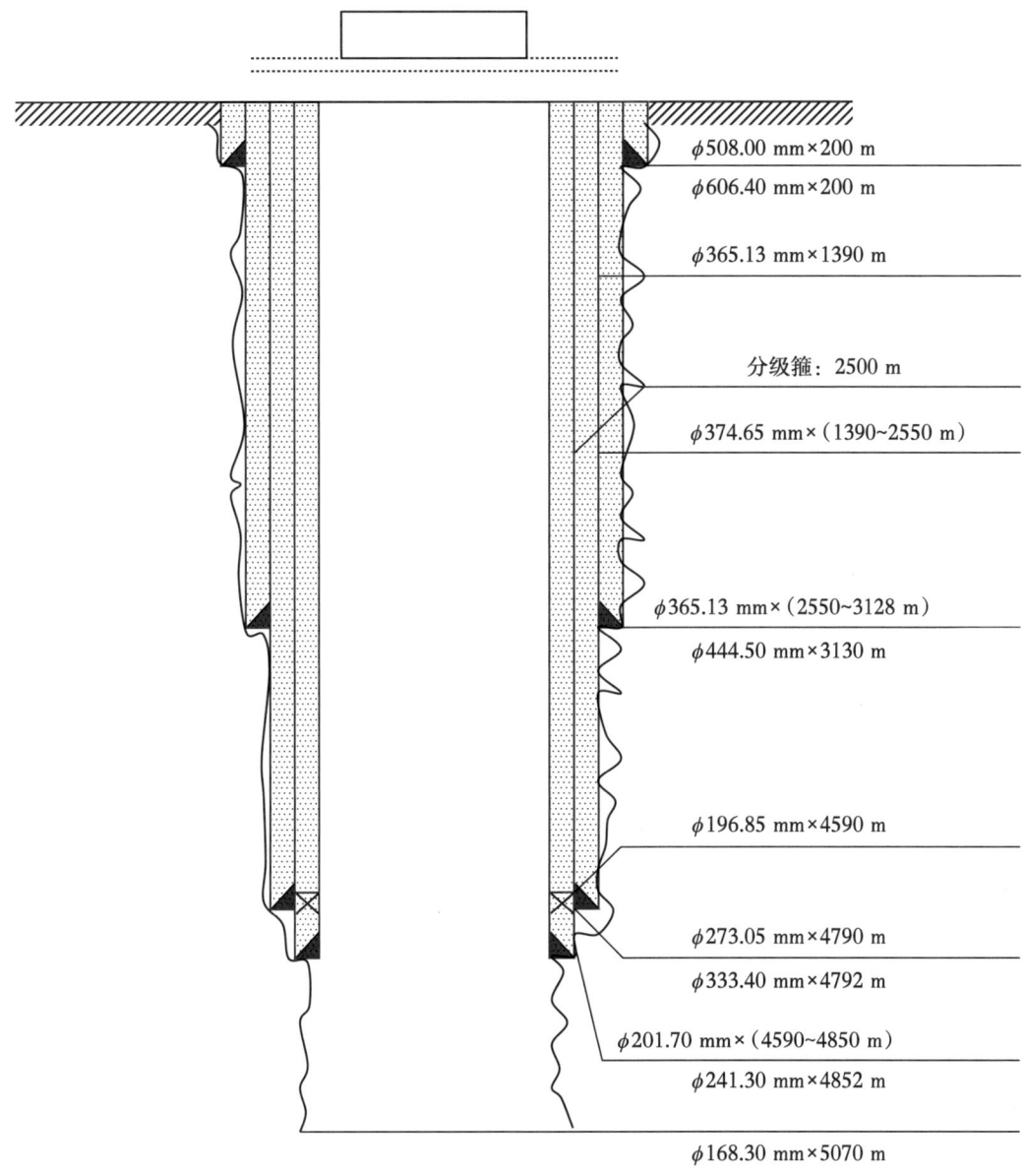

图 2-8　迪北构造氮气钻井井身结构优化方案

第三节　储层氮气钻井井壁稳定评价

一、钻遇异常高压产层井筒应力场分析

气体钻井揭开深部致密气层后，流—固耦合作用导致气体渗流、岩石力学参数、有效应力、孔隙压力、渗透率，以及相邻含气泥岩的应力环境处于相互

31

耦合的动态变化过程，且随着时间持续，这一变化将越来越剧烈，近井壁地层有效应力变化也越来越剧烈，井壁发生失稳的风险不断增大。此外，在气体钻开深部致密气层初期，在极大负压差下，气体高速产出，引发近井壁地层应力快速集中和应力迅速释放，导致井壁地层应力在短时间内发生剧烈变化，这也是极易发生井壁失稳的阶段。相比于岩石基质，裂缝通常具有更高的渗透率，若钻遇裂缝性地层，井壁失稳风险将进一步增大。以气体渗流条件下的流—固耦合作用为基础，考虑孔隙压力、地应力、地层岩石物性、力学性质以及压缩性的耦合作用，建立气体钻开深部致密气层后纵向上含气砂泥岩系统地应力分布的理论模型，并以迪西1井四开实际钻井数据为例开展计算，分析其地应力动态分布规律，为后续进一步开展气体钻井钻开该类储层时的井壁失稳风险评价及形成机理研究提供理论基础。

1. 孔隙压力分布模型

地层被钻开后，气体产出，孔隙压力下降，直接导致井壁地层有效应力的动态变化。但是对于岩石基质和裂缝，由于两者渗透性差异以及裂缝倾角等因素的影响，它们被钻开后的孔隙压力分布规律并不相同，在此将分别展开分析。

1）高速非线性渗流模型

假设地层为均质地层，忽略凝析油产出和重力影响，气体渗流为单相渗流。若所钻开的深部致密气层为纯基质地层，示意图如图2-9所示。利用质量守恒原理，可建立气体渗流过程中的连续性方程：

$$\frac{1}{r}\frac{\partial(r\rho_g v_g)}{\partial r}=-\frac{\partial(\phi\rho_g)}{\partial t} \quad (2-14)$$

式中 r——地层距离井眼轴向的水平距离，cm；

ρ_g——储层气体密度，g/cm³；

v_g——气体渗流速度，cm/s；

t——时间，s；

ϕ——地层岩石孔隙度。

气体钻井揭开深部致密产层,在极大负压差下,气体高速产出通常体现为高速非达西渗流。因此,应采用高速非达西渗流模型展开研究,建立产层气体渗流的运动方程:

$$\frac{\partial p}{\partial r} = -10^{-2}\left(\frac{\mu_g}{K}v_g + \beta\rho_g v_g^2\right) \quad (2\text{-}15)$$

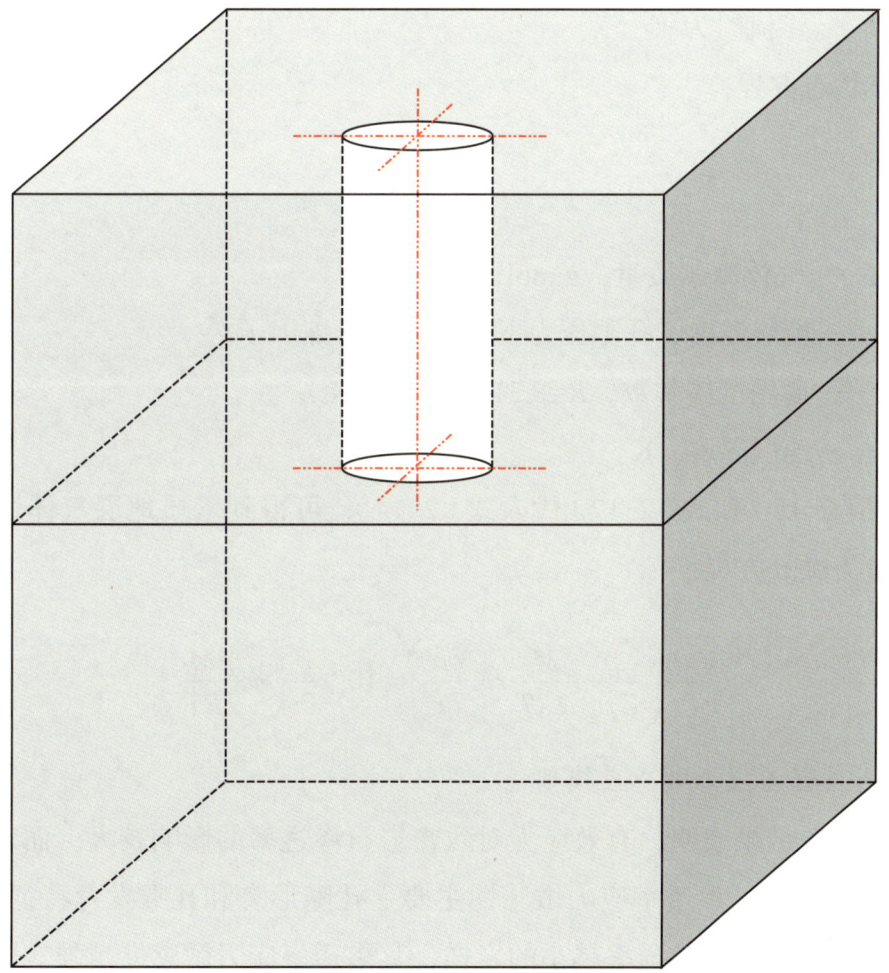

图 2-9 钻开基质产层渗流模型图

令 $A = 1 + \dfrac{K\beta\rho_g v_g}{\mu_g}$,方程可化简为:

$$\frac{\partial p}{\partial r} = -10^{-2}\frac{\mu_g}{K}Av_g \quad (2\text{-}16)$$

式中　　p——孔隙压力，MPa；

　　　　μ_g——气体黏度，mPa·s；

　　　　K——基质地层岩石渗透率，mD；

　　　　β——影响紊流和惯性阻力孔隙结构特征参数，经验估算为 $\beta=7.664\times 10^{10}/K^{1.2}$；

　　　　A——考虑惯性阻力影响达西渗流的修正系数，即紊流系数，达西线性渗流时为 1。

气体状态方程：

$$\rho_g = \frac{pM}{ZRT} \qquad (2\text{-}17)$$

式中　　M——气体摩尔质量，g/mol；

　　　　Z——地层温度、孔隙压力下的天然气压缩因子；

　　　　R——通用气体常数，$R=8.314$ J/(mol·K)；

　　　　T——地层温度，K。

将式（2-16）和式（2-17）代入式（2-14），可得到基质地层气体恒温高速非线性渗流微分方程：

$$\frac{1}{r}\frac{\partial}{\partial r}\left(\frac{p}{Z\mu_g}\frac{M}{ART}rK\frac{\partial p}{\partial r}\right) = 10^{-2}\frac{\partial}{\partial t}\left(\phi\frac{pM}{ZRT}\right) \qquad (2\text{-}18)$$

2）地层岩石应力敏感性模型

已有实验结果表明，有效应力对致密岩石渗透率的影响较大，而对孔隙度的影响相对较小。渗透率应力敏感性主要受孔隙形态和孔喉发育特征的影响，且对于胶结越致密、渗透率越小的岩样，其渗透率应力敏感性越强。同时对于致密气层，由剧烈应力变化引起的地层岩石渗透率应力敏感性对产能具有明显影响。而气体钻开深部致密气层后，井筒与地层之间的极大负压差使得近井壁地层孔隙压力快速下降，产生强烈的流—固耦合作用，导致近井壁地层有效应力在短时间内发生剧烈变化。因此，在分析气体钻开致密气层后近井壁地层孔隙压力和有效地应力分布的动态耦合影响时，有必要考虑岩石渗透率的应力敏感性。

对于基质岩石，文献给出了其渗透率与有效应力的关系：

$$K = K_0 e^{-a_k \Delta p_e} \qquad (2\text{-}19)$$

$$\Delta p_e = \alpha(p_0 - p)$$

式中　K_0——原始地层有效应力下的岩石渗透率，mD；

　　　K——基质岩石的渗透率，mD；

　　　Δp_e——有效应力改变量，此处主要考虑产气过程中近井壁地层孔隙压力的变化，MPa；

　　　p_0——原始地层孔隙压力，MPa；

　　　a_k——地层岩石应力敏感性系数；

　　　α——地层有效应力系数，即 Biot 系数。

对于裂缝性地层，已有许多文献对其岩石渗透率与地层有效应力的关系展开了研究，结果表明，裂缝性岩石渗透率与有效应力呈良好的幂函数关系。有效应力较小时，岩样渗透率随着其增大而迅速减小，此后随有效应力的进一步增大，岩样渗透率变化趋于平缓。岩样渗透率可表示为：

$$K = a\sigma_{ef}^{-b} \qquad (2\text{-}20)$$

式中　σ_{ef}——地层岩石裂缝面受到的有效应力，MPa；

　　　a、b——与岩石自身性质有关的系数，对于已知地层，可通过应力敏感性实验进行数据拟合获得。

其中，地层岩石裂缝面受到的有效应力（σ_{ef}）可由式（2-21）进行计算：

$$\sigma_{ef} = \sigma_n - \alpha_f p_p \qquad (2\text{-}21)$$

式中　σ_n——裂缝面上的法向应力，MPa；

　　　α_f——地层裂缝处的有效应力系数；

　　　p_p——孔隙压力，MPa。

2. 致密气层井周应力分布模型

由于气体钻井揭开致密气层后，井筒与地层之间形成较大负压差环境，且不存在固/液相损害，导致产层气体高速流出。一方面，近井壁地层孔隙压力快速释放，地层岩石发生应力集中效应；另一方面，气体高速渗流将受到较大渗流阻力，根据作用力与反作用力的关系，井壁地层也将受到与气体渗流方向相同的附加拖曳力，加剧井周地应力的变化强度。这两方面的因素造成致密气层气体钻开后，井周应力变化呈现出剧烈性、复杂性和动态性。基于上述分析，以线性孔隙弹性理论为基础，以气体高速非线性渗流下的强流—固耦合作用为出发点，综合考虑地层岩石渗透率应力敏感性、孔隙压力分布、有效地应力分布之间的耦合影响，开展致密气层气体钻开后，多物理场耦合条件下的井周应力分布规律的研究。

根据线性孔隙弹性理论，以图2-10表示气层被钻开后近井壁地层受力物理模型，考虑渗流导致地层孔隙压力变化，可获得距离井眼轴线r处的有效地应力，具体计算见式（2-22）：

$$\begin{cases} \sigma_r = \dfrac{\sigma_H+\sigma_h}{2}\left(1-\dfrac{r_w^2}{r^2}\right)+\dfrac{\sigma_H-\sigma_h}{2}\left(1-4\dfrac{r_w^2}{r^2}+3\dfrac{r_w^4}{r^4}\right)\cos 2\theta_1+\dfrac{r_w^2}{r^2}p_w+ \\ \qquad \delta\left[\dfrac{\alpha(1-2\nu)}{2(1-\nu)}\left(1-\dfrac{r_w^2}{r^2}\right)-\phi\right](p_w-p)-\alpha p \\ \sigma_\theta = \left[\dfrac{\sigma_H+\sigma_h}{2}\left(1+\dfrac{r_w^2}{r^2}\right)-\dfrac{\sigma_H-\sigma_h}{2}\left(1+3\dfrac{r_w^4}{r^4}\right)\cos 2\theta_1-\dfrac{r_w^2}{r^2}p_w\right]\eta+ \\ \qquad \delta\left[\dfrac{\alpha(1-2\nu)}{2(1-\nu)}\left(1+\dfrac{r_w^2}{r^2}\right)-\phi\right](p_w-p)-\alpha p \\ \sigma_v = \sigma_Z-(\sigma_H-\sigma_h)\dfrac{r_w^2}{r^2}\cos 2\theta_1+\delta\left[\dfrac{\alpha(1-2\nu)}{1-\nu}-\phi\right](p_w-p)-\alpha p \end{cases} \quad (2\text{-}22)$$

式中 σ_r、σ_θ、σ_v——距离井眼轴线r处的径向有效应力、周向有效应力和垂向有效应力，MPa；

σ_H、σ_h、σ_Z——地层最大、最小水平主应力和上覆地层压力，MPa；

θ_1——最大水平主应力为始边的圆周角，(°)；

δ——系数，渗流时为1，否则为0；

H——井壁应力非线性修正系数，一般取0.95；

ν——地层岩石静态泊松比；

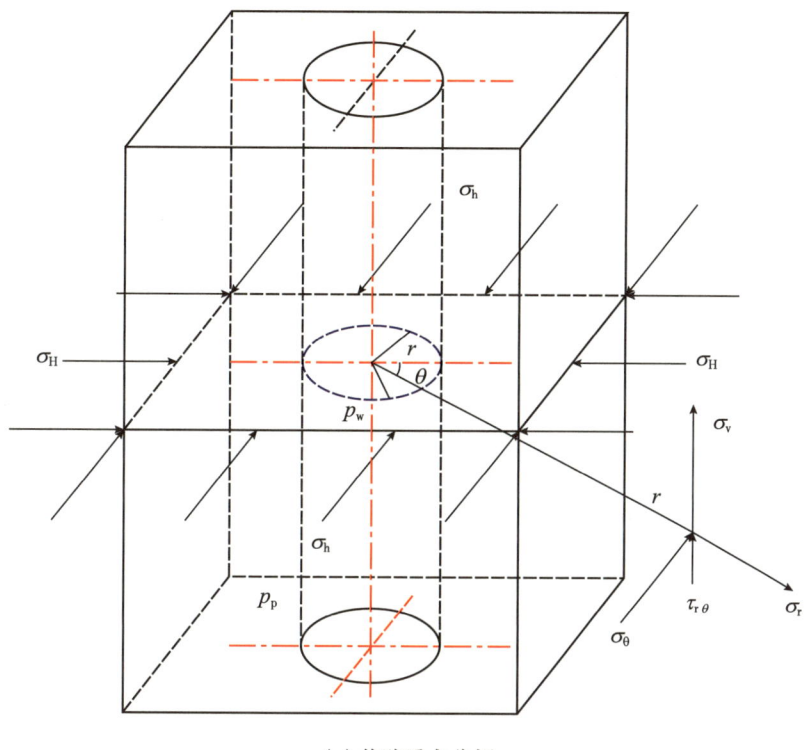

(a)井壁受力分析

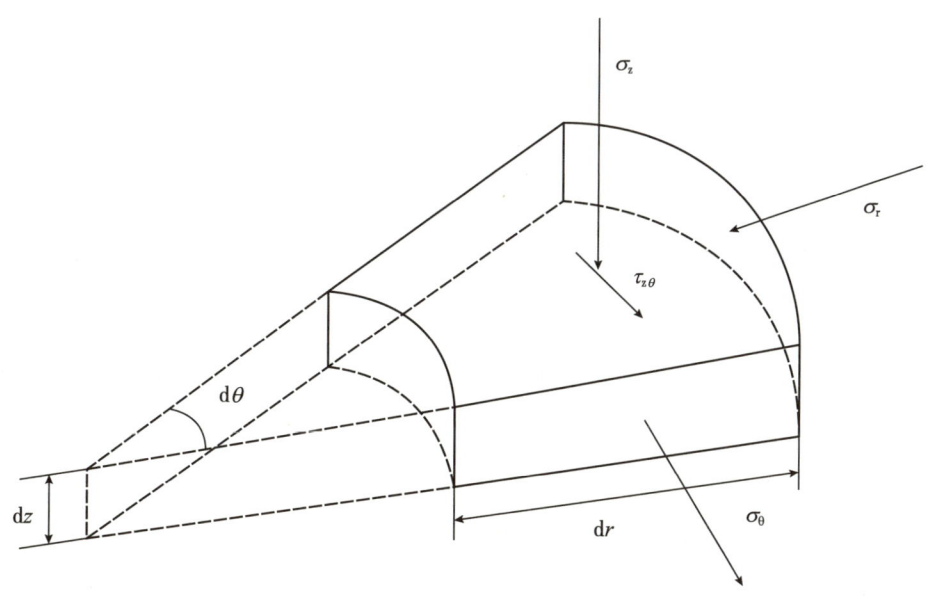

(b)单元体分析

图 2-10　井壁受力与单元体分析示意图

p_w——井底流压，MPa；

η——井壁应力非线性修正系数，一般取 0.95；

p——距离井壁 r 处的地层压力，MPa；

r_w——井眼半径，cm。

式（2-22）中，三向有效应力计算结果的正负号仅表示应力方向（"+"为压，"-"为拉），由于渗流引起的附加应力的实质是气体在岩石中渗流时流动阻力的反作用力，其与气体渗流方向相同，即在岩石上体现为拉伸效应。其中，地层最大、最小水平主应力可由式（2-23）进行计算。由于本节研究过程中忽略了地层纵向上的非均质性，所以基质地层附加应力沿径向指向井筒，裂缝地层附加应力沿裂缝发育方向指向井筒。基于上述分析，可分别建立考虑气体渗流引起的附加应力时，基质地层和裂缝地层的有效地应力分布模型：

$$\begin{cases} \sigma_H = \left(\dfrac{\nu}{1-\nu} + \beta_1\right)(\sigma_Z - \alpha p) + \alpha p \\ \sigma_h = \left(\dfrac{\nu}{1-\nu} + \beta_2\right)(\sigma_Z - \alpha p) + \alpha p \end{cases} \quad (2\text{-}23)$$

式中　β_1、β_2——地层构造应力系数，对于指定构造区域，其值为常数。

3. 上覆带压泥岩层应力分布模型

由于泥岩地层的渗透率、孔隙度要远低于砂岩地层，几乎没有流体产出，通常是将泥岩地层视为盖层，忽略其渗流能力。但在长期的地质构造和油气层成藏过程中，相邻泥岩盖层也具有一定的孔隙压力。致密气层气体钻开后，在较大的负压差下，产层气体高速产出，近井壁地层孔隙压力、地应力都在短时间内发生剧烈变化，而相邻带压泥岩孔隙压力释放量非常小，几乎可忽略不计，这就使得纵向上砂岩、泥岩系统之间的应力分布存在耦合关系，下部砂岩的地应力变化也将诱导上覆泥岩的地应力发生改变。

基于上述分析，致密气层气体钻开后，纵向上砂岩、泥岩系统的应力耦合机理可由图 2-11 进行描述，即产层气体高速产出，一方面，孔隙压力快速下降；另一方面，应力集中效应不断加剧，岩石纵向被压缩。最终导致致密气层对上覆泥岩层的支撑作用减弱，增大泥岩沿纵向膨胀和垮塌的风险。基于此，对纵向上下部致密气层强流—固耦合作用下应力动态变化对上覆带压泥岩层地应力的影响展开研究。相比于垂向井深，气体钻井所钻开的致密气层厚度非常薄，由地应力增大而导致的变形对整个纵向地层的影响微乎其微，因此研究过程中，假设致密气层压缩量与上覆泥岩层膨胀量相等，且将下部地层支撑应力减弱等效为上覆有效应力增大，即砂岩、泥岩动态耦合过程中，上覆带压泥岩将受到两个方面的附加垂向应力：（1）气层孔隙压力下降形成的附加垂向应力；（2）气层岩石压缩形成的附加垂向应力。最后，以线性孔隙弹性理论为基础，建立砂岩、泥岩系统动态耦合条件下，上覆带压泥岩垂向有效应力分布模型，具体计算见式（2-24）：

图 2-11　砂岩气层与上覆相邻泥岩层纵向耦合示意图

$$\sigma_{\text{v}} = \sigma_{\text{Z}} - (\sigma_{\text{H}} - \sigma_{\text{h}}) \frac{r_{\text{w}}^2}{r^2} \cos 2\theta_1 + \delta \left[\frac{\alpha(1-2\nu)}{1-\nu} - \phi \right] \quad (2\text{-}24)$$
$$(p_{\text{w}} - p_{\text{p}}) + \alpha(p_{\text{p}} - p) + F'(r) - \alpha p_{\text{p}}$$

式中　p_p——孔隙压力，MPa；

　　　$F'(r)$——致密气层受力压缩对上覆带压泥岩的附加纵向应力，其可根据砂岩气层有效应力分布反算出气层的纵向应变，再计算获得，MPa。

二、钻遇异常高压产层井壁失稳机理分析

在利用气体钻井揭开高压产气层时，地层中的高压气体在压力势差作用下，由地层快速流入井眼内，一方面，导致高压产气层近井壁地带孔隙压力降低，形成压降漏斗，越是靠近井壁表面，地层孔隙压力越小，那么作用在岩石上的有效应力越大；另一方面，由于产层孔道迂回曲折，高压气体在快速流出地层的过程中，在近井壁地带产生将井壁表面岩石推向井眼的附加径向应力，减弱了井筒内气体对井壁的有效支撑作用。总之，高压气层的高速产气导致作用在近井壁地带岩石上的有效应力分布发生变化，进而影响高压产气层井壁稳定性，引起井下地层垮塌失稳。

对于气体钻井，井壁围岩不存在钻井液侵入引起的水化现象，岩石表现为原始岩石力学参数。对于常规非储层段气体钻井中的围岩破坏，主要是基于井筒超低的支撑作用力，从纯力学的角度去分析岩石的破坏。而高压致密砂岩储层段气体钻井条件下的岩石破坏更为复杂：高压产气层增加了地层—井筒压差作用，应力集中更明显，力学上加剧了岩石破坏；同时考虑致密砂岩基质、裂缝产气，高压气体渗流作用引起近井壁孔隙压力下降，进而改变井眼应力分布；井壁产气量大、快速的产气会给井壁造成附加应力场。为了更好地将井眼应力分析和井壁失稳机理结合起来，基于岩石不同类型失稳，找出以对应主应力形式表示的强度判断准则至关重要。

1. 径向附加应力

气体钻井揭开高压致密砂岩储层，高压气体渗流引起地层孔隙压力在井

眼附近快速降低，一方面，由于近井壁渗流面积减小，渗流阻力增大；另一方面，致密砂岩储层普遍为细孔、微孔喉，微观上对高速气体存在一个流动阻力，相反表现为气体产出给近井壁一个指向井筒的作用力。高压气体高速流出地层时，对井壁表面岩石产生一个附加径向应力，该附加应力将井壁表面岩石向井眼内"拖曳"，引起产气层井壁垮塌掉块。这种附加作用力也被称为"拖曳力"，拖曳力的产生主要是由流体压差引起的，对应低渗透致密砂岩产气孔隙压力在近井壁快速下降，并于近井壁出现明显的压降漏斗，附加径向力的产生主要由径向孔隙流体压差引起，单位长度的流体对岩石施加的附加径向力定义为：

$$\frac{dF}{dr} = -\frac{dp}{dr}\phi \tag{2-25}$$

式中　F——由渗流引起孔隙压力差产生的径向附加应力，MPa；

　　　ϕ——孔隙度；

　　　dF/dr——附加应力在径向方向上的变化；

　　　dp/dr——孔隙压力在径向方向上的变化。

利用差分法，可将式（2-25）展开：

$$F(r)_j^n = \left(p_{j+1}^n - p_j^n\right) \times \phi \tag{2-26}$$

式中　$F(r)_j$——第 n 个时间步节点处的附加径向力，MPa；

　　　n——时间离散的第 n 步；

　　　p_{j+1}、p_j——径向不同位置处的孔隙压力。

2. 拉伸破坏

当井眼内的有效作用力小于地层压力时，井壁表面岩石径向上会受到一个指向井眼的拉应力 σ_r；随着高压储层分别以基质、裂缝产气，高孔隙压力以气体大量产出形式释放，使得井围岩受到了由高孔隙压力引起的"拖拽"作用。当整体拉伸作用力超过岩石自身的抗拉强度时，井壁表面岩石会发生变形—破坏，对于高压致密砂岩储层揭开瞬间的高径向附加力，岩石会出现剧烈失稳甚至崩爆。

1)泥岩夹层与基质储层拉伸破坏

对于高压致密砂岩层气体钻井应力分析，当井壁围岩径向拉应力达到岩石单轴抗压强度时，岩石产生拉伸破坏，基于最大拉应力准则，对应强度条件，考虑拉应力为负：

$$\sigma_r - F(r_w) - \alpha_p p_p = -S_t \tag{2-27}$$

式中　σ_r——井眼的拉应力，MPa；

　　　$F(r_w)$——由渗流引起的附加应力在井壁位置r_w处的值，MPa；

　　　α_p——有效应力系数；

　　　p_p——孔隙压力，MPa；

　　　S_t——砂岩抗拉强度，MPa。

对于储层中的欠压实超低渗透泥页岩层的拉伸破坏，其主要表现为：由储层产气孔隙压力下降引起的围压变化，泥岩层在高地层压力和井筒巨大压差作用下发生拉伸破坏失稳：

$$\alpha p_p - p_w = S_{st} \tag{2-28}$$

式中　α——Biot系数；

　　　p_w——井筒流体压力，MPa；

　　　S_{st}——泥岩抗拉强度，MPa。

2)裂缝—基质拉伸崩落

由高压裂缝性气层应力分析可知，裂缝产气能瞬间将储层高孔隙压力在极短时间内释放，围岩可能出现瞬间崩落的现象；随着产气稳定，围岩受到由基质和裂缝产气引起的拉应力的共同影响，对应强度条件，考虑拉应力：

$$\sigma_r - f(r_w) - F(r_w) - \alpha_p p_{pp} - \alpha_f p_{fp} = -S_t \tag{2-29}$$

式中　$f(r_w)$——渗流引起的径向应力，MPa；

　　　$F(r_w)$——渗流变化引起的附加应力在井壁位置r_w处的值，MPa；

　　　α_p——有效应力系数；

　　　p_{pp}——孔隙压力，MPa；

α_f——另一个有效应力系数,用于调节裂缝对应力的影响;

p_{fp}——裂缝压力,MPa;

S_t——砂岩抗拉强度,MPa。

对于高压致密砂岩储层,由产气引起的岩石破坏在很大程度上受到产气类型及孔隙压力释放快慢的影响,对于基质产气存在弹—塑性的"剥蚀"现象,即井壁围岩拉伸破坏,并随着塑性半径扩展,围岩拉伸失稳向径向延伸一定距离;而对于裂缝性气层,快速释放的孔隙压力造成近井壁产生巨大的压差,使得围岩快速崩落。因此,对于不同情况下的储层段井壁围岩失稳,需采用不同的破坏准则。

3. 剪切破坏

在气体钻井条件下,井内压力与高压储层相比几乎为 0,当井眼围岩所受剪切应力超过岩石自身强度,产生剪切破坏失稳,且随着近井壁孔隙压力的降低,岩石骨架承受的有效应力增加。井壁上周向和径向有效应力差值越大,越易发生剪切失稳,剪切破坏失稳是气体钻井过程当中常见的井壁失稳方式。

1)莫尔库伦(Mohr–Coulomb)准则

岩石破坏剪切面上剪切力 τ 必须克服岩石内聚力 C 及摩擦力 $\sigma \times \tan\phi$,其计算见式(2-30):

$$\tau = C + \sigma \tan\phi \qquad (2\text{-}30)$$

在主应力形式下,莫尔库伦准则可表示为:

$$\sigma_1 = \sigma_3 \cot^2\left(45° - \frac{\phi}{2}\right) + 2C\cot\left(45° - \frac{\phi}{2}\right) \qquad (2\text{-}31)$$

式中 τ——剪切应力,MPa;

C——内聚力,MPa;

σ——正应力,MPa;

ϕ——内摩擦角,(°)。

莫尔库伦强度准则既适合于脆性材料,也适合塑性材料,其缺点是未考虑中间应力。

2）Drucker-Prager 强度准则

考虑到中间应力的影响，在一定变形条件下，岩体内某平面上的剪应力达到剪切屈服极限，Von-Mises 提出用偏应力张量第二不变量 J_2 表示：

$$\sigma_{\text{V-M}} = \frac{1}{\sqrt{2}}\left[(\sigma_1-\sigma_2)^2+(\sigma_2-\sigma_3)^2+(\sigma_3-\sigma_1)^2\right]^{0.5} \quad (2\text{-}32)$$

Drucker-Prager 在此基础上提出强度判断准则：

$$\sqrt{J^2} - \frac{\sqrt{3}\sin\phi}{3\sqrt{3+\sin^2\phi}}(\sigma_1+\sigma_2+\sigma_3) - \frac{\sqrt{3}C\cos\phi}{\sqrt{3+\sin^2\phi}} = 0 \quad (2\text{-}33)$$

式中　σ_1——最大主应力，MPa；

　　　σ_2——中间主应力，MPa；

　　　σ_3——最小主应力，MPa；

　　　$\sigma_{\text{V-M}}$——Von-Mises 应力，MPa；

　　　ϕ——内摩擦角，(°)。

　　　J^2——偏应力张量第二应力不变量，MPa。

由于 Drucker-Prager 准则计算出的岩石理论强度比三轴实验值大，对于气体钻井，过高估计了岩石抵抗破坏的能力。因此，对于围岩剪切失稳，一般采用 Mohr-Coulomb 准则。而在针对储层气体钻井井壁的有限元仿真中，中间应力不可忽视，而 Von-Mises 应力 $\sigma_{\text{V-M}}$ 是基于剪切应变能的一种等效应力值，表示围岩应力分布情况：

$$\sigma_{\text{V-M}} = \frac{1}{\sqrt{2}}\left[(\sigma_1-\sigma_2)^2+(\sigma_2-\sigma_3)^2+(\sigma_3-\sigma_1)^2\right]^{0.5} \quad (2\text{-}34)$$

因此，D-P 准则可应用于仿真模拟计算中。

4. 裂缝失稳破坏

现有井壁失稳破坏机理大多基于多孔介质弹性力学理论，在连续介质中，岩石稳定主要受井壁应力和岩石强度控制。而在破裂介质岩体中，不连续裂缝的存在很大程度上改变了岩石力学性质，不但降低岩石强度，整体内聚力和内摩擦角减小，也改变了井眼形成时的应力分布，使围岩更易被破坏。对于高压裂缝性气层，储层裂缝中存在高压气体，在大量产气冲击的作用下，钻开的裂缝会快速失稳，并随着裂缝产气而变化。

1）地层沿弱面滑动失稳

考虑围岩破坏受裂缝结构面的影响，对于含有微裂缝的地层，当裂缝面与最大主应力之间的夹角在一定范围内，地层将沿着裂缝面出现垮塌掉块，破坏准则表示为：

$$\sigma_1 - \sigma_3 = \frac{2(C_w + \mu_w \sigma_3)}{(1 - \mu_w \cot \beta_2) \sin 2\beta_2} \quad (2-35)$$

$$\mu_w = \tan \varphi_w$$

式中　C_w——软弱面内聚力，MPa；

μ_w——软弱面内摩擦系数；

φ_w——软弱面内摩擦角，(°)；

β_2——软弱面的法向与 σ_1 之间的夹角，(°)。

当裂缝面法向与 σ_1 之间的夹角 β_2 小于（等于）φ_w，或者等于 90° 时，裂缝不会发生滑动，而是发生岩石本体破坏，裂缝面产生滑动的条件是：$\varphi_w < \beta_2 < \pi/2$。

2）含裂缝损伤和扩展的 Griffith 与 Griffith-Moclintok 强度准则

Griffith 认为岩石脆性破坏是由于局部拉张应力，裂缝在外力作用下，端部产生很大应力集中，造成裂缝扩展、交割、集结，最后导致宏观破坏，并提出裂缝扩展的强度准则：

$$\frac{(\sigma_1 - \sigma_3)^2}{\sigma_1 + \sigma_3} = -8S_t \quad (2-36)$$

上述公式是基于张开椭圆裂缝，Moclintok 认为压应力占优势的情况下，只有剪应力才能引起缝端的应力集中，因此提出：

$$\sigma_1 = \frac{4S_t}{\left(1 - \frac{\sigma_3}{\sigma_1}\right)\sqrt{1 + \tan^2 \phi} - \left(1 + \frac{\sigma_3}{\sigma_1}\right)\tan \phi} \quad (2-37)$$

对于高压裂缝性气层，大型构造应力缝发育，且存在成组裂缝，不具备页岩层理缝产状发育规律，因此弱面破坏强度准则不适应高压裂缝产气引起的围岩破坏。断裂力学强度准则能解释裂缝产气稳定后，裂缝端应力集中引起裂缝扩展直至破坏，但准则无法描述高压气体自裂缝产出的瞬间，巨大压差对裂缝端的冲击作用，这里围岩破坏可以仅考虑裂缝内流体压力和井筒压力，并受裂缝与井筒间围岩形状、大小的影响。裂缝段抗拉强度与裂缝产状以及裂缝段位置相关，其计算见式（2-38）：

$$p_{fp} - p_w = S_{t0} \tag{2-38}$$

式中 S_{t0}——裂缝段抗拉强度，MPa；

σ_1、σ_3——最大、最小主应力，MPa；

S_t——抗拉强度，MPa；

ϕ——内摩擦角，(°)；

p_{fp}——裂缝内的孔隙压力，MPa；

p_w——井筒流体压力，MPa。

高压致密砂岩储层气体在钻井过程中的井壁失稳破坏呈多种类型，分别从基质和裂缝产气角度出发，结合如测井资料等现场数据，针对不同失稳类型，采用不同破坏强度准则进行细化分析。

三、耦合条件下实例参数计算

以迪北地区迪西1井四开阿合组为例展开计算，通过现场数据测井解释和室内岩石实验数据分析，该致密气层基本参数如下：钻头直径为215.9 mm，地层深度为4811 m，原始地层压力当量密度为1.77 g/cm³，上覆地层压力当量密度为2.61 g/cm³，地层温度为124 ℃，气体钻井过程井底流压为3 MPa，孔隙度为11%，基质地层初始渗透率为0.1 mD，裂缝处地层初始渗透率为13.5 mD，泥岩层渗透率为0.001 mD。孔隙性致密砂岩和裂缝性致密砂岩的渗透率应力敏感系数可由室内岩石应力敏感性实验反算得出。分别将孔隙性地层和裂缝性地层的孔隙压力分布模型、岩石渗透率应力敏感性模型及有效地应力分布模型耦合起来展开瞬态耦合计算，分析气体钻井揭开孔隙性或裂缝性致密气层时，井周地应力的动态分布规律。同时，展开纵向上砂岩和泥岩系统之间应力耦合关系的研究。

1. 孔隙压力分布规律

图 2-12、图 2-13 分别显示了基质产气过程中和裂缝产气过程中耦合计算获得的近井壁地层孔隙压力分布规律。致密气层气体钻开后，近井壁地层孔隙压力迅速下降，孔隙压力在径向上呈现出较大的压降梯度，且随着时间增大，压降梯度逐渐减小。这表明在气层被揭开瞬间，近井壁地层发生的流—固耦合作用最强，对井壁的应力冲击最大，井壁地层发生突然崩落的风险也最大，随产气持续应力变化，其剧烈程度有所减小，但应力集中效应不断加强。同时，对比分析图 2-12 和图 2-13 可看出，裂缝地层孔隙压力的下降幅度

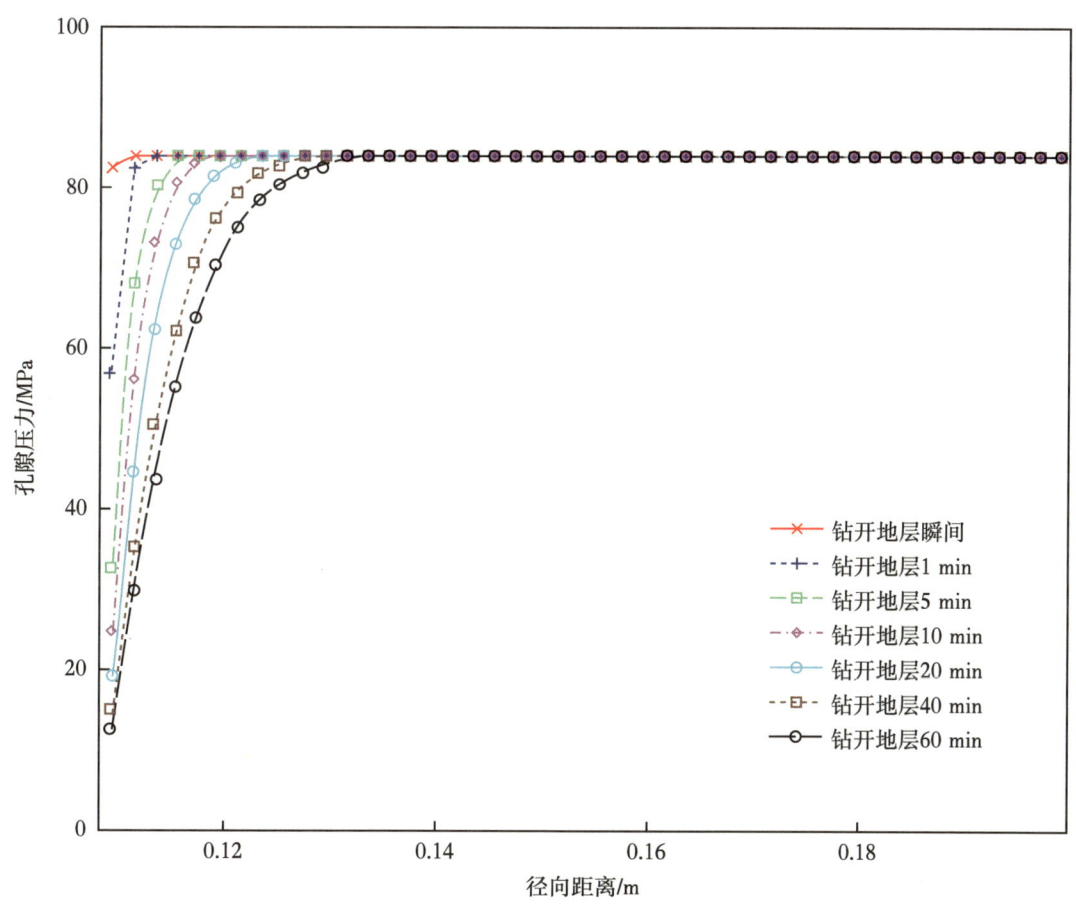

图 2-12　基质产气时动态耦合下孔隙压力分布图

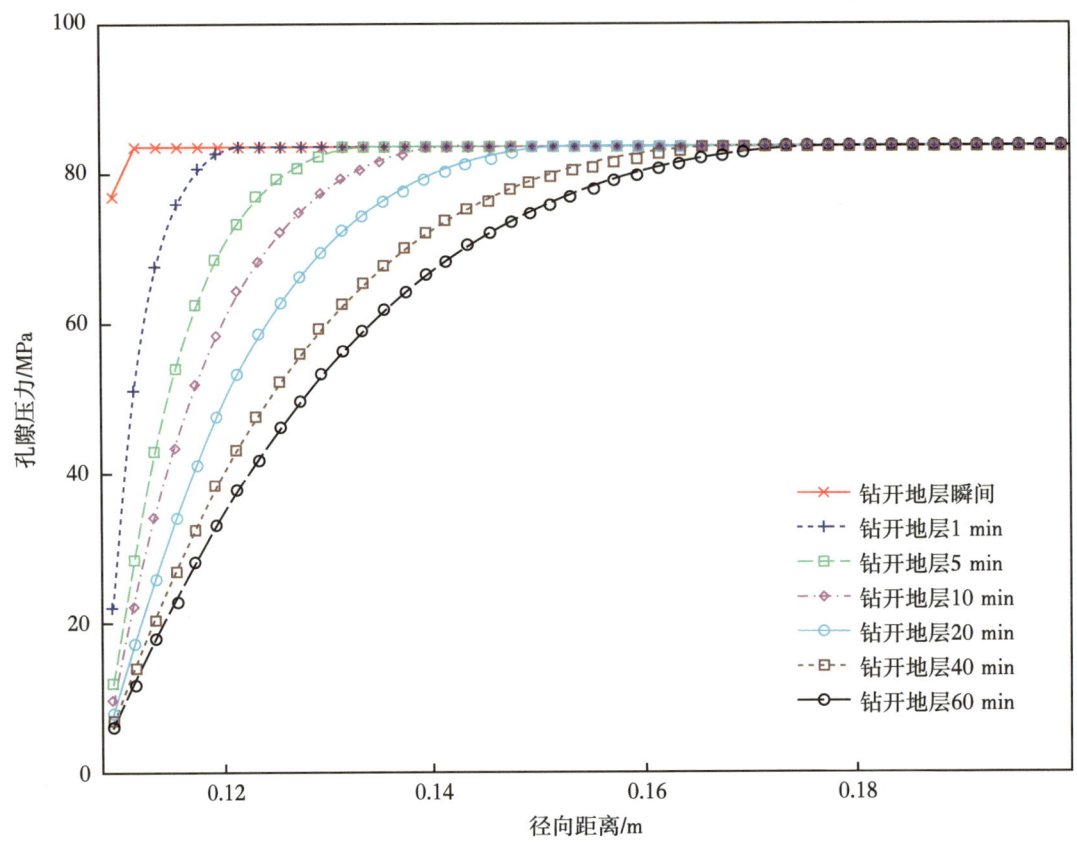

图 2-13 裂缝产气时动态耦合下孔隙压力分布图

和参与渗流的地层深度都大于基质地层，钻开地层 60 min 后，裂缝地层参与渗流的地层深度达到了 0.18 m，而基质地层参与渗流的地层深度不到 0.14 m，表明钻遇裂缝产层时，流—固耦合作用要强于钻遇基质产层，对井壁地层的地应力分布和稳定性的影响更大。

图 2-14 为距离井壁 0.1 cm 处地层孔隙压力随产气时间的变化图，可以看出，在钻开初期，近井壁地层孔隙压力快速下降，随后逐渐趋于平缓，且裂缝地层孔隙压力随时间的变化率要远大于基质地层孔隙压力随时间的变化率。产气 1 min 时，裂缝地层孔隙压力下降了 61.57 MPa，基质地层孔隙压力仅下降了 26.72 MPa，裂缝地层孔隙压力下降量为基质地层孔隙压力下降量的 2.3 倍，表明裂缝地层在短时间内释放出更大的应力，对井壁岩石的应力冲击也更大，发生突然崩落的风险更高。

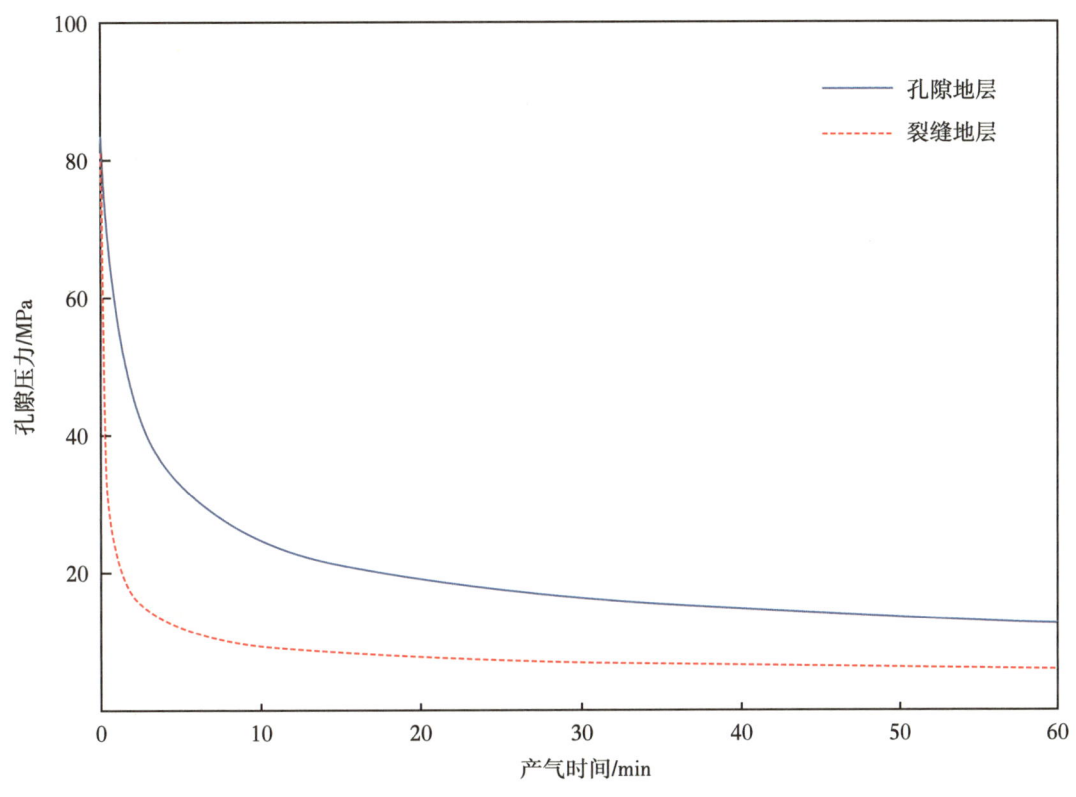

图 2-14　距离井壁 0.1 cm 处地层孔隙压力随产气时间的变化图

2. 井周地层有效应力动态变化规律

气体钻井揭开致密气层瞬间，气体高速产出，对井壁地层形成较大的径向冲击力，导致地层径向有效应力呈现出拉伸状态，且裂缝地层的冲击效应要明显大于基质地层。图 2-15、图 2-16 分别为基质与裂缝产气时动态耦合下径向有效应力分布图。钻开瞬间，裂缝地层径向有效应力将近 -60 MPa，而基质地层仅为 -45 MPa（负号表示应力方向指向井筒）。此后，随产气持续冲击效应减弱，径向应力的拉伸效应逐渐减弱，甚至转变为压缩效应。同时，受近井壁地层封闭效应的影响，最大径向应力并不在井壁上，而是在距离井壁一定深度处。这表明致密气层气体钻开后，高速气体产出对近井壁地层径向有效应力产生较大影响，尤其是钻遇裂缝性致密气层时。因此，考虑强流—固耦合作用下的多物理场耦合关系，开展地应力动态分布规律研究具有其必要性和重要意义。

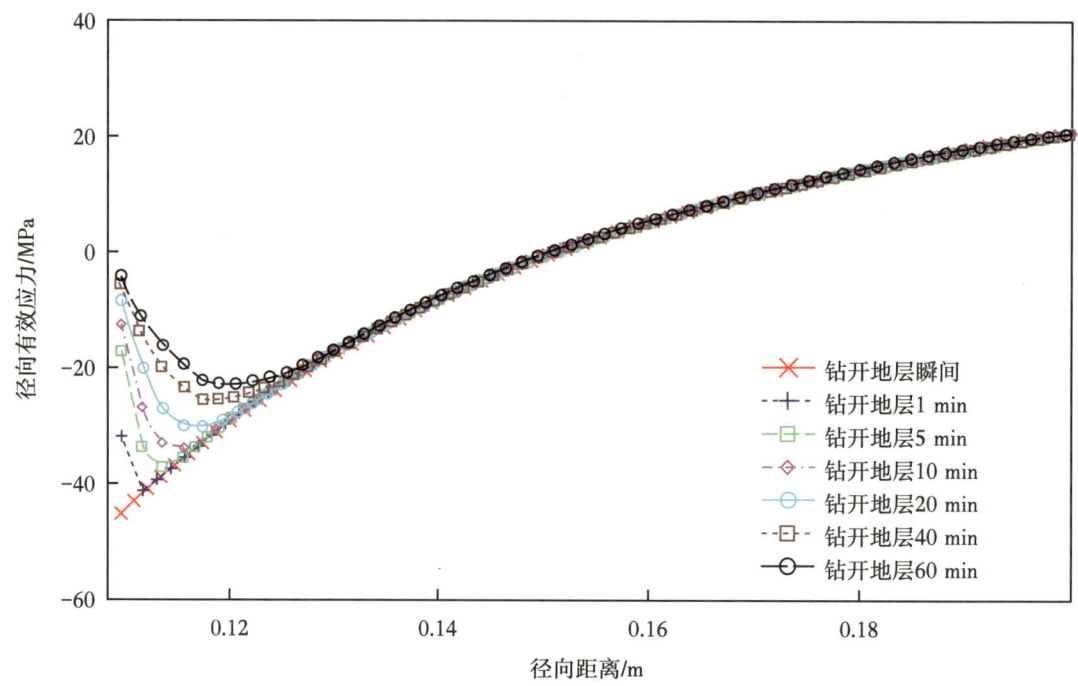

图 2-15 基质产气时动态耦合下径向有效应力分布图

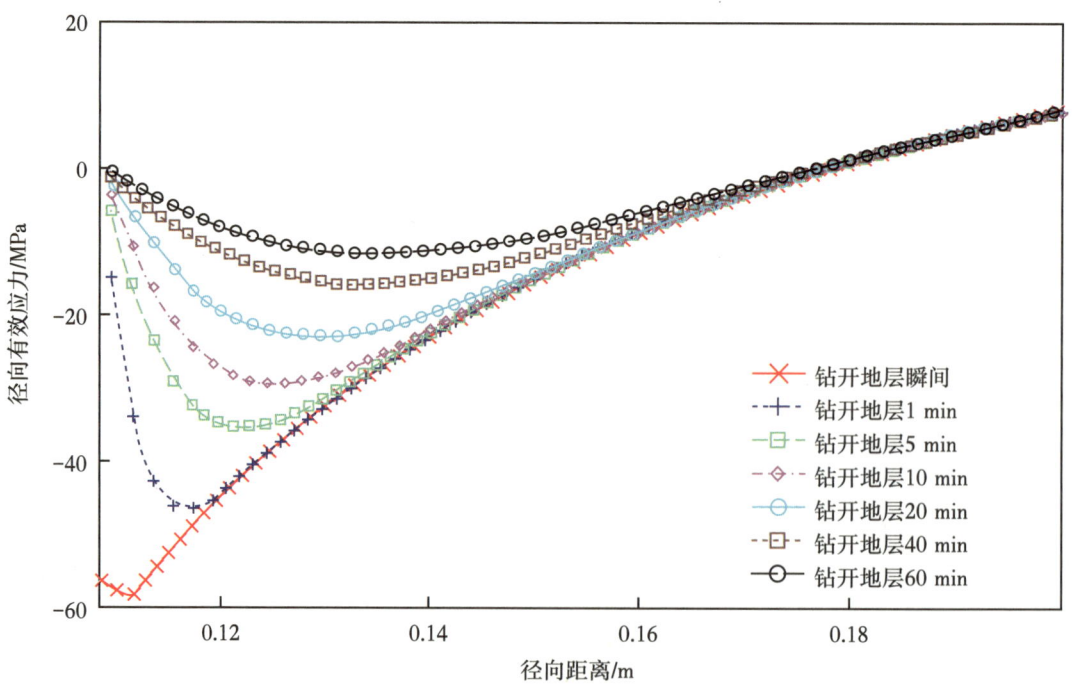

图 2-16 裂缝产气时动态耦合下径向有效应力分布图

地层被钻开后，周向有效应力最大值位于周向角为 90° 处，因此重点针对周向角为 90° 处地层周向有效应力随径向距离和产气时间的变化规律开展研究。图 2-17、图 2-18 分别显示了基质产气和裂缝产气过程多物理场耦合计算条件下，近井壁地层周向有效应力的分布规律。可以看到，致密气层气体钻开后，近井壁地层周向有效应力迅速升高，无论是基质地层，还是裂缝地层，钻开瞬间，周向有效应力值都超过了 130 MPa，且随产气持续，周向有效应力不断增大。这表明致密气层被钻开后，周向上迅速发生应力集中，对井壁岩石稳定性产生较大影响，且随产气持续，影响不断加强。

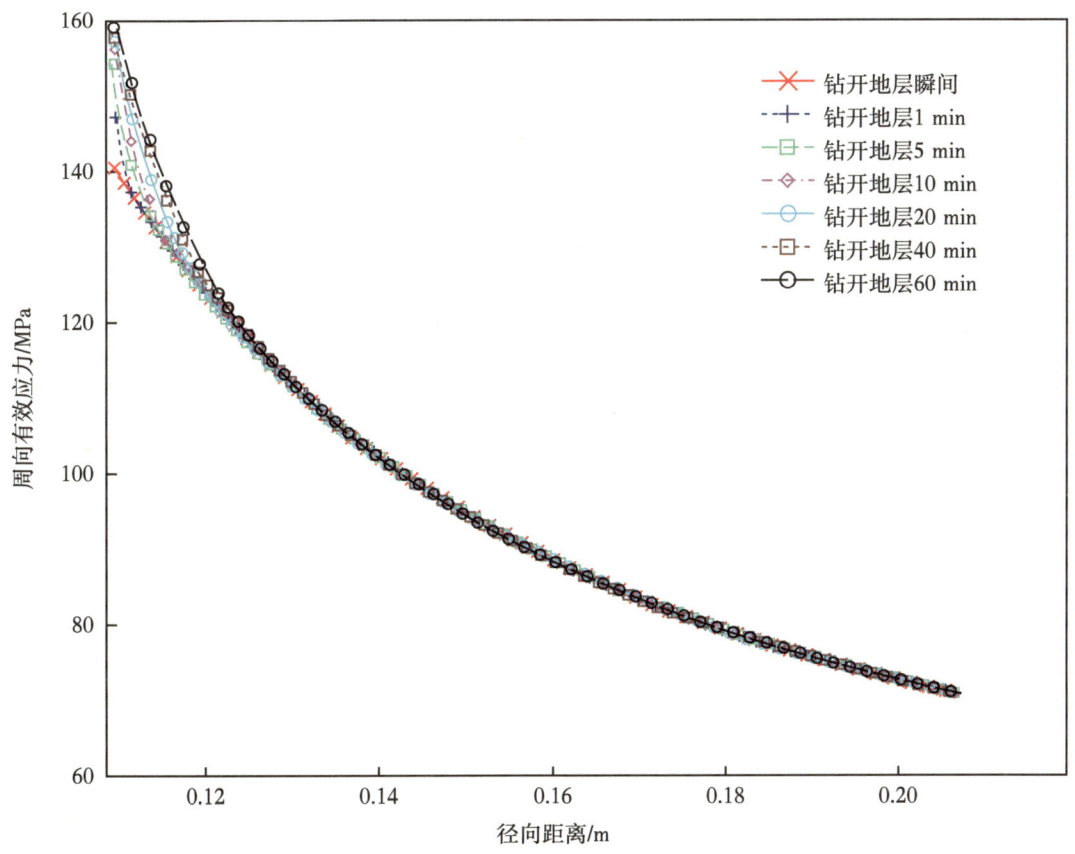

图 2-17　基质产气时动态耦合下周向有效应力分布图

图 2-19、图 2-20 分别显示了基质产气和裂缝产气过程中多物理场耦合计算条件下，近井壁地层垂向有效应力的分布规律。可以看出，近井壁地层垂向有效应力随产气时间增大而不断增大，且随着地层径向延伸，迅速降低至初始

垂向有效应力。同时，对比分析图 2-18 和图 2-19 可发现，裂缝产气时，地层垂向有效应力变化的剧烈程度要明显大于基质产气，地层被钻开后，在很短时间内，垂向有效应力就上升到较高值，这表明裂缝产气时，垂向地应力变化更剧烈，对井壁地层的稳定性影响也更大。

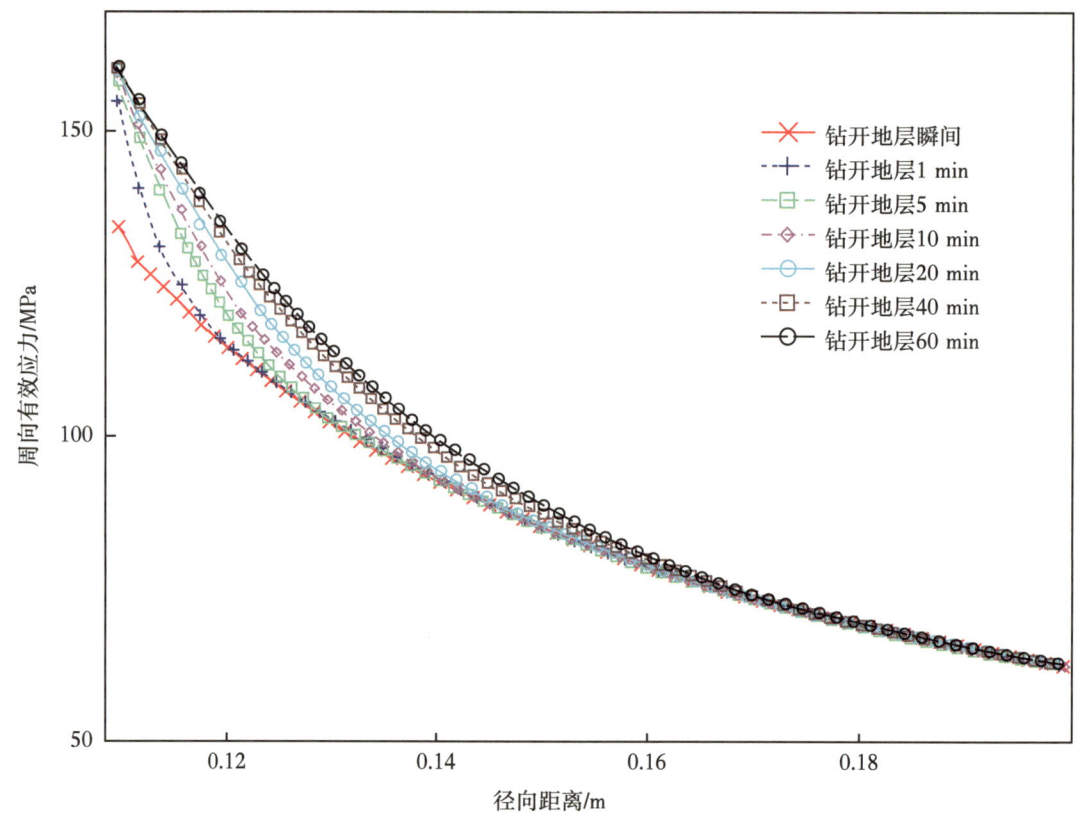

图 2-18 裂缝产气时动态耦合下周向有效应力分布图

通过上述对径向有效应力、周向有效应力和垂向有效应力的分析可知，气体高速渗流时的强流—固耦合作用导致近井壁地层地应力发生剧烈的动态变化，在径向上形成拉伸效应，后逐渐恢复至压应力；在周向和垂向上迅速形成应力集中，产生较大应力冲击，此后随产气持续，应力集中效应不断加剧。且高渗透性裂缝产气时，应力动态变化的剧烈程度将进一步加强，引发井壁失稳的风险也更高。这表明，对于致密气层，气层钻开瞬间，近井壁地层应力快速集中和多物理场耦合条件下，应力集中效应不断加强是引发井壁失稳风险的重要机理。

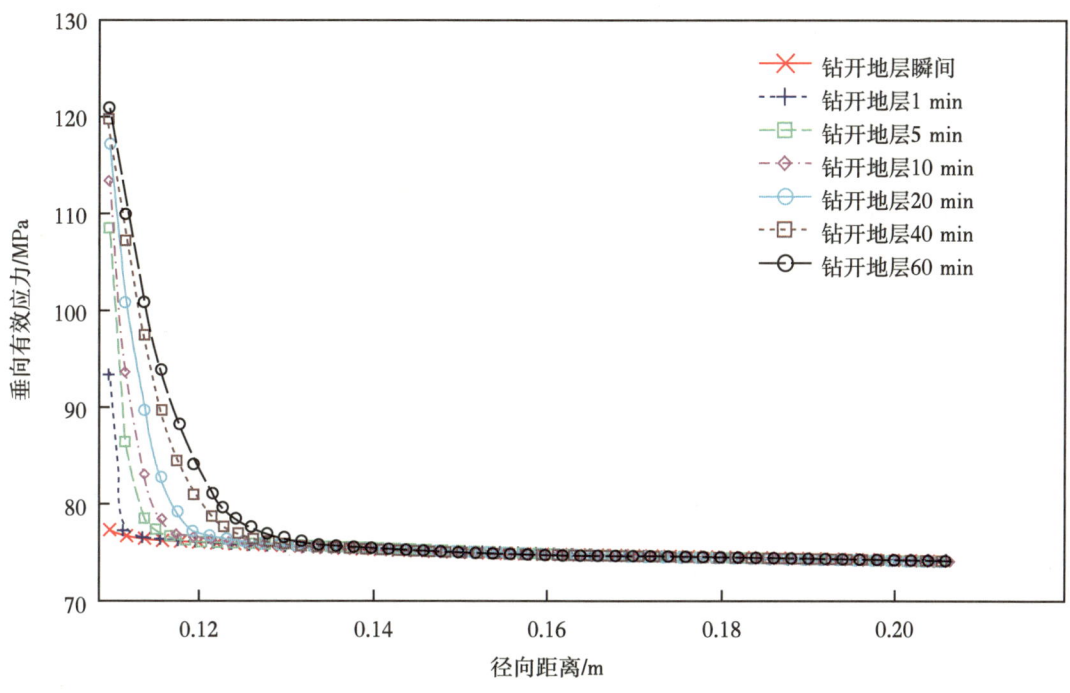

图 2-19　基质产气时动态耦合下垂向有效应力分布图

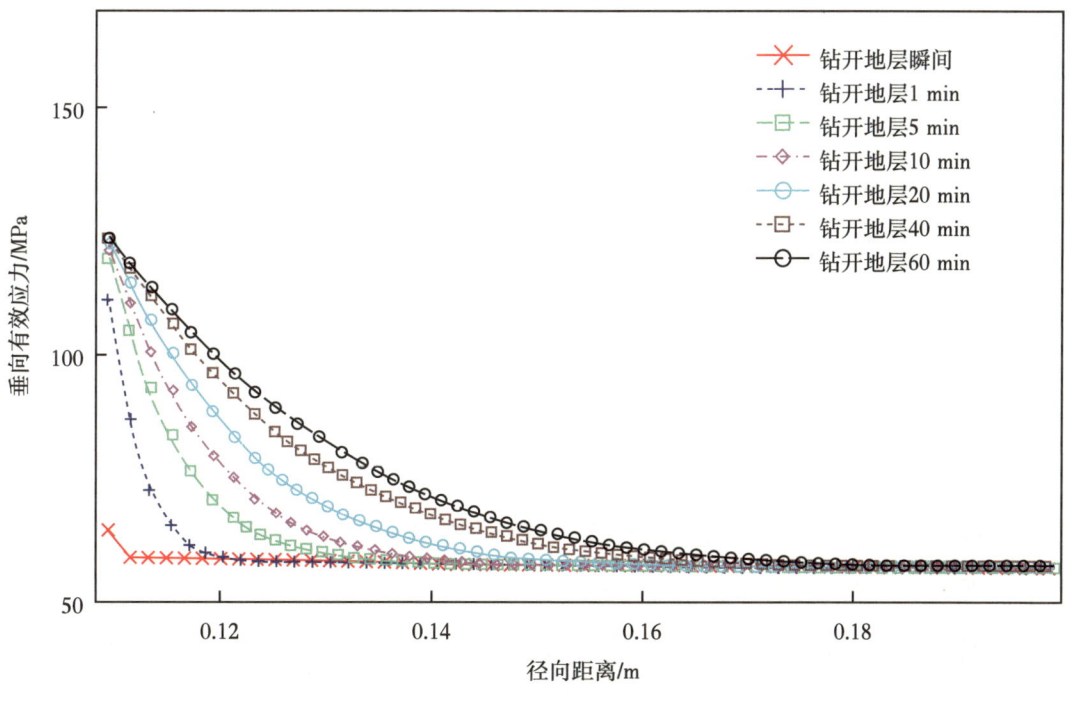

图 2-20　裂缝产气时动态耦合下垂向有效应力分布图

3. 上覆泥岩层应力动态耦合计算

以前文得出的致密气层气体钻开后在多物理场耦合条件下产气规律和地应力分布规律为基础，研究纵向上强流—固耦合作用下致密砂岩地应力动态变化对上覆带压泥岩层应力分布的影响。对比致密气层和泥岩层孔压释放规律可发现，井壁附近致密气层的孔隙压力释放速度要远大于上覆带压泥岩层的孔隙压力释放速度，产气 60 min 后，气层参与渗流深度大约为泥岩层参与渗流深度的 20 倍，这表明计算过程中忽略泥岩产气具有一定的合理性。将致密气层分为若干层，每层 0.5 m，假设泥岩层厚度为 10 m，钻井速度为 0.5 m/5 min，且每 5 min 所钻开的 0.5 m 气层已持续产气 5 min。即钻进气层 5 min 时，第一层被打开，产气 5 min；钻进气层 10 min 时，第二层被打开，产气 5 min，而此时第一层产气 10 min。由此类推采用迭代法，求出钻进气层 5 min、10 min、15 min、20 min、25 min、30 min、35 min、40 min、45 min、50 min、55 min 和 60 min 时，考虑钻进速度下致密砂岩气层垂向压缩量，进而耦合分析上覆带压泥岩的位移，以及垂向有效应力随钻进时间的分布规律。

图 2-21 和图 2-22 分别为纵向上砂岩、泥岩系统在耦合条件下钻进致密气层时，在不同时间上覆泥岩垂向位移和垂向有效应力随径向距离的变化曲线。可以看出，上覆泥岩垂向位移和垂向有效应力都随着钻进气层时间的增大而增大。分析认为，这是因为随着下部致密气层钻进时间的增大，气层打开深度和产气时间都不断增大，导致了下部致密气层对上覆带压泥岩层的支撑效应不断减小，等效为上覆带压泥岩的附加垂向应力不断增大。同时，还可得出流—固耦合作用下的纵向砂岩、泥岩系统的动态耦合效应主要发生在近井壁地层，上覆泥岩垂向位移和垂向有效应力随径向距离延伸而快速降低，大约在径向深度 1 cm 的地层受这种动态影响较大，有效应力变化明显，此后，径向距离延伸上覆泥岩的垂向位移和垂向有效应力变化并不明显。

根据图 2-23 可以得出，距离井壁越近，上覆泥岩垂向位移受钻进气层时间的影响越大。从钻开气层瞬间到钻进 60 min，距离井壁 0.1 cm 处地层垂向位移增大了 1.55 cm，而距离井壁 1 cm 处地层垂向位移仅增大了 0.28 cm。由图 2-24

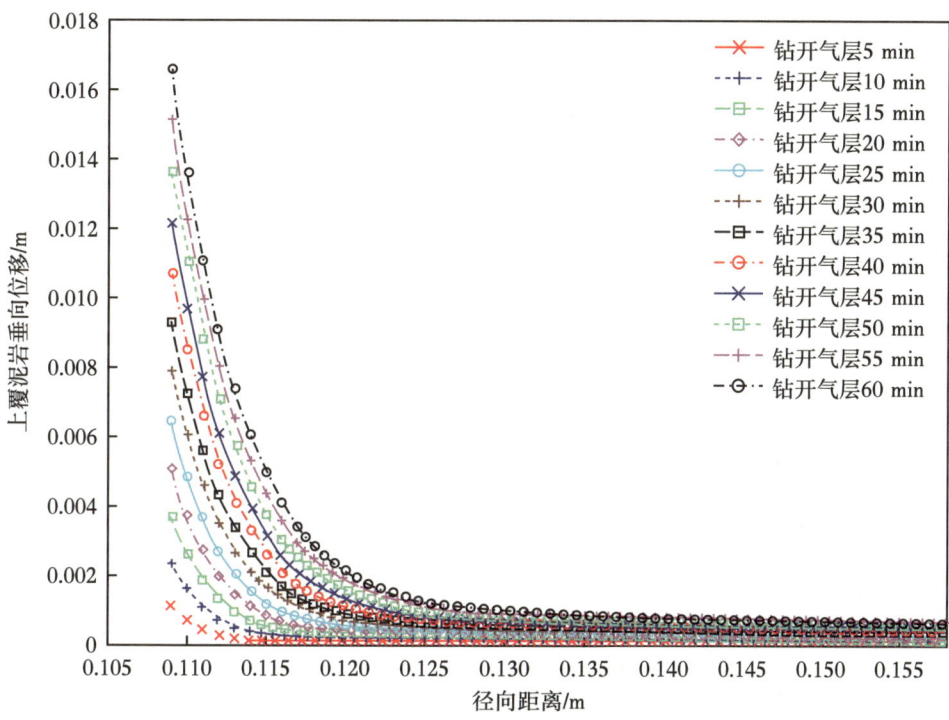

图 2-21 气层不同钻进时间上覆泥岩垂向位移随径向距离变化曲线图

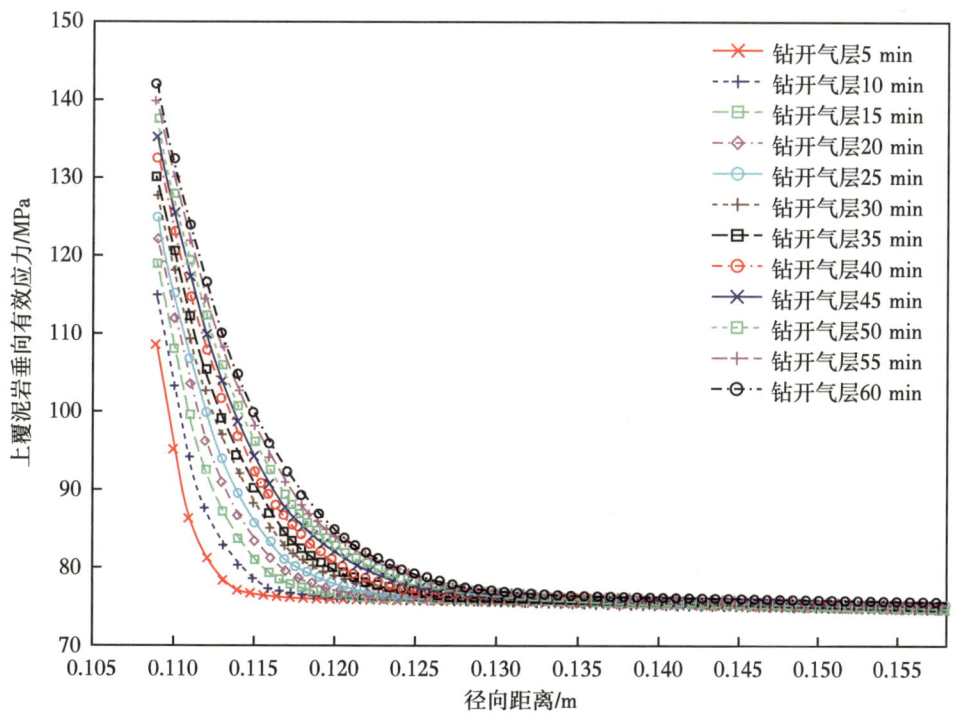

图 2-22 气层不同钻进时间上覆泥岩垂向有效应力随径向距离变化曲线图

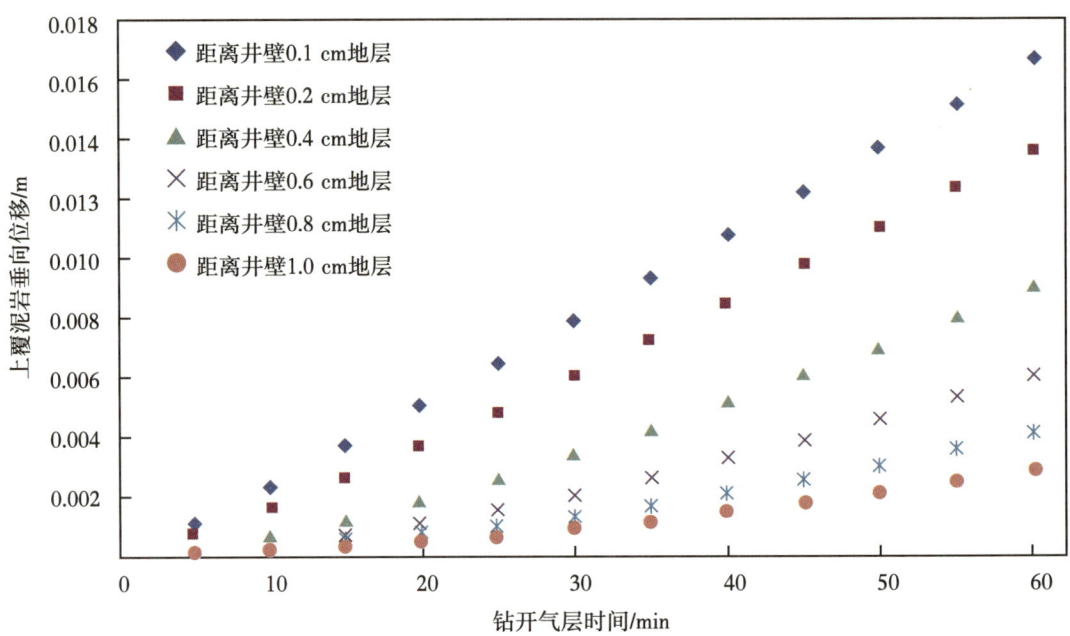

图 2-23　上覆泥岩地层不同径向距离处垂向位移随钻进气层时间变化曲线图

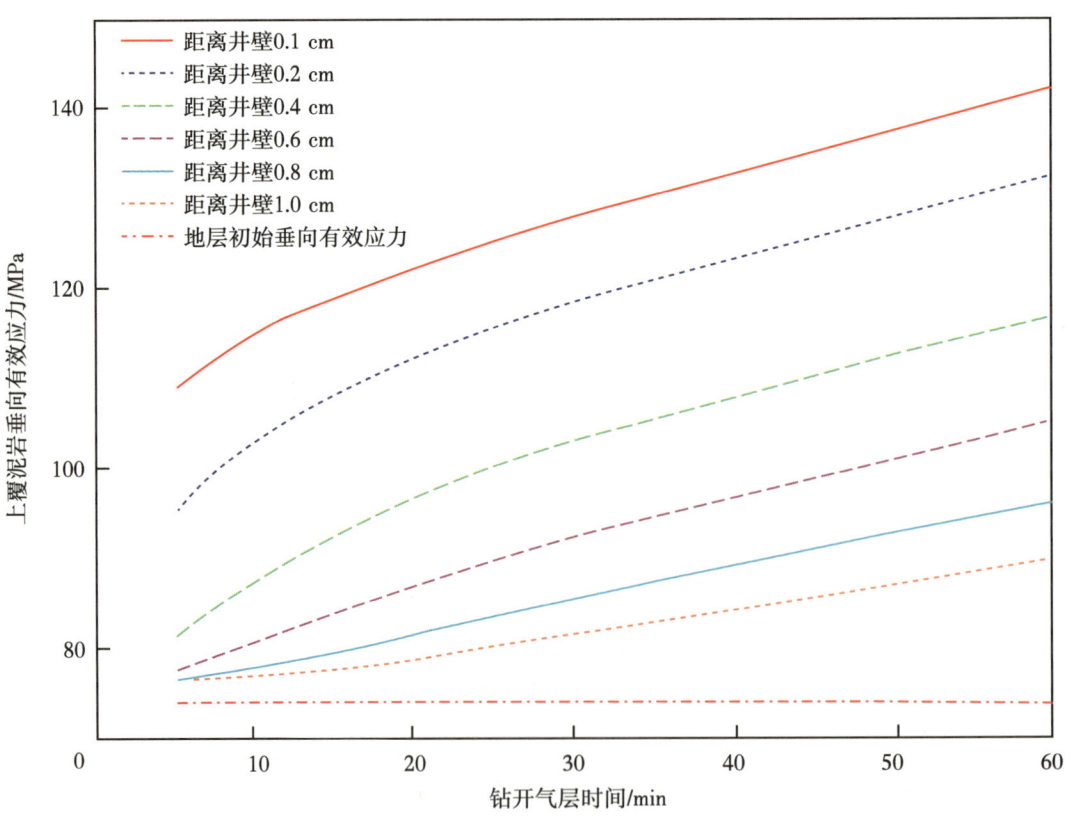

图 2-24　上覆泥岩地层不同径向距离处垂向有效应力随钻进气层时间变化曲线图

可以得出，上覆泥岩垂向有效应力与垂向位移呈现出相同变化规律，都随径向距离的增大而减小。这表明距离井壁越近，地层发生垂向应力集中越明显，且岩石向下膨胀越明显，越容易发生破坏、垮塌。同时，也再次证明了距离井壁越近，岩石发生应力敏感的强度越大。

第三章　氮气钻完井装备与井口工具配套

气体钻井技术相较于常规油基钻井技术，能显著提高机械钻速，缩短钻井周期，节省钻井成本。库车北部侏罗系阿合组储层地层压力高，地层压力系数达到 1.81，储层埋藏深，地层压力最高可达 90 MPa，井口关井压力最高可达 67 MPa，平均孔隙度为 5%，平均渗透率为 0.39~1.42 mD，属典型的低孔隙度低渗透率—特低孔隙度低渗透率高压储层，氮气钻井井控风险大，对井控装置配套提出更高要求。常规氮气钻完井装备及工艺技术难以满足库车北部侏罗系高压高产储层安全作业的需要，急需从装备配套、作业流程、配套工艺、井控技术等方面开展深入研究。

第一节　井口装置配套

一、井口装置组合

针对库车北部侏罗系阿合组储层氮气钻井井口装置开展优化设计，从上至下依次为旋转控制头、环形防喷器、双闸板防喷器、排砂四通、双闸板防喷器、多功能四通、套管头、变径变压法兰和套管头，额定压力等级为 105 MPa，见表 3-1。图 3-1 和图 3-2 分别为井口装置及防砂堵冲洗管线示意图和井口装置组合示意图。

表 3-1　库车北部侏罗系阿合组储层氮气钻井井口装置

序号	井口装置名称	规格型号	高度 /m	累计高度 /m	备注
1	旋转控制头	FX 28-17.5/35	1.75	9.36	—
2	环形防喷器	FH28-70/105	1.53	7.61	—

续表

序号	井口装置名称	规格型号	高度/m	累计高度/m	备注
3	双闸板防喷器	2FZ28-105	1.59	6.08	上 4 in 闸板；下 4 in 闸板
4	排砂四通	28-105	0.60	4.49	—
5	双闸板防喷器	2FZ28-105	1.78	3.89	上 4 in 闸板；下全封剪切闸板
6	多功能四通	FS28-105	0.60	2.11	—
7	套管头	TF10 3/4 in×8 1/8 in-105	0.48	1.51	—
8	变径变压法兰	35-70（上）×43-35（下）	0.17	1.03	上下双"BT"密封圈
9	套管头	TF14 3/8 in×10 3/4 in-35	0.86	0.86	—

注：（1）表中井口装置高度数据仅供参考，现场应以实物高度为准。

（2）在两只双闸板防喷器之间连接压力平衡管汇。

（3）备用 4 in 和 3 1/2 in 闸板各一副。

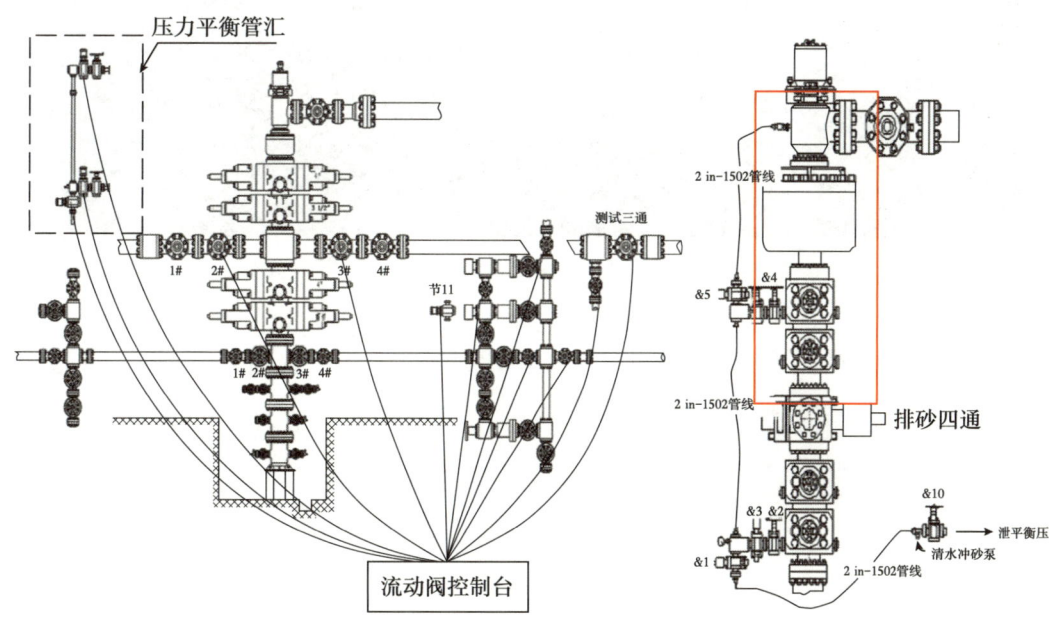

图 3-1　井口装置及防砂堵冲洗管线示意图

图 3-2　井口装置组合

本套井口装置具有如下优点:(1)井口装置中创新性引入了排砂四通,建立全新的排砂放喷模式,具备了排砂和放喷双重功能。在上下两套双闸板防喷器之间加入了排砂四通,大通径排砂放喷管线从排砂四通两侧连接至燃烧池,同传统排砂管线安装方式(排砂管线从旋转防喷器侧出口连接至燃烧池,架空高度高、弯度大)相比,大幅降低管线架空高度,利于管线安装,更加稳固。大通径排砂放喷管线壁厚 12 mm、通径 ϕ245 mm、承压 10 MPa,法兰连接,在钻遇高产天然气时,可与两条放喷管线同时放喷,实现 4 条管线放喷,最大限度提升泄流面积,满足高压高产条件下点火放喷需求。(2)两套双闸板防喷器确保井口控制有效性。上部 2FZ28-105 双闸板防喷器为与钻杆尺寸匹配的半封闸板,下部 2FZ28-105 双闸板防喷器为与钻杆尺寸匹配的半封闸板,下为全封闸板。三套半封闸板与一套全封闸板组合,既保障了排砂管线发生故障更换时关井的需要,也确保了多工况下关井的有效性。(3)FS28-105 多功能四通配套在钻进期间,可通过多功能四通的左右两条放喷管线放喷,同时满足氮气完井坐挂完井管串的需要。(4)增设了防砂堵冲洗管线,冲洗管线自上而下分别在旋转防喷器、上闸板防喷器和下双闸板防喷器 3 处设置 3 个冲洗端口,采用 50.8 mm-105 MPa 管线与专用清水冲砂泵相连,实现定时对井口防喷器进行防砂堵冲洗,确保防喷器有效。

二、井控装备控制系统升级改造

为了实现库车北部侏罗系阿合组储层氮气钻井井口快速控制,确保井口控制有效,对井控装备控制系统进行了升级改造。

1. 液动闸阀配套升级

对井口装置、节流管汇、压井管汇上部分液动闸阀配套进行升级改进。排砂四通从左至右的 P1、P2、P3、P4 四个平板阀配套为液动闸阀;多功能四通 $1^{\#}$、$2^{\#}$、$3^{\#}$、$4^{\#}$ 内控闸阀升级配套为液动闸阀;节流管汇上 J2a、J2b、J6b、J9、J11 升级配套为液动平板阀;压井管汇上 Y3 配套为液动平板阀。全部液动闸阀开关控制由专用的地面流程专用控制系统进行操控。图 3-3 为地面流程专用控制系统。

2. 井口控制方式改进

形成了 4 种井口控制方式,确保控制井口的有效性和及时性。除钻井队常用的司钻台、远程控制台井口控制方式外,又增设了辅助控制台和无线控制台两种控制方式,辅助控制台设置在井队干部值班房处,无线控制台设置在专用房,专人负责管理。这 4 种井口控制方式可确保突发情况下井口控制的及时有效(图 3-4)。

图 3-3　地面流程专用控制系统

(a)远程控制台

(b)司钻控制台

(c)辅助控制台

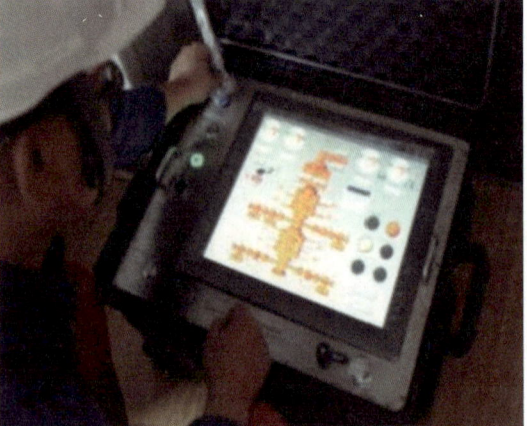
(d)无线控制台

图 3-4　4 种井口控制方式

三、井口装置防冲蚀改进设计

1. 多功能排砂四通旁通防冲蚀改进方案

根据以往作业经验,平板阀阀板断裂、阀座因冲蚀失去密封性,主要原因是高速的携岩天然气对平板阀阀板和阀座直接切削冲蚀;携岩气体在多功能四通旁通出口法兰密封圈和平板阀入口法兰密封圈连接处的湍流现象严重,湍流运动的岩屑颗粒和气体对法兰连接处的缝隙进行不断的冲蚀,造成法兰端面冲蚀,形成刺漏,严重影响井控安全。

为避免法兰密封圈、平板阀阀板和阀座受高速携岩气体的直接冲蚀,提出了多功能四通防冲蚀改进办法——双法兰短节方案。具体实施方法如图3-5所示,一方面,在四通出口处增加一件 $4\frac{1}{16}$ in×$3\frac{1}{16}$ in×15M 双法兰短节,防止下游平板阀冲蚀;另一方面,在四通与双法兰短节结合部镶嵌硬质合金套,防止密封面冲蚀。但双法兰短节方案仍存在两个问题需要进一步优化:一是对双法兰短节长度进行优化;二是对硬质合金套长度进行优化。

1)双法兰短节长度优化

携岩气体对旁通后平板阀的冲蚀不可避免,安装双法兰短节的主要目的就是让岩屑颗粒对壁面冲蚀较为严重的区域尽量位于双法兰短节内,避免岩屑颗粒以较高的速度直接冲蚀平板阀;同时,让旁通内的气体流速在进入平板阀之前,达到均匀分布的状态,这样有利于避免平板阀受不均匀气流冲蚀。对于双法兰短节长度问题,主要是在气体流速最大、冲蚀情况最严重情况下进行分析研究。具体优化思路分为两个方面:一是使法兰远离冲蚀较大区域;二是在冲蚀较大区域同时加装硬质合金套,从而保护通道壁面免受冲蚀。

2)硬质合金套长度优化

安装双法兰短节时,配套安装硬质合金套。硬质合金套贯穿于多功能四通旁通通道和双法兰短节内径,且与其是过盈配合,如图3-6所示,其主要目的是避免携岩气体的湍流运动对法兰连接的密封圈缝隙造成冲蚀。但在硬质合金套的装配过程中,因硬质合金韧性较弱、脆性较强,过盈配合装配,易造成硬质合金套断裂。因此,基于安装硬质合金套的目的,将硬质合金套缩短,达到保护法兰密封圈缝隙不受冲蚀的目的即可。

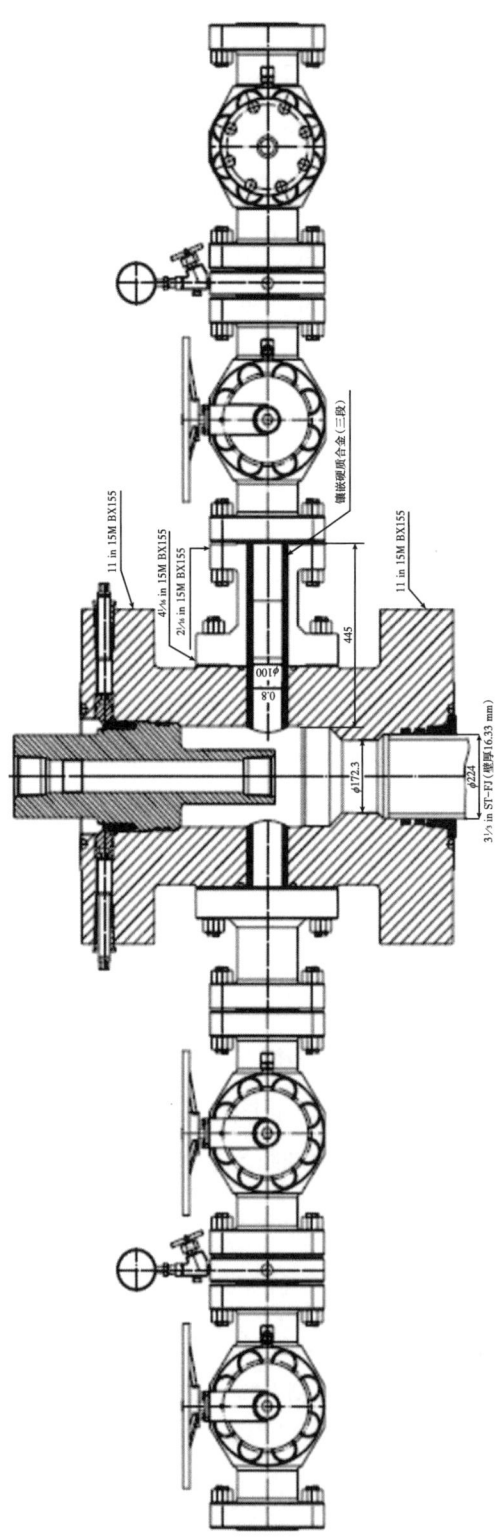

图 3-5 多功能四通双法兰短节方案

图 3-6　贯穿硬质合金套的示意图

2. 多功能四通本体防冲蚀改进案

1）4 in 钻杆方案

经过现场检测，由于 5 in 钻杆接头在多功能四通本体位置时，携岩气体湍流现象严重，湍流运动的岩屑颗粒和气体对本体进行不断的冲蚀，造成本体冲蚀，形成刺漏，严重影响井控安全，需要进行改进。一方面，用 4 in 钻杆替代 5 in 钻杆，增加环空流道间隙，提高多功能四通本体的防冲蚀能力；另一方面，使用具有良好气密性的 4 in 钻杆作为油管完井，进一步提高氮气钻完井的井控安全能力。

2）冲蚀对比分析

通过对 5 in 钻杆与 4 in 钻杆进行冲蚀速率的模拟计算分析，得到如下结果（图 3-7）：在相同边界条件下（天然气 100×10^4 m³/d、含砂量 10%、粒径 3 mm），使用 5 in 钻杆时的最大冲蚀率为 4.25×10^{-5} kg/（m²·s），当使用 4 in 钻杆时，最大冲蚀率为 3.30×10^{-5} kg/（m²·s），最大冲蚀率有所下降，所以在同等条件下，优选 4 in 钻杆可以减小气体高速携岩对四通本体的冲蚀。

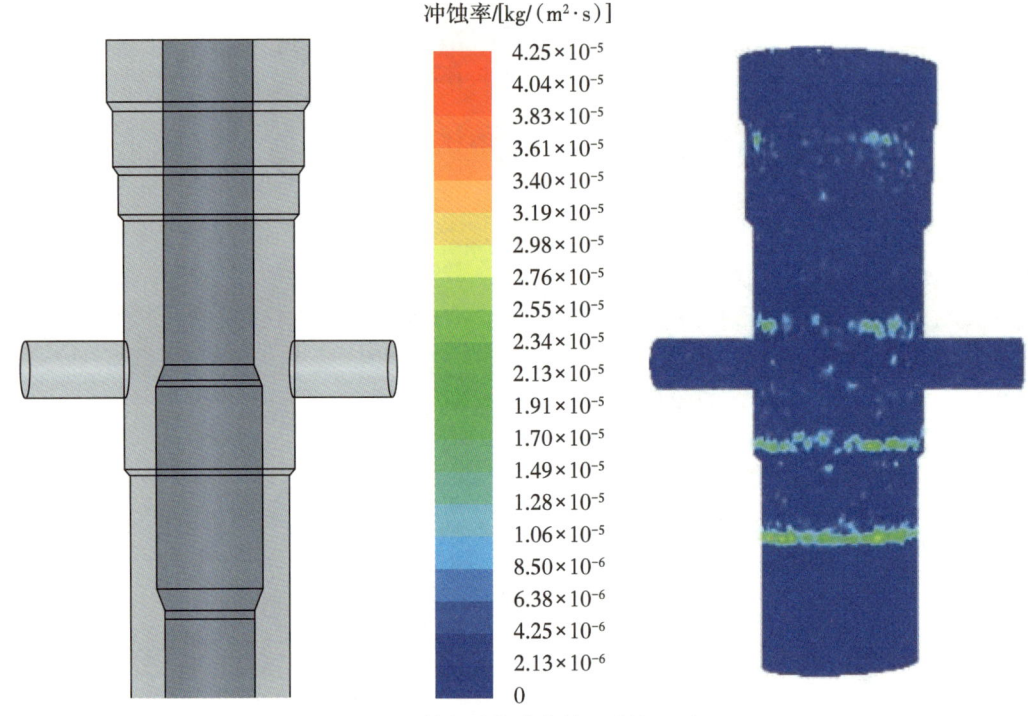

(a)5 in 钻杆计算流体域及冲蚀云图

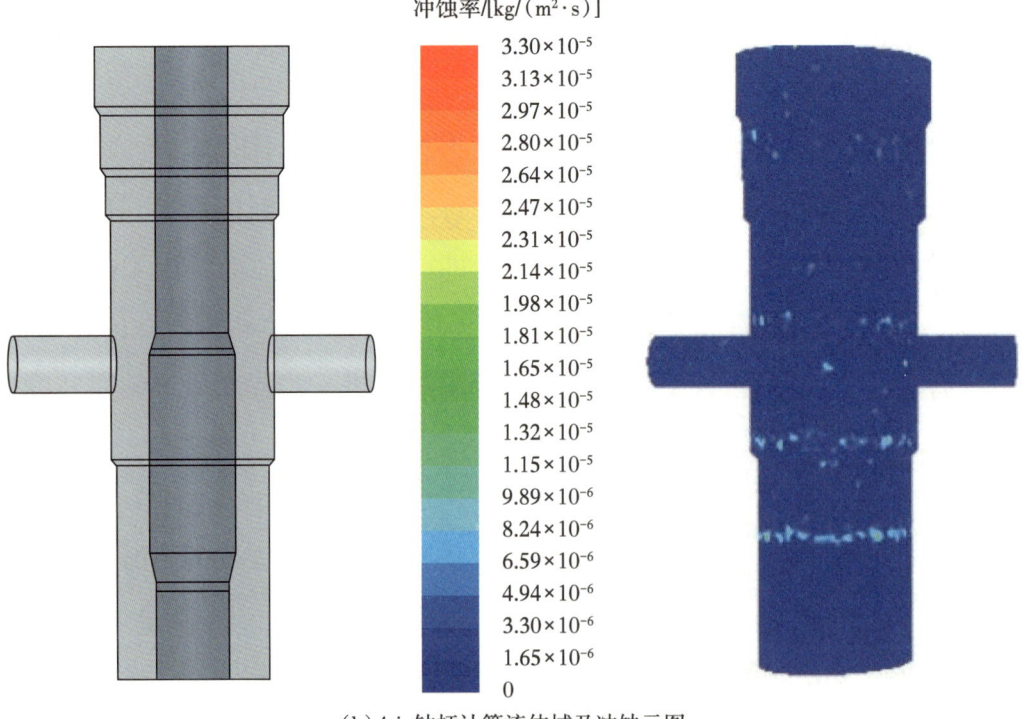

(b)4 in 钻杆计算流体域及冲蚀云图

图 3-7　5 in 钻杆和 4 in 钻杆计算流体域与冲蚀云图

3. 排砂管线防冲蚀改进

检测结果表明，旋转控制头旁通口和排砂管线拐弯处存在明显的冲蚀损伤，说明常规排砂管线的防冲蚀能力不足，存在严重的安全隐患，需要进行改进。一方面，设置排砂管线不再经过旋转控制头，增加一套排砂四通（一个大通径排砂四通、两条大通径排砂管线），满足"大、直、通"的要求，提高排砂管线的防冲蚀能力；另一方面，将天然气测试流程由多功能四通旁通改为经排砂四通旁通，减少多功能四通的冲蚀时间，进一步提高多功能四通的防冲蚀能力。具体的改进方案如图3-8所示。

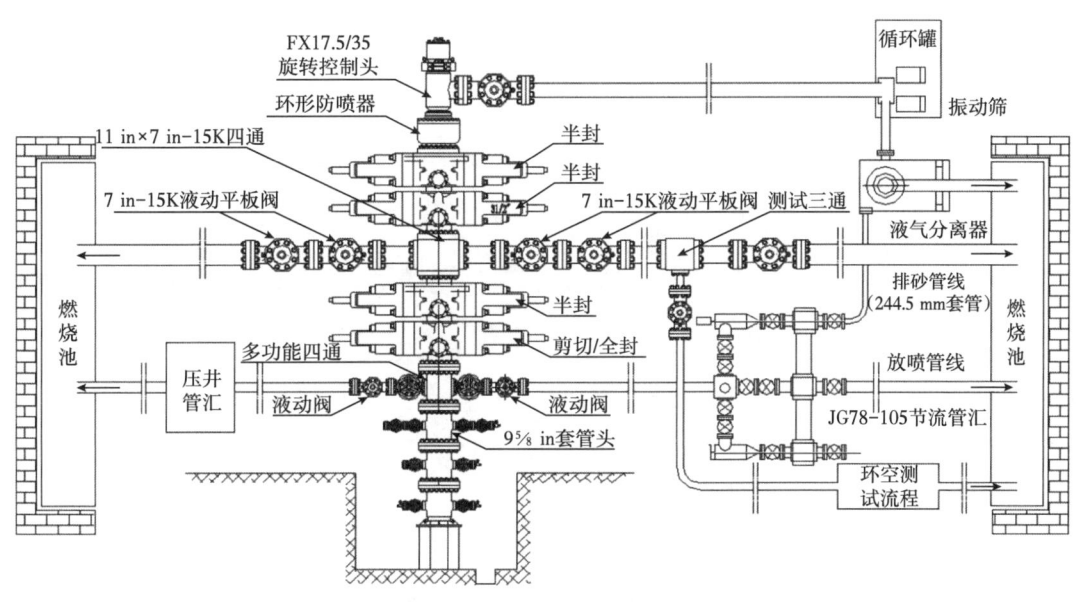

图 3-8 排砂四通改进方案

第二节 内防喷工具配套

一、箭形止回阀配套技术

内防喷工具中的箭形止回阀实际上是一种单向阀，通常与其他形式的内防喷阀或多组箭形止回阀串联使用。箭形止回阀具有良好的封堵能力和迅捷的反应速度，能够有效预防井喷及井涌，对安全钻井起着重要的保证。但是止回阀在正常钻井过程中始终处于开启状态，钻井介质通过箭形阀芯与阀座间的间隙流向井底。因此，止回阀的密封面长时间遭受高压钻井介质的冲刷磨损，极易导致箭形止回阀过早失效，形成安全隐患。针对这一难题，设计了新型箭形止回阀，其结构设计如图 3-9 所示。

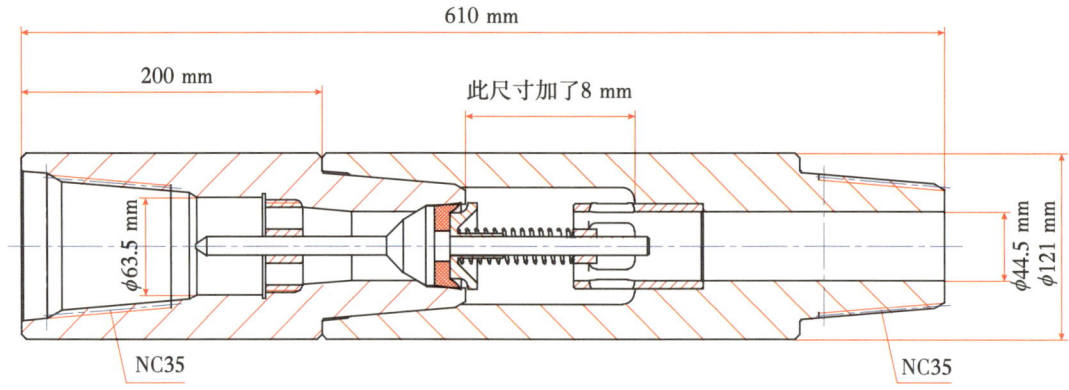

图 3-9　氮气钻井新型箭形止回阀的结构示意图

新型箭形止回阀将阀座与上阀体集成为单独零件，并减少了压帽及原来用于副密封的多个"O"形密封圈，提高了工作可靠性，起到了优化箭形止回阀流道的效果；针对氮气钻井新设计的凹形橡胶密封件，是为了实现二次密封作用，辅助箭形阀芯与上阀体的金属密封，并且有助于防止固体颗粒对密封锥面的刺伤作用；"T"形压块在箭形阀芯受压下行时，与支撑座接触，从而防止弹簧严重受压。产品实物如图 3-10 所示。

（a）外观图

（b）流道对比图

图 3-10　新型箭形止回阀实物图

氮气钻井过程中，受注入压力的作用，箭形阀芯克服弹簧弹力向下运动，箭形止回阀开启，钻具内通道流畅。当注入氮气压力减小或者井下发生井涌或井喷时，在弹簧和井底压力的作用下，箭形阀芯上串回位，与上阀体的密封锥面贴合实现金属密封，同时井底压力增大时，通过压块挤压凹形橡胶密封件变形，从而与上阀体的内壁形成二次密封，达到封闭钻具内通道的目的。

结合现场实际，新结构的箭形止回阀必须满足油田氮气钻井的工艺要求。根据氮气钻井工况及油田要求，对新结构的箭形止回阀产品进行性能试验。密封试验分为低压试验和高压试验，试验要求高压密封的试验压降小于 0.7 MPa、低压密封的试验外观不得有渗漏。塔里木油田的密封试验要求见表 3-2。

表 3-2　塔里木油田的密封试验要求

项目	低压密封试验压力 / MPa	高压密封试验压力 / MPa	稳压时间 / min
试验要求	2	105	≥ 5

密封性能试验设备采用 WYC 微机高压测试系统，图 3-11 为测试原理及操作系统图，在 WYC 微机高压测试系统中，分别设定高压 105 MPa 和低压 2 MPa 密封试验，通过压降数值判断密封性能是否满足实际工作要求。WYC 高压测试系统在 0.7 s 内将压力提升到 105 MPa，新结构箭形止回阀稳压 6 min 后人工泄压，其间实测压降只有 0.26 MPa，满足性能要求。在规定的 2.0 MPa 低压条件下稳压 5 min 后，系统显示压降只有 0.03 MPa，实测压降满足低压密封要求。因此，新型箭形止回阀在密封性能方面达到了油田的试验标准。

改进设计的分体式箭形止回阀经过各项性能检测合格后，被应用于迪西 1 井的第二次氮气钻井中。第二次氮气钻井分两趟氮气钻进：第一趟钻进的钻具组合为：斜坡钻杆（S135l）+ 转换接头（DS38×HT40）+ 斜坡钻杆（S135l）+ 转换接头（NC35×DS38）+ 钻具旁通阀（NC35）+ 投入式止回阀（NC35）+ 箭形止回阀（NC35）+ 钻铤 + 箭形止回阀（NC35）+ 箭形止回阀（NC35）+ 钻铤 + 双母箭形止回阀 + 钻头（149.2 mm）；第二趟钻的钻具组合为：斜坡钻杆（S135l）+ 箭形止回阀（HT40×NC40）+ 旋塞阀（HT40×NC40）+ 斜坡钻杆（S135l）+ 转换接头（NC35）+ 钻具旁通阀（NC35）+ 投入式止回阀（NC35）+ 箭形止回阀

（NC35）+钻铤+箭形止回阀（NC35）+箭形止回阀（NC35）+钻铤+双母箭形止回阀+钻头（149.2 mm）。

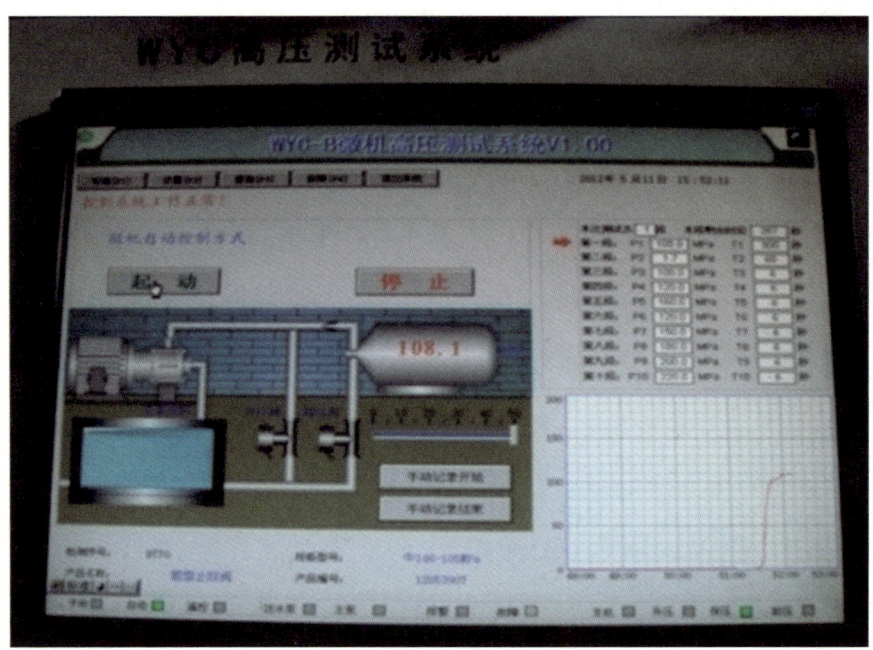

(a) 测压原理图

(b) 操作系统

图 3-11　WYC 微机高压测试系统图

改进设计的新型箭形止回阀在迪西 1 井的第二次氮气钻井中,每只使用时间均超过了 48 h,取出检测结果显示气密封性基本合格,个别产品的凹形橡胶密封件出现轻度破损,整体使用效果良好,使用情况见表 3-3。图 3-12 为 1205-3939 号箭形止回阀在现场使用后的情况。

表 3-3 箭形止回阀改进结构使用情况统计表

名称	规格	编号	使用情况			
			下钻时间/h	钻塞	潜清水	气举烘干
双母箭形止回阀	121 mm（105 MPa）	1205-3960	50.5	时间：2011 年 10 月 15 日 16:30—2011 年 10 月 16 日 01:00（8.5 h）；排量：15~20 L/s；钻压：2~6 tf；转速：40~60 r/min；泵压：20 MPa	时间：2011 年 10 月 16 日 6:30—7:45（1.25 h）；排量：45~50 L/s；泵压：20 MPa	时间：2011 年 10 月 16 日 11:30—20:30（10 h）；排量：3000 L/s；泵压：20 MPa
箭形止回阀		1205-3939	50.2			
		1205-3907	48.8			
		1205-3938	48.7			

通过对阀芯与阀座接触密封的锥面进行优化设计,结合箭形止回阀结构分析及氮气钻井工况特点,提出新型箭形止回阀结构方案。新型箭形止回阀采用金属密封配合橡胶密封的双密封结构,有利于气体的密封;同时,采用分体式结构减少了 "O" 形密封圈的数量,且有效避免了壳体出现应力集中。通过性能试验,新型箭形止回阀的各方面机械性能和密封性能都满足要求,且在现场试用中的使用效果良好。

二、旋塞阀配套技术

目前,上、下旋塞阀在使用过程中普遍存在本体断裂问题。旋塞阀结构由本体、阀座、阀芯及附件组成。在本体安装阀芯的位置,开有控制阀芯开、关的旋钮孔,开孔位置相对本体来说,是旋塞阀本体上最薄弱的位置,装配卡环的沟槽、台肩等处也是强度薄弱的地方。旋塞阀本体工作时的受力较复杂,因此计算时需做一些简化处理,省略次要因素,如摩擦力、弯矩和摩擦阻力矩等。对旋塞阀本体起主要作用的载荷有拉伸、扭转和内压等载荷。

(a)整体实物图

(b)局部实物图

图 3-12　1205-3939 号箭形止回阀的现场使用图

1. 旋塞阀本体受拉伸时的力学分析

旋塞阀的本体属于开孔的空心管,根据弹塑性力学可知,管体的抗拉强度由式(3-1)计算:

$$F=\sigma_s A \tag{3-1}$$

式中 F——最小拉力，N；

σ_s——最小抗拉屈服强度，MPa；

A——横截面积，mm^2。

2. 旋塞阀本体受扭转时的力学分析

对于空心管，由材料力学得知，最大扭转剪应力为：

$$\tau_{max} = \frac{TD}{2J} \quad (3-2)$$

式中 τ_{max}——最大剪切力，MPa；

J——极惯性矩，cm^4；

T——扭矩，N·m；

D——直径，m。

根据强度理论，最小抗剪强度条件为：

$$\tau_s = \frac{\sigma_s}{\sqrt{3}} \quad (3-3)$$

式（3-3）中，$\tau_{max} = \tau_s = \frac{\sigma_s}{\sqrt{3}}$ 时，则扭矩就变成最小屈服扭矩，于是换算成法定计量单位后可得：

$$M = \frac{2J\sigma_s}{10^3 \sqrt{3} D} \quad (3-4)$$

式中 M——最小屈服扭矩，N·m；

τ_s——最小抗剪强度，MPa；

σ_s——最小应力强度，MPa。

3. 旋塞阀本体受内压时的力学分析

在弹性力学中规定，当圆筒的外半径 r_0 与内半径 r_1 之比 $r_0/r_1 > 1.2$ 时，称为厚壁圆筒。方钻杆旋塞阀的外径与内径之比满足厚壁圆筒要求，在分析中当作厚壁圆筒分析。

圆筒形容器受内压时，内压作用产生的内壁应力低于材料的屈服极限，内壁完全处于弹性范围内。当圆筒受内压作用时，产生三个主应力，即周向应力

σ_τ、径向应力 σ_r 与轴向应力 σ_z。在任一方向都服从应力应变的物理关系，由广义胡克定律得到：

$$\begin{cases} E\varepsilon_\tau = \sigma_\tau - \nu(\sigma_r + \sigma_z) \\ E\varepsilon_r = \sigma_r - \nu(\sigma_\tau + \sigma_z) \\ E\varepsilon_z = \sigma_z - \nu(\sigma_r + \sigma_\tau) \end{cases} \tag{3-5}$$

式中　E——弹性模量，MPa；

　　　ε_τ、ε_r、ε_z——周向应变，径向应变，轴向应变；

　　　σ_τ、σ_r、σ_z——周向应力，径向应力，轴向应力，MPa；

　　　ν——泊松比。

从几何形状上找出位移与应变之间的关系。因为弹性圆筒材料是均一的，且平面内变形是对称的，没有轴向弯曲，因此假定在变形时断面上保持平面，换言之就是 ε_z 值并不随 r 的变化而变化，即：

$$\frac{d\varepsilon_z}{dr} = 0 \tag{3-6}$$

假定径向位移为 u，周向变形量 ε_τ 为 $\varepsilon_\tau = \dfrac{u}{r}$；径向变形量为 $\varepsilon_r = \dfrac{du}{dr}$。

圆筒形厚壁容器的三向主应力的数学公式按拉梅公式为：

$$\begin{cases} \sigma_\tau = \dfrac{p_1 - p_0 K^2}{K^2 - 1} + \dfrac{(p_1 - p_0)K^2}{K^2 - 1}\left(\dfrac{r_0}{r}\right) \\ \sigma_r = \dfrac{p_1 - p_0 K^2}{K^2 - 1} - \dfrac{(p_1 - p_0)K^2}{K^2 - 1}\left(\dfrac{r_0}{r}\right) \\ \sigma_z = \dfrac{p_1 - p_0 K^2}{K^2 - 1} \end{cases} \tag{3-7}$$

$$K = \frac{r_0}{r_1} \tag{3-8}$$

式中　r_1——圆筒内半径，mm；

　　　r_0——圆筒外半径，mm；

　　　p_1——内压，MPa；

p_0——外压,MPa;

K——内外半径比。

当圆筒容器外压为零时,即没有外压存在,并且是开式圆筒时可得:

$$\begin{cases} \sigma_\tau = \dfrac{p_1}{K^2-1}\left[1+\left(\dfrac{r_0}{r}\right)^2\right] \\ \sigma_r = \dfrac{p_1}{K^2-1}\left[1-\left(\dfrac{r_0}{r}\right)^2\right] \\ \sigma_z = 0 \end{cases} \tag{3-9}$$

式中 r_1——圆筒内半径,mm;

r_0——圆筒外半径,mm;

p_1——内压,MPa;

p_0——外压,MPa。

圆筒容器内表面的周向应力及外表面的周向应力分别为:

$$\begin{cases} \sigma_{\tau 1} = p_1\left(\dfrac{K^2+1}{K^2-1}\right) \\ \sigma_{\tau 0} = p_1\left(\dfrac{2}{K^2-1}\right) \\ \dfrac{\sigma_{\tau 0}}{\sigma_{\tau 1}} = \dfrac{2}{K^2+1} \end{cases} \tag{3-10}$$

式中 $\sigma_{\tau 1}$——内表面周向应力,MPa;

$\sigma_{\tau 0}$——外表面周向应力,MPa。

当整体圆筒形容器在内压力作用下,其壁厚中的应力分布是不均匀的,此时最大应力值出现于内壁,K 值越大,应力分布越不均匀;应力的大小取决于 K 值,而不是取决于直径的绝对值;最大周向应力与最大剪应力始终是大于内压的,都不可能通过提高 K 值来将应力降低到工作压力下。

国内外已经有学者对方钻杆旋塞阀进行了深入研究,包括旋塞阀本体强度问题、失效机理、高压密封问题以及结构改进设计。也有学者采用流体动力学软件对旋塞阀流场进行数值模拟研究,探讨了旋塞阀在开启和关闭过程中的速度分布和压力分布，其结果对失效分析和结构改进提供了理论基础。由于氮气钻井的特殊性，其钻井流程首先是采用钻井液钻井，接近产层的时候再采用氮气钻井，如此使油气产层提高产率。因此，在氮气钻井过程中，钻柱系统中的阀门同时面临着氮气钻井以及钻井液钻井带来的伤害。

基于对旋塞阀现场失效形式的统计分析，在氮气钻井过程中，阀球关闭之后，在遇到井喷高压流体时难以打开，导致了旋塞阀转动失效。目前，解决这种失效的主要措施是在井口注入平衡压，将阀球上下压差控制在可以操作的范围内，然后再开启旋塞阀。另外，也有学者提出在阀体上开平衡孔连通上、下腔体，以此来平衡阀芯的上下压差。另外，由于现场常用的是浮动式旋塞阀，在旋塞阀关闭之后，不能保证阀芯和下阀座的密封，因此钻井液容易进入阀体和阀芯的空腔，使旋钮处于高压状态，这样将导致旋钮与阀体孔之间的密封失效，引起旋钮刺漏。针对现场调研的失效形式，做了以下结构优化设计。

1）结构优化设计（一）

为了能使旋塞阀自动卸压，设计出一种能自动卸压的旋塞阀，其结构示意图如图3-13所示。

在钻井作业时，旋球4处于全开状态，上腔体8和下腔体7的压力一致，此时压力平衡装置6处于关闭状态。当钻井正循环停止或发生井涌时，使用专用扳手来操作旋钮3带动旋球4旋转90°切断钻柱内通道，起到钻柱内防喷的作用。若要进行压井作业或再次钻进时，此时的压力平衡装置6处于工作状态。处于高压状态下的下腔体7内的钻井介质从压力平衡装置6的入口13进入并推动钢球9压缩弹簧10，此时出口14与入口13连通，压力平衡装置6就连通了下腔体7和上腔体8，平衡两腔体间的压力差，直到上腔体8与下腔体7的压力平衡时，被压缩的弹簧10就会推动钢球9复位。此时，上腔体8和下腔体7之间压力平衡，使用专用扳手就可以实现旋球4的转动，使钻柱内通道处于全通状态，继而进行后续工作。

这是一种具有平衡压力作用的旋塞阀，依靠弹簧和钢球能自动调节旋球上腔体和下腔体之间的压力差，不需要现场工作人员的操作。

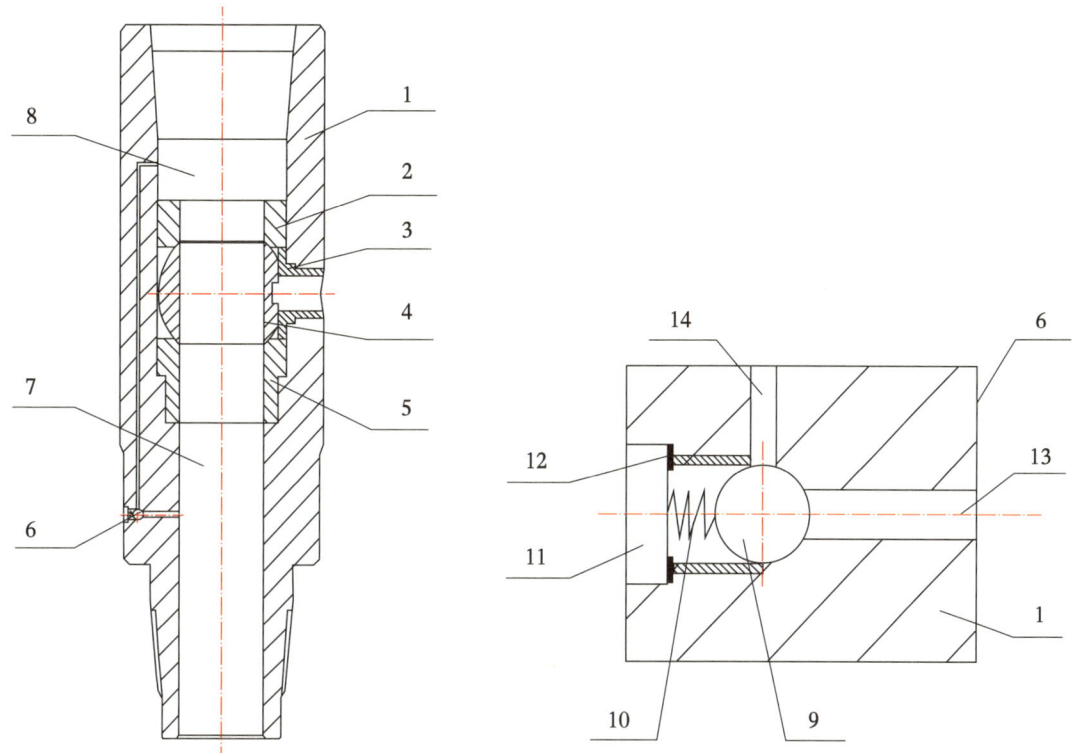

1—阀体；2—上阀座；3—旋钮；4—旋球；5—下阀座；6—压力平衡装置；7—下腔体；8—上腔体；9—钢球；10—弹簧；11—密封塞；12—密封圈；13—入口；14—出口。

图 3-13　一种自动平衡压力的旋塞阀

2）结构优化设计（二）

在阀体内部开孔的方式加工难度大，制造工艺复杂，并且会影响阀体的强度，造成阀体断裂事故。因此，需要一种结构简单、自动平衡压力的新型旋塞阀内防喷工具。为了解决上述问题，设计出一种新型压力平衡式旋塞阀，其结构如图 3-14 所示。

如图 3-14 所示，阀球 9 上设置平衡孔（14、15），旋塞阀开启时，平衡孔 15 的作用为平衡水眼和阀球 9 与上阀座 5、下阀座 11 之间腔体的压差，减小旋塞阀关闭时的扭矩；旋塞阀关闭之后，阀球 9 在井底高压流体的作用下会向上移动一定距离，下阀座 11 受到挡块 10 的限制不能向上移动，下阀座 11 与阀球 9 之间有一定的间隙。在阀球 9 上设置平衡孔 14 连接旋塞阀上腔体 2，旋塞阀下腔体 13 的高压经过平衡孔 14 泄压，降低了旋塞阀上腔体 2 和旋塞阀下腔体13的压差，减小阀球9的开启力矩，避免旋塞阀出现打不开的现象。所述平衡孔14设置在旋塞9上，制造工艺简单，克服了在阀体1上开孔导致的阀体1强度降低问题。

这种压力平衡式旋塞阀适用于氮气钻井阶段，其阀球上开孔直径较小，用于钻井液钻井阶段将会引起平衡通道堵塞，失去泄压的作用。

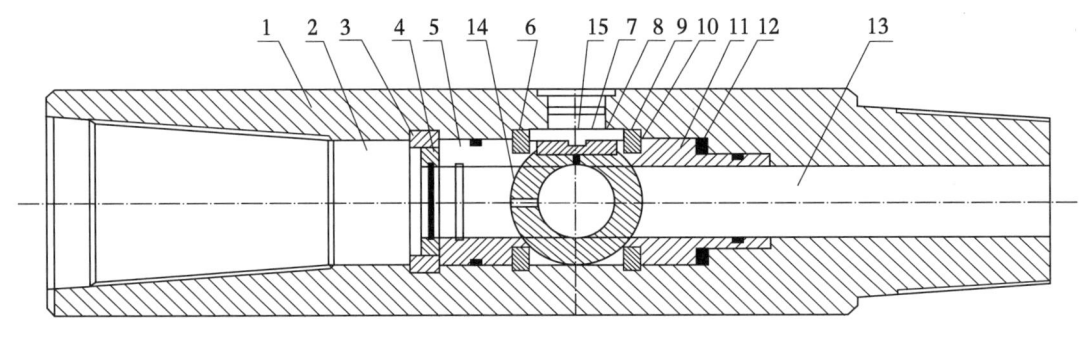

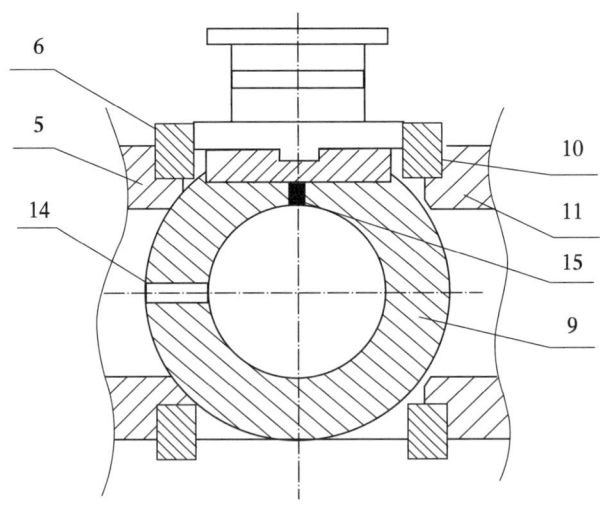

1—阀体；2—旋塞阀上腔体；3—卡环；4—挡圈；5—上阀座；6—挡块；7—旋钮；8—拨块；9—阀球；10—挡块；11—下阀座；12—弹簧；13—旋塞阀下腔体；14—平衡孔；15—平衡孔。

图 3-14 一种新型压力平衡式旋塞阀

3) 结构优化设计（三）

现场资料显示，随着钻井深度的增加以及井下复杂程度的增加，近两年来，旋塞阀在现场出现的一种常见失效形式是旋钮刺漏。这种失效形式主要是由旋钮与阀体之间的密封失效引起的，这种失效不会像阀芯和上阀座密封失效引起井喷井涌事故,但是在整个钻井过程中,压力稍高时,钻井液就会往外泄漏,引起钻井液损失以及影响现场清洁,这种失效形式在旋塞阀的优化设计中必须予以解决。

图 3-15 则是根据旋钮刺漏进行的结构优化,具体为在旋钮与阀体接触的平面开密封槽,加上密封圈,密封圈需要一定的过盈量。钻井液由阀芯和阀体进入空腔,钻井液压力作用在旋钮的下端面,将台阶处的密封圈挤压在阀体上形成密封,如此解决了旋钮刺漏的问题,保证了井场清洁,也节约了钻井液。

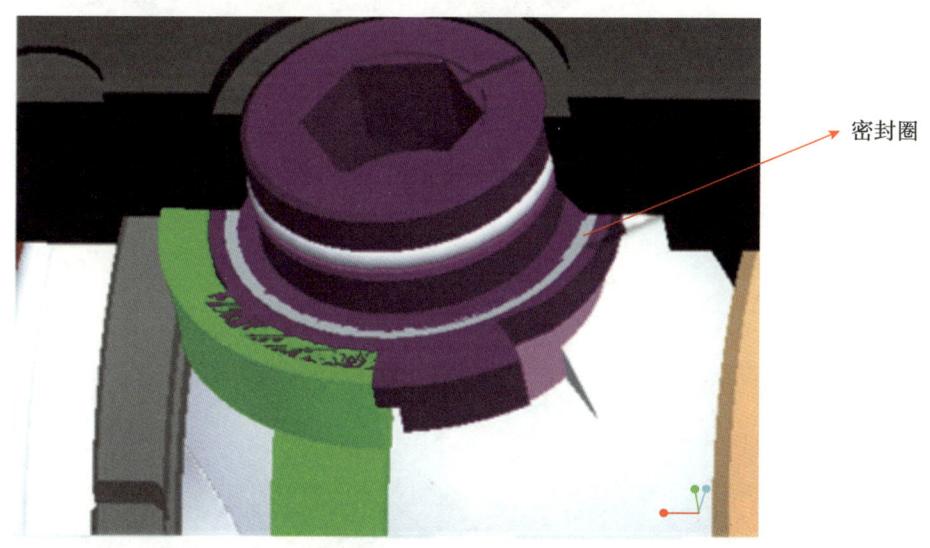

图 3-15　具有新型密封结构的局部旋塞阀组合图

对旋钮的原结构和开了密封槽的新结构进行 ANSYS 有限元分析,其材料属性相同,边界条件都是在扳手作用处施加 300~3000 N·m 载荷步的旋转力矩,其应力云图如图 3-16 所示。

对比两种结构的应力云图可知:(1)旋钮中最大应力出现在旋钮与阀体孔接触安装密封圈的位置,主要是由于此处开台阶孔,导致旋钮空厚度减薄,引起应力集中。(2)对比两组应力云图,新结构开密封槽处不是旋钮的最危险截面,这种新增密封的结构的旋钮材料强度是满足要求的。

对原结构和新结构进行有限元分析时,以 300 N·m 开始,以 300 N·m 为载荷步,其在不同载荷下的最大最小应力值见表 3-4。

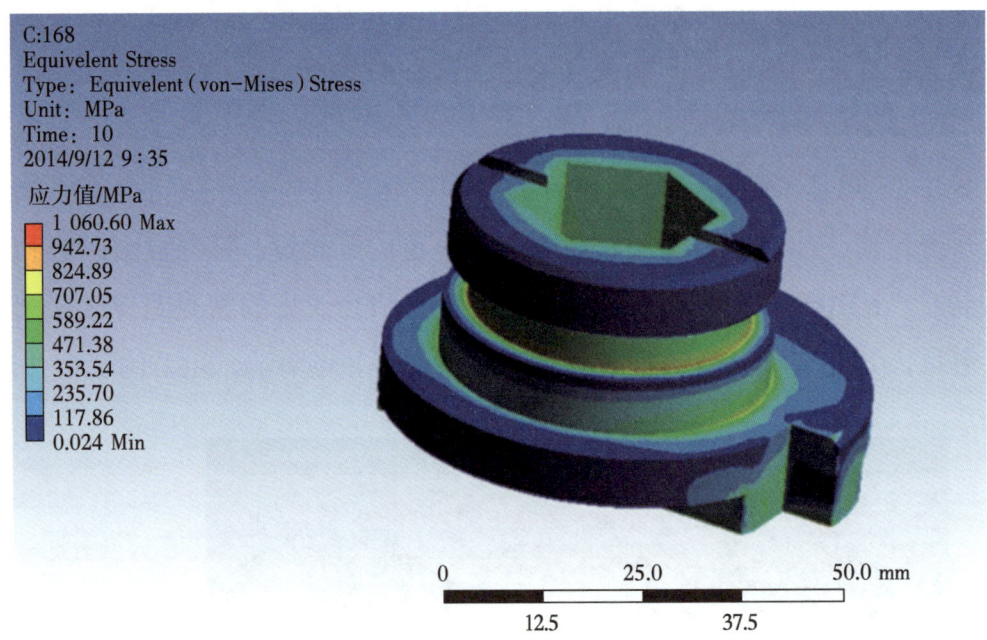

(a) ϕ168 mm方钻杆旋塞阀原结构旋钮应力云图

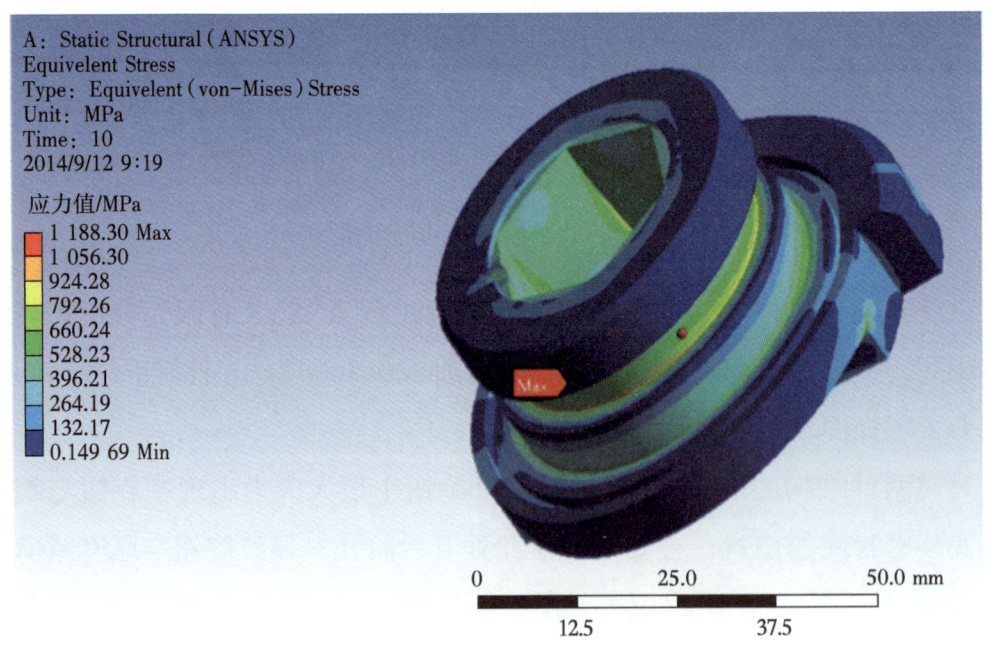

(b) ϕ168 mm方钻杆旋塞阀新结构旋钮应力云图

图 3-16　ϕ168 mm 方钻杆旋塞阀两种结构的应力云图

表 3-4　ϕ168 mm 方钻杆旋塞阀原结构与新结构应力值对比表

载荷步	应力最大值 / MPa	
	原结构	新结构
1	106.06	118.83
2	212.11	237.66
3	318.17	356.50
4	424.23	475.33
5	530.28	594.16
6	636.34	712.99
7	742.40	831.82
8	848.46	950.66
9	954.51	1 069.50
10	1 060.60	1 188.30

旋钮材料采用 40CrMnMo，其屈服强度为 785 MPa，对于原结构，旋钮处作用的最大力矩为 2100 N·m，新结构旋钮处作用的最大力矩为 1800 N·m。但是为了结构安全性考虑，一般不会作用到材料极限值，如果正常由 2 个人同时开启旋塞阀，作用 200 N·m 的旋转力矩时，两种结构都是满足要求的。

4）结构优化设计四

对现场返回资料进行分析总结，阀芯和阀座的间隙容易堵塞钻井液，造成阀芯的转动力矩增大，因此在阀体上开注脂孔，在阀芯和阀座的间隙注脂，防止钻井液进入间隙。对有注油（脂）孔和无注油（脂）孔的旋塞阀阀体进行了拉扭组合分析，拉力为 3000 kN，扭矩为 71 930 N·m，旋塞阀模拟设置以及模拟结果如图 3-17 所示，结合模拟结果分析可知：有无注油（脂）孔对整个旋塞阀阀体强度的影响不大，而且整个阀体的应力分布规律没有改变；在旋塞阀阀体上开注油（脂）孔时，最大处的应力为 812 MPa，没有超过材料 40CrMnMo 的抗拉强度；若在 ϕ168 mm 旋塞阀阀体上开设注油（脂）孔，阀体的强度能满足要求。

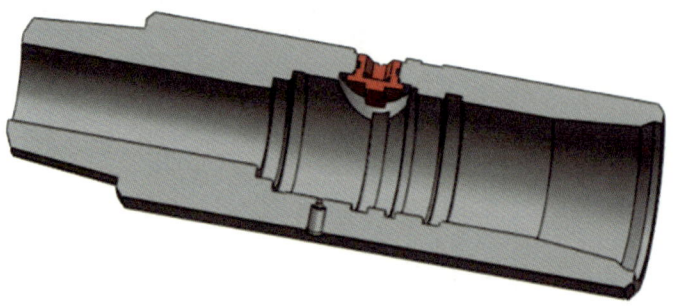

(a)设有注脂孔的旋塞阀阀体

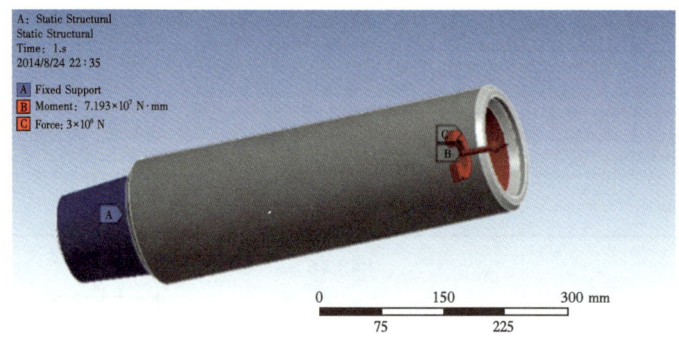

(b)载荷施加和固定约束

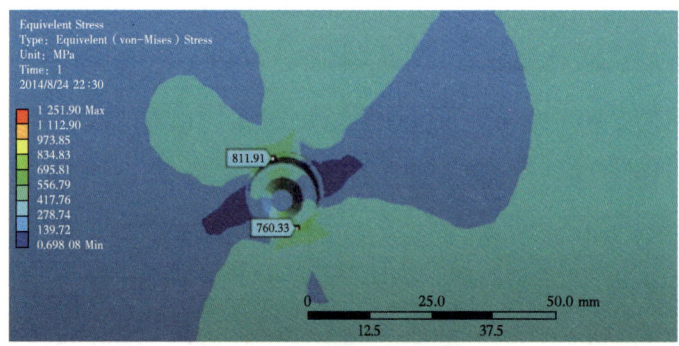

(c)注油(脂)孔应力分布图

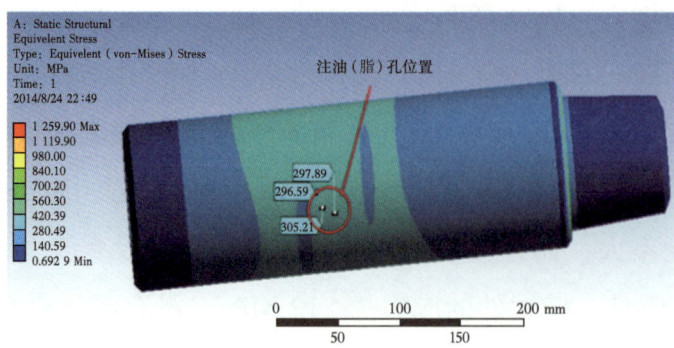

(d)无注油(脂)孔应力分布图

图 3-17　旋塞阀模拟设置以及模拟结果图

三、投入式止回阀投球的安全可靠性

对投入式止回阀的安全可靠性展开理论计算。假设井深为 5000 m，投入式止回阀（ϕ121 mm）的安装高度（距钻头距离）为 105 m，将投入销等效为同体积的球体，则其等效半径 $r=0.064$ m，投入销进入卡槽的位移 $S=0.3$ m，对以下各种工况进行理论计算。

1. 投入销在空气中的降落底部压力计算

投入销在空气中的降落过程遵循能量守恒定律：

$$mgh = \frac{1}{2}mv^2 \tag{3-11}$$

式中　m——物体质量，kg；
　　　g——重力加速度，m/s^2；
　　　h——高度，m；
　　　v——物体速度，m/s。

则投入销在进入卡槽瞬间的速度 v 可计算得到为 309 m/s，取 $S=0.3$ m（S 为投入销进入卡槽的位移），则投入销进入卡槽的过程满足：

$$FS - mgS = \frac{1}{2}mv^2 \tag{3-12}$$

式中　F——受到卡槽的作用力，N；
　　　S——投入销进入卡槽的位移，m。

进一步计算投入销受到卡槽的作用力 $F=383\,258$ N，投入销底部单位面积的受力可计算得到为 781.16 MPa。

2. 投入销在水中的降落底部压力计算

投入销在水中的降落过程的运动方程为：

$$mg - F_{浮力} - F_{黏滞阻力} = m\frac{dv}{dt} \tag{3-13}$$

将投入销等效为同体积的球体，则其等效半径 $r=0.064$ m，代入数据并化为差分格式迭代，求得投入销在进入卡槽瞬间的速度 $v=228$ m/s。根据能量守恒方程，则投入销受到卡槽的作用力 $F=20\,900$ N，进一步计算，投入销底部压力为 42.6 MPa。

3. 投入销在空气和水（注水高度 $h_2=1000$ m）中的降落底部压力计算

（1）第一阶段：在空气中降落阶段，可计算得到投入销进入水瞬间的速度 $v_1=276.3$ m/s。

（2）第二阶段：在水中降落阶段，降落过程遵循能量守恒定律：

$$\frac{1}{2}mv_1^2 + mgh_2 = \left(F_{浮力} + F_{黏滞阻力}\right)h_2 + \frac{1}{2}mv_2^2 \qquad (3\text{-}14)$$

其中，$F_{浮力}$ 可计算得到为 10.76 N，$F_{黏滞阻力}=6\pi\eta r v_2=1.21v_2$，将值代入式（3-14），计算得到 $v_2=85.90$ m/s。根据能量守恒方程，则投入销受到卡槽的作用力 $F=29\,500$ N，进一步计算，投入销底部压力为 60.2 MPa。

而普通钢材的许用应力 $[\sigma]=180$ MPa，根据此计算注水高度 $h_2=466.5$ m，由此推荐注水高度大于 466.5 m 即可保证钢球不被破坏，其满足实际使用需要。

基于理论计算结果，建议在氮气钻井过程中不要使用投入式止回阀，若要使用投入式止回阀，应至少注入高度 466.5 m 的水柱才投球，确保投入式止回阀的安全可靠性。在本次计算过程中，忽略了钻杆内部狭小空间的壁面效应，投入销翻转以及其与钻杆内壁碰撞、摩擦等诸多因素的影响。其次，材料的许用应力受温度的影响大，温度升高，材料强度降低。上面这些影响因素在实际计算中无法量化，所以现场材料的选用标准可以略低于上面计算的结果。

第三节　防喷器剪切闸板配套

一、防喷器剪切闸板密封仿真分析及结构改进

1. ISR 型剪切闸板密封仿真分析

ISR 型剪切闸板分别有顶密封、侧密封和底密封，其中，底部密封为关键密封，下闸板刃口运动与上闸板底部密封条接触，压缩橡胶产生接触应力以实现密封作用。图 3-18（a）为 ISR 型剪切闸板示意图，图 3-18（b）为简化后 ISR 闸板底面密封的二维模型图。剪切闸板后端零部件不影响内密封，故在分析时

可以省略；剪切刃口、橡胶条及密封槽在每个横截面处的力学性能类似，故可将模型简化为平面模型。在实际工作时，上下闸板同步运动，实现下闸板刃口与橡胶密封条的接触，分析时固定上闸板，仅移动下闸板，可实现相同效果；钢与橡胶的摩擦系数设置为 0.5。

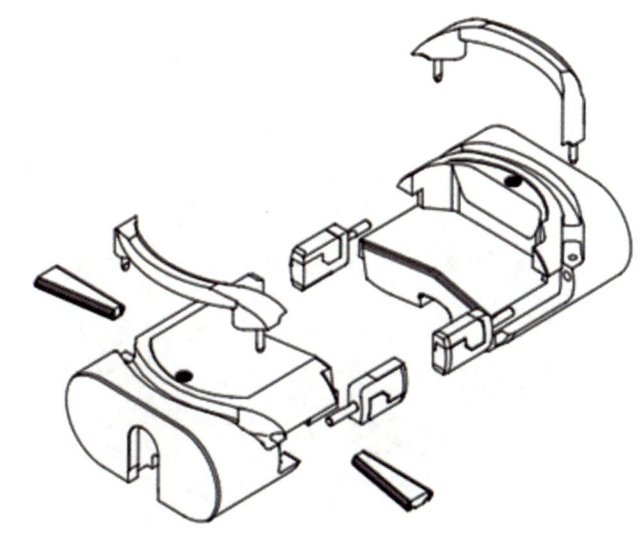

(a) ISR型剪切闸板示意图

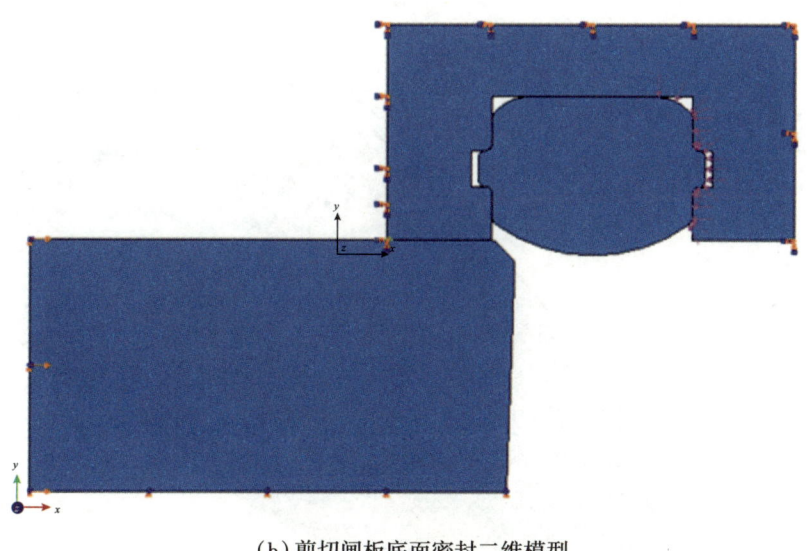

(b) 剪切闸板底面密封二维模型

图 3-18　ISR 型剪切闸板示意图及底面密封二维模型示意图

由于闸板在移动过程中，刃口对橡胶底面有挤压剪切，橡胶条在受挤压时的最高应力为 5.98 MPa，剪切应力 6.53 MPa 小于橡胶受剪切强度 15 MPa，橡胶不会损坏，但若下闸板运移过程中夹杂着固体颗粒，很容易将橡胶划伤。图3-19(a)为下闸板移动时Mises应力最大时的应力云图，图3-19(b)为下闸板移动过程中底密封橡胶条上剪切应力最大时的应力云图。

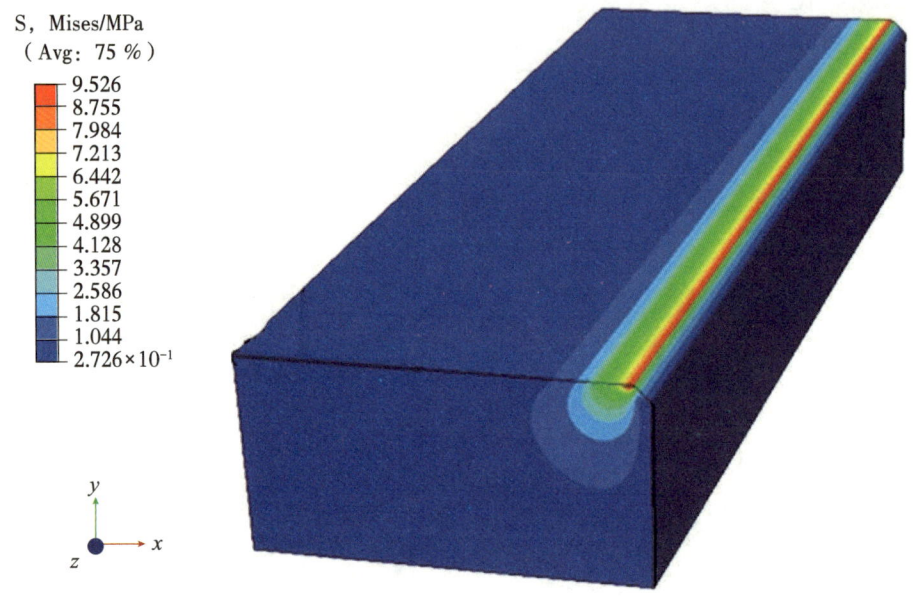

(a)下闸板移动时的Mises应力峰值云图

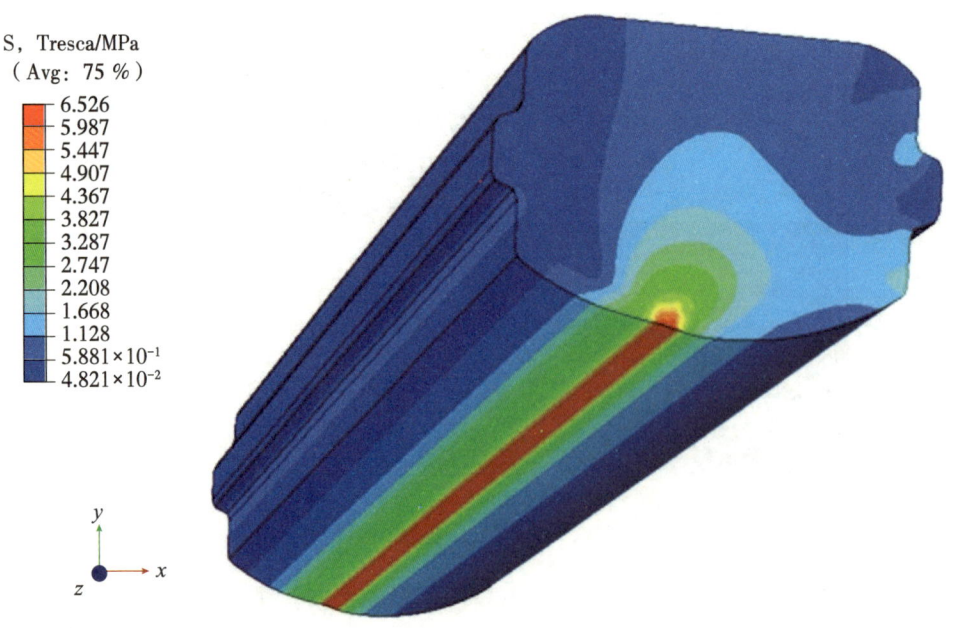

(b)橡胶受剪切时的切应力峰值云图

图3-19 下闸板移动时的应力云图

图 3-20 为下闸板的接触应力云图，图 3-21 为密封橡胶条的接触应力云图。橡胶条右侧凸起处，其底部与下闸板接触处产生较高的接触压力，关井时的井口压力低于橡胶接触压力，实现有效密封。当井口压力升高时，井内压力压缩橡胶条，使橡胶与闸板之间的接触压力升高，密封力进一步增大实现密封，起到助封作用。接触压力始终大于助封压力，压力越大，橡胶的密封能力越强。

图 3-20　下闸板的接触应力云图

2. SBR 型剪切闸板密封仿真分析

SBR 型剪切闸板由顶密封、侧密封和内密封（刃口密封）三部分组成，其中，内密封为关键密封，下闸板刃口运动与上闸板内部密封条接触，压缩橡胶产生接触应力，以实现密封作用。剪切闸板后端零部件不影响内密封，故在分析时可以省略；剪切刃口、橡胶条及密封槽均具有相同横截面，在每个横截面处的力学性能相同，故可将模型简化为平面模型。简化后的闸板二维模型如图 3-22 所示。

密封仿真分析的准确性与采用的橡胶本构关系模型，以及模型中材料常数测试的准确性有密切关系。SBR 型闸板的胶芯材料与 ISR 型闸板相同。在实际工作时，上下闸板同步运动，实现下闸板刃口与橡胶密封条的接触，分析时固定上闸板，仅移动下闸板，可实现相同效果；橡胶密封条与上闸板密封槽之间采用专用胶水粘接，分析时采用 Tie 连接模拟。

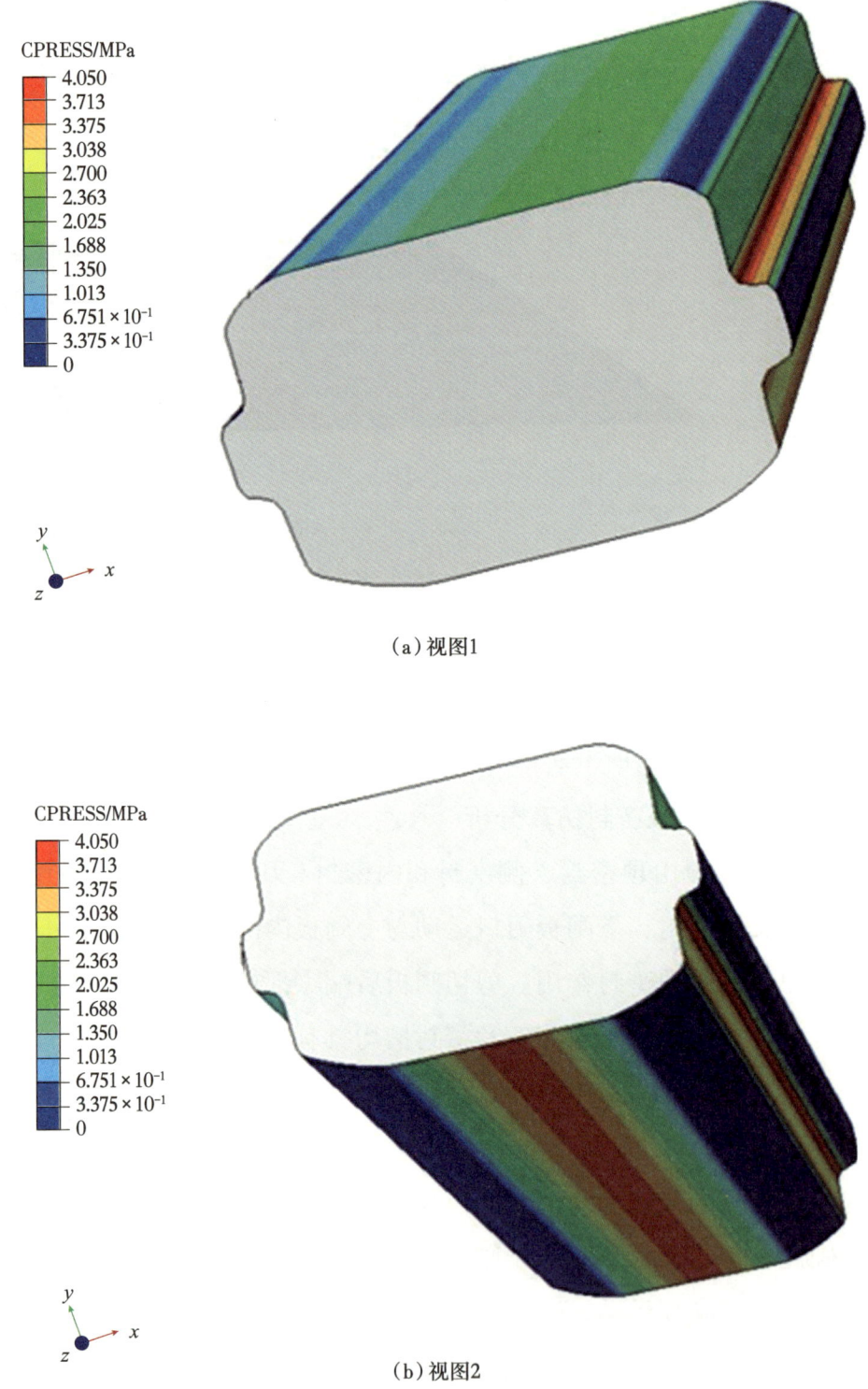

(a)视图1

(b)视图2

图 3-21 密封条的接触应力云图

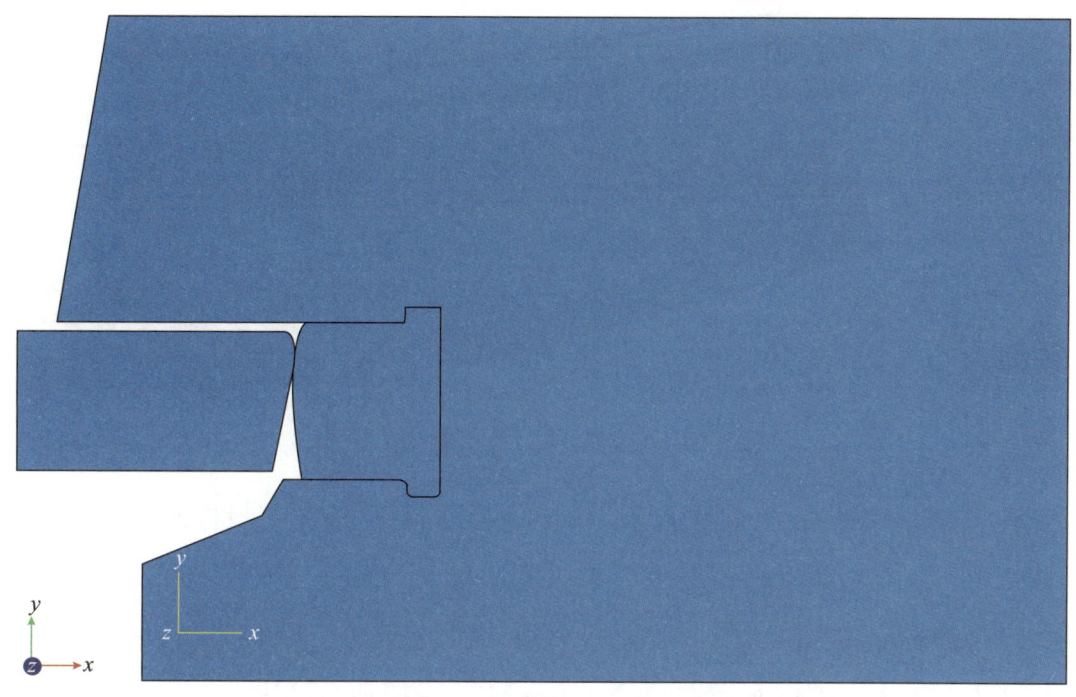

图 3-22　SBR 型剪切闸板内密封二维模型图

图 3-23、图 3-24 分别为下闸板刃口、内密封橡胶条的接触应力云图。下闸板刃口与橡胶接触后，下闸板继续运动挤压橡胶，当位移为 10 mm 时，橡胶接触应力为 103 MPa，可以满足现场要求。下闸板接触应力峰值出现在刃口顶部。

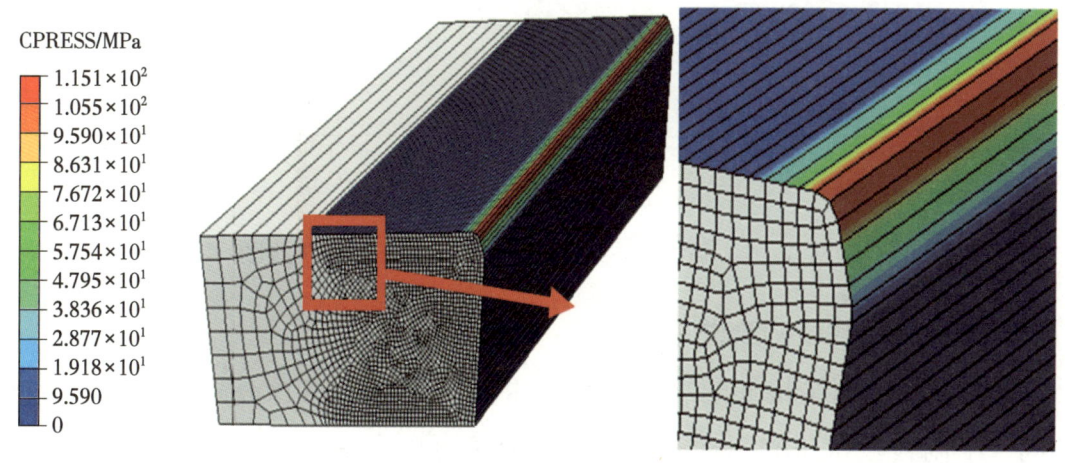

图 3-23　下闸板刃口接触应力云图

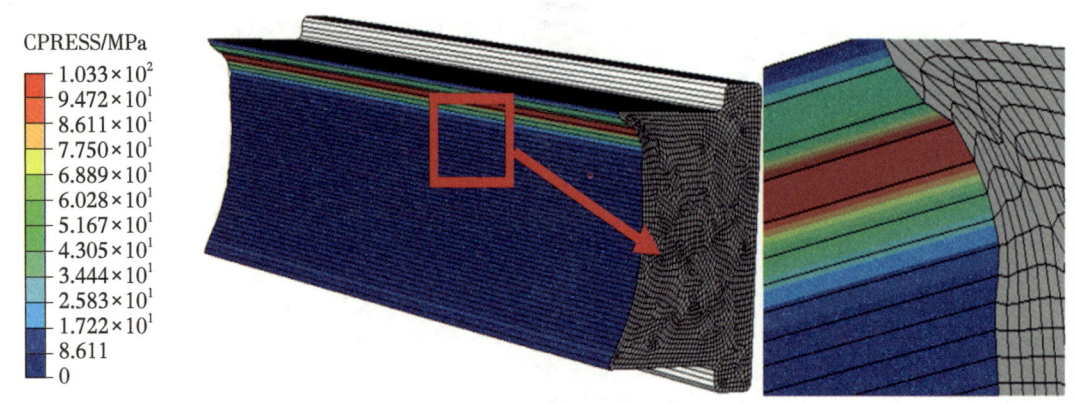

图 3-24　内密封橡胶条接触应力云图

图 3-25 为下闸板压缩橡胶条不同位移时，下闸板、密封橡胶上的接触应力曲线图。下闸板运动位移越大，橡胶变形越大，闸板与橡胶之间的接触应力越大，且接触应力呈线性增长。闸板刃口的接触应力大于橡胶上接触应力，随着位移量的增大，差值有增大趋势，由 4 MPa 增加到 16 MPa。

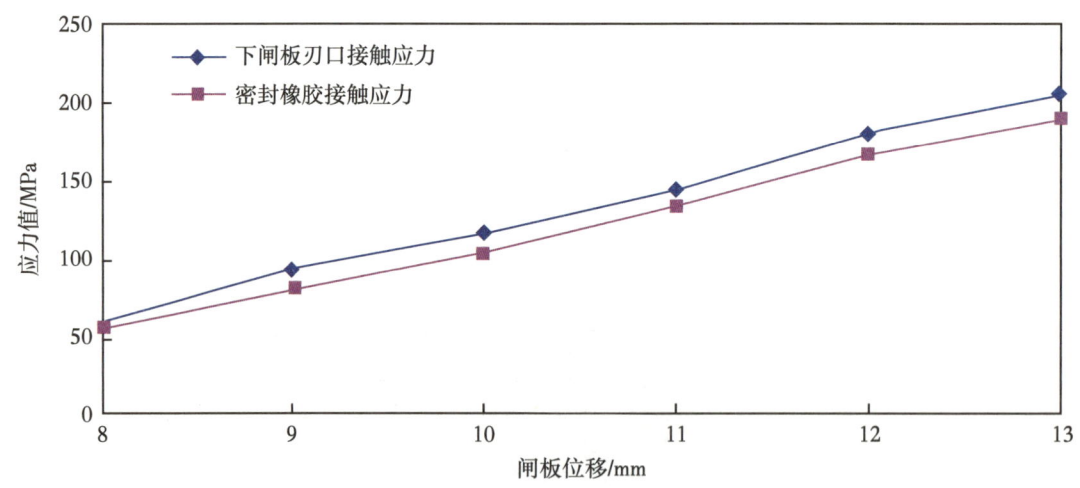

图 3-25　闸板不同位移时的接触应力变化曲线图

3. 闸板底密封结构改进

浮动式底密封结构如图 3-26 所示，即在橡胶条顶部留有高度为 0.5 mm 的空间，下闸板在挤压密封橡胶条时，橡胶条可以有一定退让空间。图 3-26 为改进后的浮动式 ISR 型剪切闸板底密封结构简化后的二维模型。

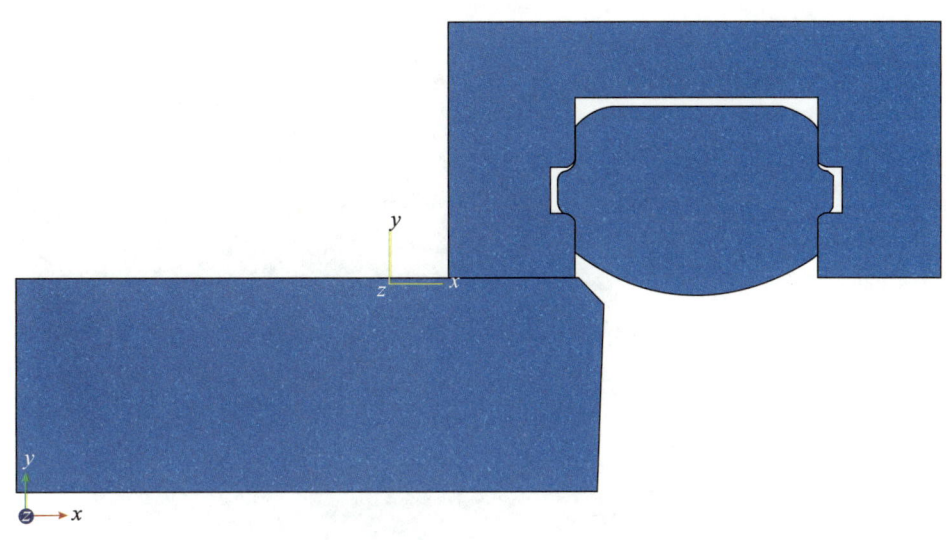

图 3-26 浮动式密封结构的二维模型

由于闸板在移动过程中，刃口对橡胶底面有挤压剪切，容易造成橡胶撕裂损坏。将底密封结构改进为浮动式密封结构，在闸板移动挤压橡胶时，橡胶有一定的退让空间，减小挤压剪切作用，保护橡胶不被闸板刃口损坏。非浮动式橡胶条在受挤压时的最高切应力为 6.52 MPa，浮动式橡胶的最高切应力为 4.215 MPa，较原结构减小 32%。图 3-27（a）为下闸板移动时的 Mises 应力最大时的应力云图，图 3-27（b）为下闸板移动过程中底密封橡胶条上切应力最大时的应力云图。

图 3-28 为下闸板上接触应力云图，图 3-29 为密封橡胶条上接触应力云图。无井压工况的密封压力 3.879 MPa，较原结构降低 5%；在有井压工况下，井压压缩橡胶，使橡胶与闸板之间的密封力进一步增大实现密封，压力越大，密封能力越强。

图 3-30（a）、图 3-30（b）分别为 15° 下闸板移动过程中底密封橡胶条上 Mises 应力和剪切应力最大时的应力云图。在下闸板向前推动挤压橡胶时，闸板刃口对橡胶有挤压剪切的作用，橡胶在剪切作用下非常容易被撕裂损坏，改变刃口倒角可以减小移动过程中的剪切损伤作用。以浮动式密封结构为原型进行分析，当倒角为 15° 时，下闸板移动过程中的橡胶最高切应力为 3.778 MPa，较 45° 时浮动式结构的 4.215 MPa 降低了 8.2%，较非浮动式密

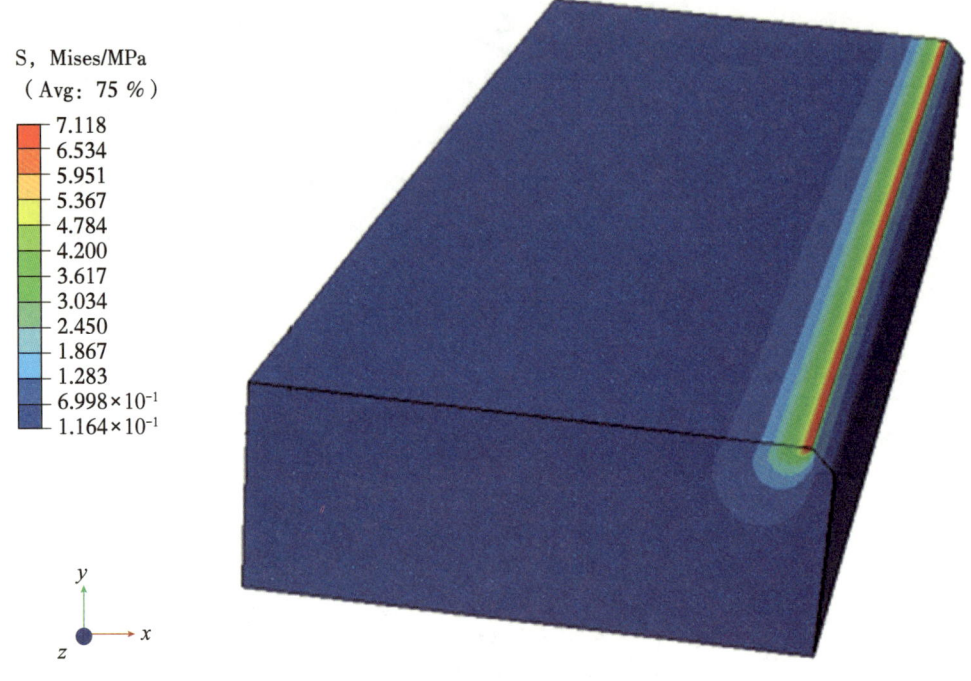

(a)下闸板移动时的应力峰值云图

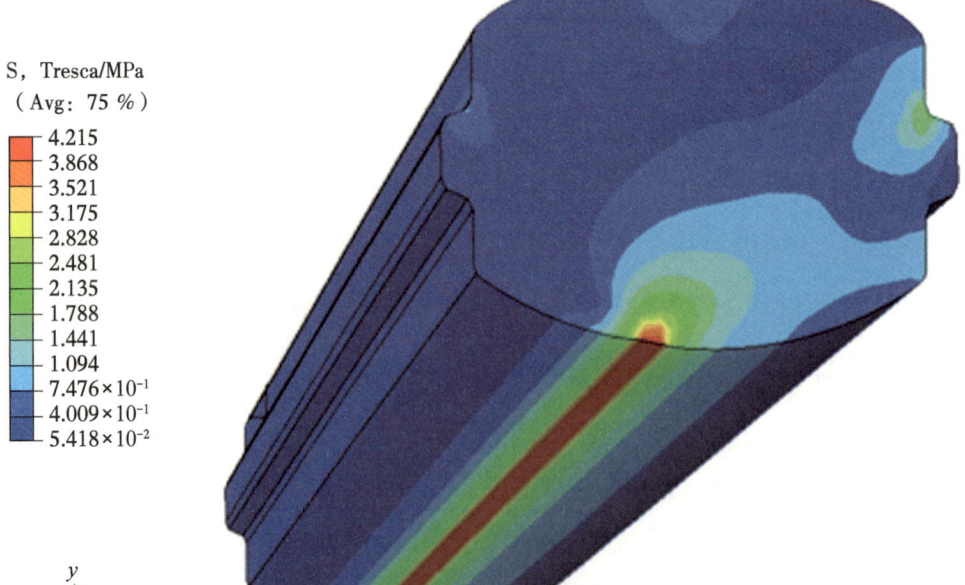

(b)橡胶受剪切时的Mises应力峰值云图

图 3-27 下闸板移动应力云图

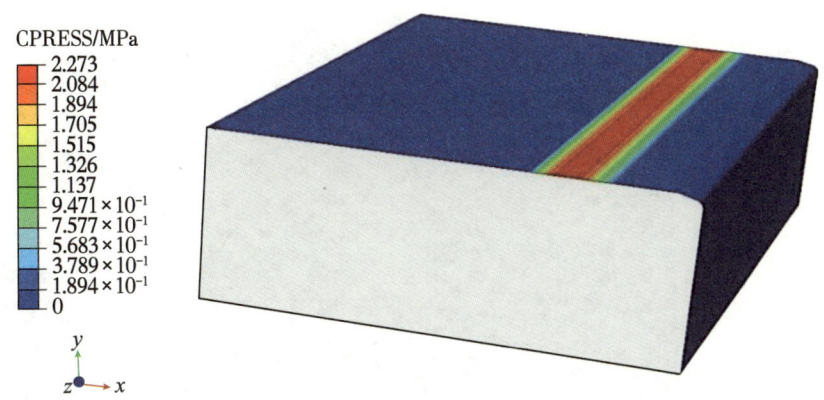

图 3-28 下闸板接触应力云图

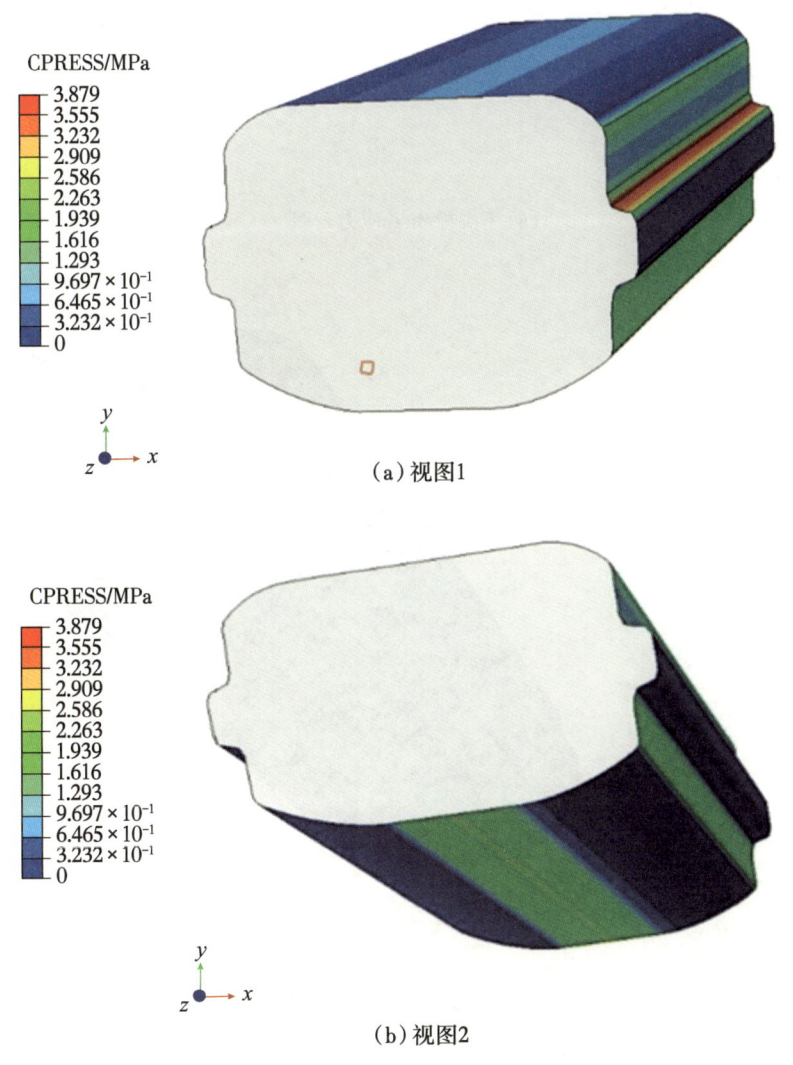

(a) 视图1

(b) 视图2

图 3-29 密封条接触应力云图

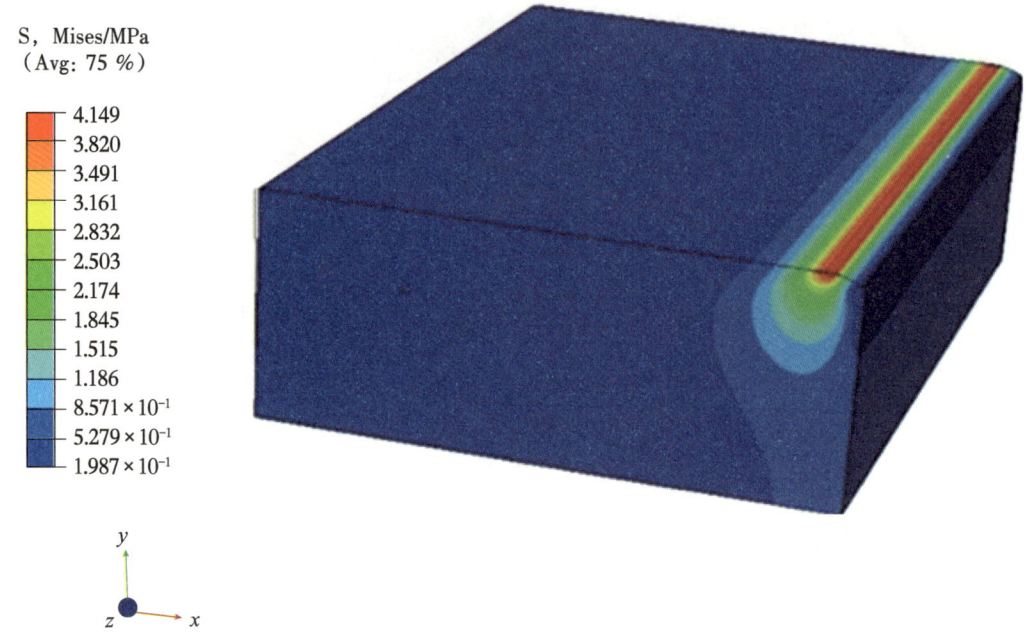

（a）下闸板Mises应力云图

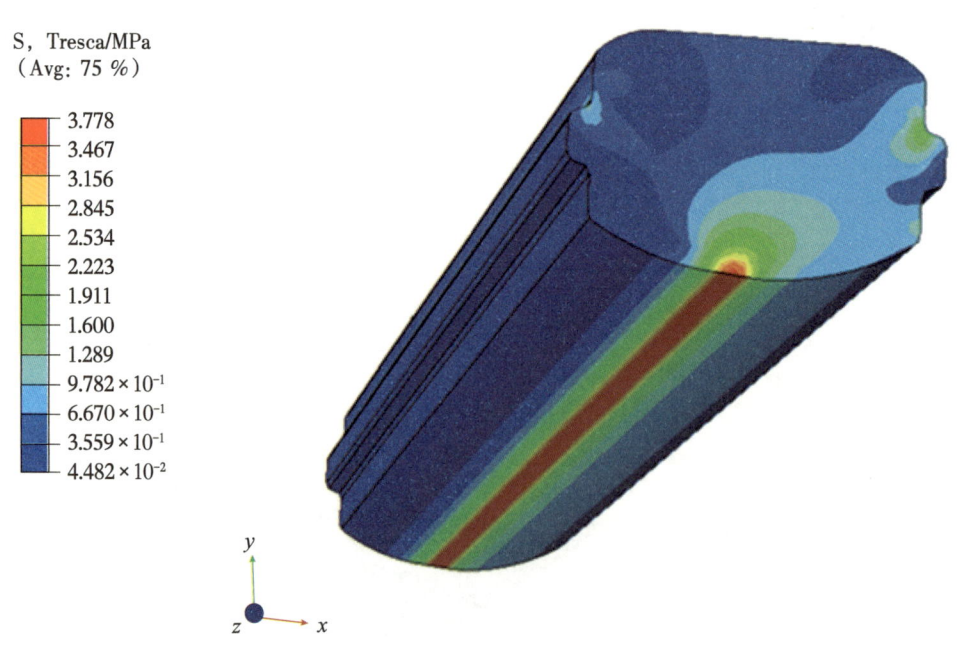

（b）橡胶条剪切应力云图

图 3-30　15°下闸板移动时的应力云图

封结构时的 6.526 MPa 降低了 42.1%，橡胶更安全、寿命更长，故下闸板倒角最优值为 15°。表 3-5 为下闸板刃口倒角不同时橡胶切应力及闸板 Mises 应力峰值数据表。

表 3-5　下闸板刃口倒角不同时橡胶及闸板应力峰值数据表

倒角 /(°)	0	15	30	45	60	75
橡胶切应力 / MPa	4.125	3.778	3.883	4.215	4.159	4.131
闸板 Mises 应力 / MPa	5.780	4.149	4.522	7.118	5.690	4.89

在正常情况下，使用两种密封结构的密封能力都好；在实际工况下，使用 SBR 型密封结构更好，该密封结构的原理属于静密封，由线接触逐渐扩展，如遇有小颗粒钻屑，可以被闸板碾碎，或者被橡胶包裹，不会损伤橡胶；ISR 型密封属于滑动密封，橡胶密封面受剪切作用，钻屑容易划伤橡胶面，导致密封失效。改进后的浮动式密封结构，不仅可以减少密封橡胶挤压剪切损伤，还能增强密封能力，该结构是非常简易有效的。下闸板刃口倒角为 15° 时，下闸板移动过程中的橡胶最高剪应力降低，橡胶更安全。

二、28-105 型闸板防喷器剪切实验

使用美卡 28-105 型闸板防喷器带增力液缸配 SBR 型剪切闸板对 ϕ101.6 mm 超级 13Cr 油钻杆、ϕ101.6 mm S135 钻杆和 ϕ127 mm S135 钻杆进行剪切实验。通过剪切实验，测试并观察剪切钻杆过程中闸板剪切刃口的损伤情况：有无材料崩落、塑性变形及具体变形量等；不同油压下、不同闸板剪切下的钻杆断口形态；多次剪切后的剪切闸板的密封能力。利用三维扫描仪对剪切前后的闸板刃口进行扫描，利用 Geomagic Qualify 软件对剪切前后的闸板刃口模型进行三维比对，可以得到剪切后闸板刃口的塑性变形区域及变形量，对剪切闸板刃口的塑性损伤进行评估。实验测试流程如下：

（1）以 35-105 型防喷器剪切超级 13Cr 油钻杆，剪切钻杆本体和接头，观察剪切闸板刃口变化以及钻杆断口变化，拍照记录。用相机对压力表的变化过程录像，以记录变化过程。

（2）每次剪切后对防喷器进行水、气密封试验，试验时先打压 1.4~2.1 MPa，稳压 3 min，观察泄漏状况，若无泄漏，逐步增大打压，直到防喷器最大额定工作压力，观察泄漏状况，合格判据为密封部位无泄漏。记录每次剪切后的能密封的最高压力。

（3）利用三维扫描仪对剪切前后的闸板进行三维扫描，由 Geomagic Qualify 软件对扫描出来的闸板刃口进行对比分析，可以得到剪切后闸板刃口的塑性变形区域及变形量，对剪切闸板刃口的塑性损伤进行评估（便携式三维扫描仪的扫描精度为 0.02 mm，满足实验精度要求）。

美卡 28-105 型双闸板防喷器如图 3-31 所示。具体参数技术指标见表 3-6。

图 3-31　美卡 28-105 型双闸板防喷器

表 3-6　美卡 28-105 型双闸板防喷器的参数技术指标表

防喷器类型	锁紧杆直径/mm	活塞杆直径/mm	活塞缸直径/mm	有效承压面积/mm²	增加增力液缸后的有效承压面积/mm²
美卡 28-105	70	85.68	279.4	57 434	114 868

ϕ101.6 mm S135 钻杆、ϕ127 mm S135 钻杆和 ϕ101.6 mm 超级 13Cr 油钻杆的具体参数技术指标见表 3-7 和表 3-8。

表 3-7 超级 13Cr 和 S135 两种材料比较

材料	屈服强度 / MPa		抗拉强度 / MPa		屈强比		断后延伸率 / %	
	实测	均值	实测	均值	实测	均值	实测	均值
超级 13Cr	939	937	979	976	0.96	0.96	21.0	21.5
	932		971		0.96		21.7	
	941		979		0.96		21.7	
S135	903	905	1015	1010	0.89	0.89	20.86	20.56
	920		1025		0.90		20.37	
	890		995		0.89		20.44	
APT Spec 5D 要求	827-1138		> 965		—		—	

表 3-8 ϕ101.6 mm S135 钻杆、ϕ127 mm S135 钻杆和 ϕ101.6 mm 超级 13Cr 油钻杆参数对比

钻杆类型	外径 / mm	壁厚 / mm	截面积 / mm^2
ϕ101.6 mm S135 钻杆	101.6	9.65	2786
ϕ127 mm S135 钻杆	127	9.19	3399
ϕ101.6 mm 超级 13Cr 油钻杆	101.6	14.8	4034

剪切闸板的剪切实验采用 SBR 型（镶刃式）和 SBR 型（整体式）两种类型剪切闸板剪切钻杆，不同闸板结构如图 3-32、图 3-33 所示。

采用 28-105 型防喷器配 ISR、SBR 型剪切闸板进行剪切实验，剪切实验流程如图 3-34 所示。整个剪切实验在塔里木井控中心 1 号厂房进行，厂房内的行车高度为 6 m，一根完整钻杆的长度是 9 m，所以要将钻杆截断，实验才能顺利进行。根据实验目的及流程的安排，分别在钻杆内螺纹接头下部 1 m、

(a)整体实物图

(b)局部实物图

图 3-32　SBR 型剪切闸板（镶刃式）

(a)主视图

(b)俯视图

图 3-33　SBR 型剪切闸板(整体式)

外螺纹接头下部 4 m 位置将钻杆截断。截断后的钻杆如图 3-35（a）所示。由于实验要求剪切钻杆接头，所以要将截断的钻杆外螺纹接头、内螺纹接头上扣连接起来，如图 3-35（b）所示。将一根钻杆截断后连接，可以减少钻杆使用量，节约成本。上扣后的钻杆如图 3-36 所示。钻杆要在行吊大钩的连接下剪切，所以要在钻杆外螺纹接头一段断面焊接一个吊环，以便行吊大钩提起钻杆，剪切竖直钻杆，与井口工况一致。图 3-37 展示了闸板扫描的现场操作，由于闸板形貌不规则，且体积较大，不能一次扫完所有轮廓，所以在扫描之前，还需要在闸板表面贴一定数量的标定点，以便扫描仪识别，完成多幅扫描的自动拼接。

采用美卡 28-105 型防喷器带辅助液缸配 SBR 型剪切闸板剪切 ϕ101.6 mm 超级 13Cr 油钻杆，加压 18.4 MPa，成功剪断超级 13Cr 油钻杆，28-105 型防喷器的有效承压面积为 57 434 mm^2。由于本次试验带辅助液缸，其有效承压面积为 114 868 mm^2，故此时的剪切力为 2 113 571.2 N。油钻杆被剪断，上半段钻杆断口被挤扁，其呈长径为 115 mm、短径为 82 mm 的椭圆形。图 3-38 为钻杆断口形貌图，断口端面非常整齐，断面周围没有明显飞边。断口长径两侧边有明显撕裂痕迹，说明闸板在剪切过程中，在断口短径中间部位处，闸板刃口侵入剪切，长径边缘部分是挤压撕裂剪断。上断口上闸板接触的一边有三角形挤压印记，且这一半的断口呈"V"形；上断口的另一边断口呈一字形。

下半段钻杆断口处已呈近似 90° 的弯曲状。断口处钻杆撕裂严重，有部分掉块和切屑。闸板剪切后，上闸板刀面上有非常明显的三角形印记，该印记的地方即是与钻杆相接处，参与挤压剪切的部位。通过三维扫描仪对前后闸板刃口的扫描对比，可以看出，上下闸板刃口塑性变形区域都集中在刃口及刃口附近的基体。上闸板刃口刀面在挤压剪切钻杆时向内凹陷，内凹最大变形量为 0.929 mm，外凸最大变形量为 0.607 mm，下闸板刃口刀面在挤压剪切钻杆时向内凹陷，内凹最大变形量为 0.942 mm，外凸最大变形量为 0.737 mm。SBR 型剪切闸板剪切超级 13Cr 油钻杆后，闸板刃口塑性变形很小，不会影响剪切后的密封，后续的水密封实验也验证了此结论。

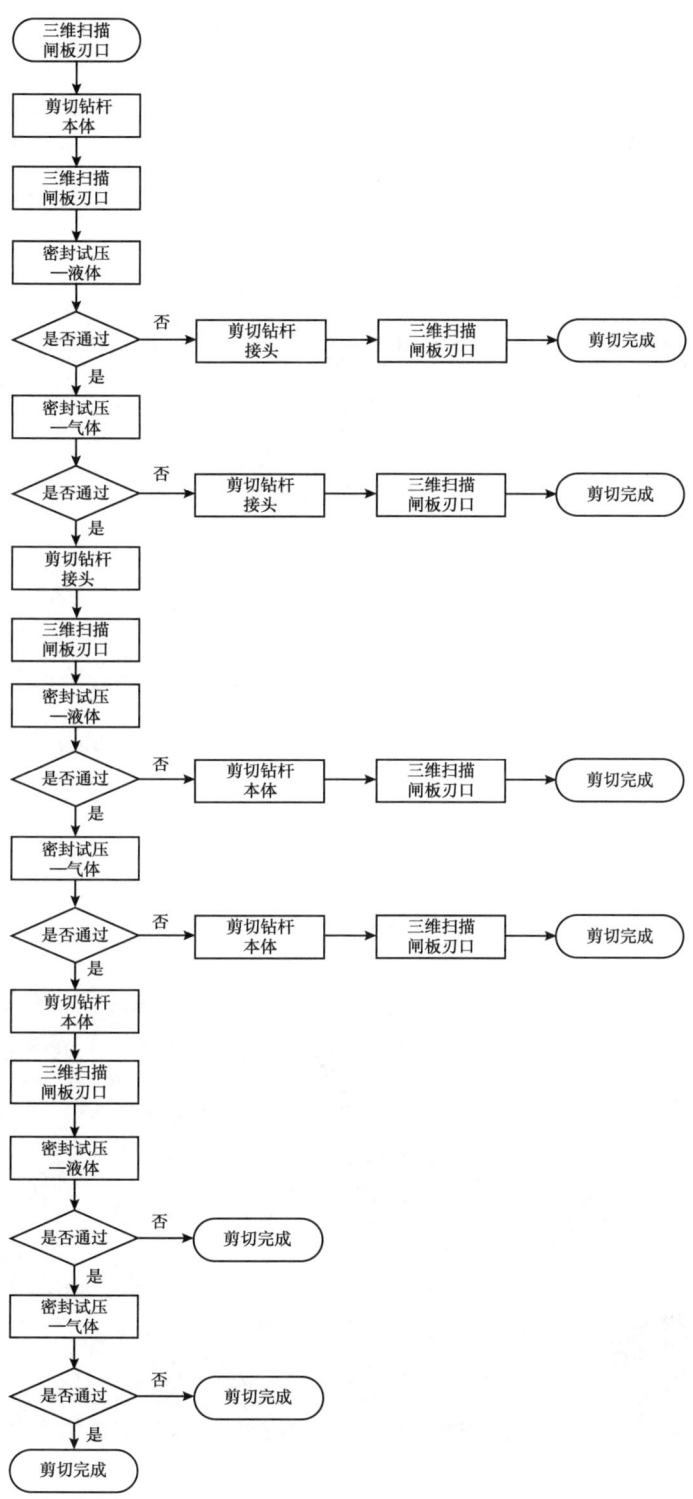

图 3-34 试验流程图

(a)截断后的钻杆

(b)钻杆上扣

图 3-35 截断后的钻杆与上扣

图 3-36 焊接吊环

图 3-37 扫描闸板刃口

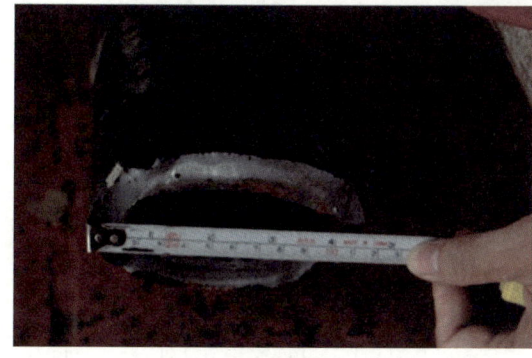 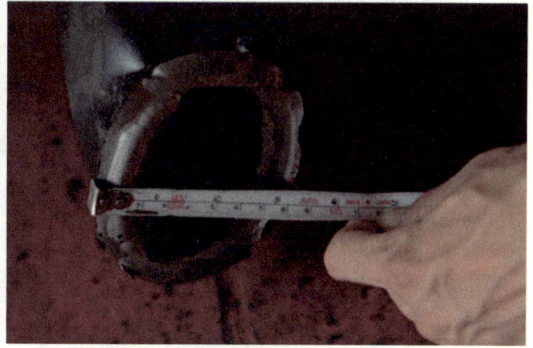

(a) 横向视图　　　　　　　　　　　　(b) 纵向视图

图 3-38 钻杆断口形貌

103

28-105 型防喷器配 SBR 型剪切闸板剪断超级 13Cr 油钻杆后，保持防喷器内剪切闸板及断节钻杆原始状态，安装密封法兰，进行水密封试验，闸板能够密封大于或等于 105 MPa 的水压。打压 9 min 后，内部水压达到 106 MPa，此过程中无泄漏现象，稳压 5 min 后，压降为 0.6 MPa，满足试压要求。保持水压试压后的状态，将试压法兰的橡胶密封圈换成钢圈后，开始进行气密封实验。加压 2.4 h 后，防喷器内气压达到 106 MPa，保持 15 min，无明显漏气现象，检测满足企业要求。

28-105 型防喷器做完水密封和气密封试验后，将防喷器拆卸，对其闸板轴头及剪切闸板的刀面、刃口进行了剪切后的第二次探伤，在如图 3-39 所示的两处探出不合格的部分，但由于其位置不属于剪切闸板剪切钻杆时的主要承压部位，故可以继续进行下面的试验。

图 3-39　SBR 剪切后的探伤情况

对剪切试验结果与仿真进行对比分析，图 3-40 为钻杆断口试验与仿真对比图，实验断口钻杆被挤扁为椭圆形，与仿真分析断口形貌非常吻合，由此可见，仿真分析能够较好地模拟闸板剪切过程的力学行为。

 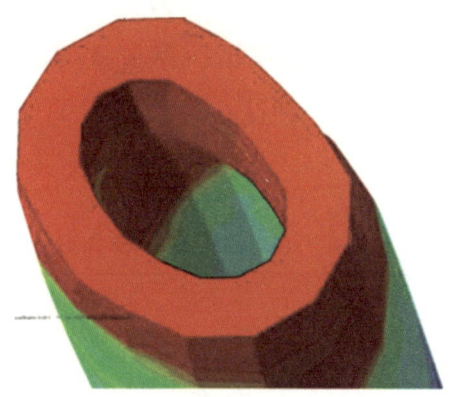

(a)剪切试验—断口照片　　　　　　　(b)剪切仿真—断口

图 3-40　钻杆断口试验与仿真对比图

图 3-41 为闸板试验与仿真对比图，实验闸板上与钻杆挤压接触的痕迹与仿真结果的高应力区非常相似。实际闸板在剪切时参与挤压剪切的区域肯定是高应力、大变形区，这与仿真分析的结果非常吻合，由此可见，仿真分析能够较好地模拟闸板剪切过程的力学行为。

 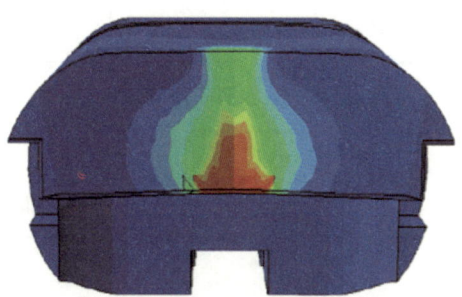

(a)剪切试验—上闸板　　　　　　　(b)剪切仿真上闸板高应力区

 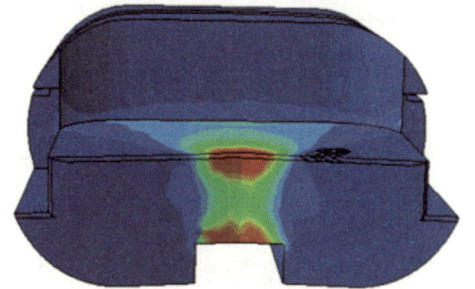

(c)剪切试验—下闸板　　　　　　　(d)剪切仿真下闸板高应力区

图 3-41　闸板试验与仿真对比图

剪切闸板的理论剪切能力取决于防喷器的尺寸、工作压力、防喷器的侧门配置（是否直联增压器），以及剪切闸板的刀刃。表 3-9、表 3-10 和表 3-11 分别展示了三种钻杆理论所需剪切力、理论液压剪切操作压力和实际液压剪切操作压力。

表 3-9 三种钻杆理论所需剪切力表

	ϕ101.6 mm 超级 13Cr 油钻杆	ϕ101.6 mm S135 钻杆	ϕ127 mm S135 钻杆
理论所需剪切力 / N	2 186 428	1 457 078	1 859 788
在推荐操作液压 21 MPa 下所需有效承压面积 / mm²	104 115.62	69 384.67	88 561.33

表 3-10 三种钻杆理论液压剪切操作压力表　　单位：MPa

	28-105 型防喷器	28-105 型防喷器（增）
ϕ101.6 mm 超级 13Cr 油钻杆	36.2	18.1
ϕ101.6 mm S135 钻杆	24.1	12.1
ϕ127 mm S135 钻杆	30.8	15.4

表 3-11 三种钻杆实际液压剪切操作压力表　　单位：MPa

	28-105 型防喷器	28-105 型防喷器（增）
ϕ101.6 mm 超级 13Cr 油钻杆	37.8	18.4
ϕ101.6 mm S135 钻杆	25.2	14.1
ϕ127 mm S135 钻杆	29.8	14.8

美卡 28-105 型防喷器配 SBR 型剪切闸板，将 ϕ101.6 mm 超级 13Cr 油钻杆剪断的理论液压剪切操作压力为 18.1 MPa，将 ϕ101.6 mm S135 钻杆剪断的理论液压剪切操作压力为 12.1 MPa，将 ϕ127 mm S135 钻杆剪断的理论液压剪切操作压力为 15.4 MPa。在这次试验中，美卡 28-105 型防喷器配 SBR 型剪切

闸板在油压 18.4 MPa 时，成功地将 ϕ101.6 mm 超级 13Cr 油钻杆剪断，其计算误差为 -1.6%，在油压 14.1 MPa 时，成功地将 ϕ101.6 mm S135 钻杆剪断，其计算误差为 -14.2%，在油压 14.8 MPa 时，成功地将 ϕ127 mm S135 钻杆剪断，其计算误差为 4.1%。

美卡 28-105 型防喷器带增力液缸配 SBR 型剪切闸板，在油压 18.4 MPa 时，成功地将 ϕ101.6 mm 超级 13Cr 油钻杆剪断，在油压 14.1 MPa 时，成功地将 ϕ101.6 mm S135 钻杆剪断，在油压 14.8 MPa 时，成功地将 ϕ127 mm S135 钻杆剪断。剪切 ϕ101.6 mm 超级 13Cr 油钻杆本体后，闸板刃口塑性变形较小，上闸板最大塑性变形为 0.929 mm，下闸板最大塑性变形为 0.942 mm，且剪断后防喷器的水密封和气密封满足企业要求。

第四节　应急关井系统配套

一、应急关井方法

为了适应氮气钻井井控安全的要求，塔里木油田对钻井井口做出了针对性的改进，比如采用专用的大通径排沙管线，对关键阀门和管件进行了抗冲蚀处理，大大提高了阀门管件的安全可靠性，并在生产实践中取得了良好的效果。氮气钻井井口防喷器组合如图 3-42 所示。

在氮气钻井过程中，正常钻进时，高速气体携带岩屑经排沙四通进入左右两条大通径排沙管线，排沙管线末端远离井口，并设有自动点火装置、防火墙和燃烧池等安全设施。当钻遇高压高产气流时，由于井筒内没有平衡地层压力的钻井液，地层流体上窜速度极快，留给现场操作人员的处理时间比常规钻井时间短得多，采用常规的"四七"关井动作进行关井作业存在风险。氮气钻井井控安全的核心是在大量易燃易爆、有毒有害的高速地层流体到达井口前，能够有效地封闭钻杆内空和钻杆与井壁之间的环形空间，防止易燃易爆气体和有毒有害气体溢出造成着火失控、人员中毒等灾难性后果。钻杆内空由内防喷工具封闭，则应急关井装置的主要任务是封闭环空，并快速建立放喷点火通道，有效且可控地疏导地层流体，化解安全风险，为后续处理赢得机会和时间。所以，氮气钻井应急关井方法是建立一键放喷点火联动系统，实现启动点火装置点火、打开放喷阀和关闭环形放喷器这三个关键井控动作能够正确快速地执行。

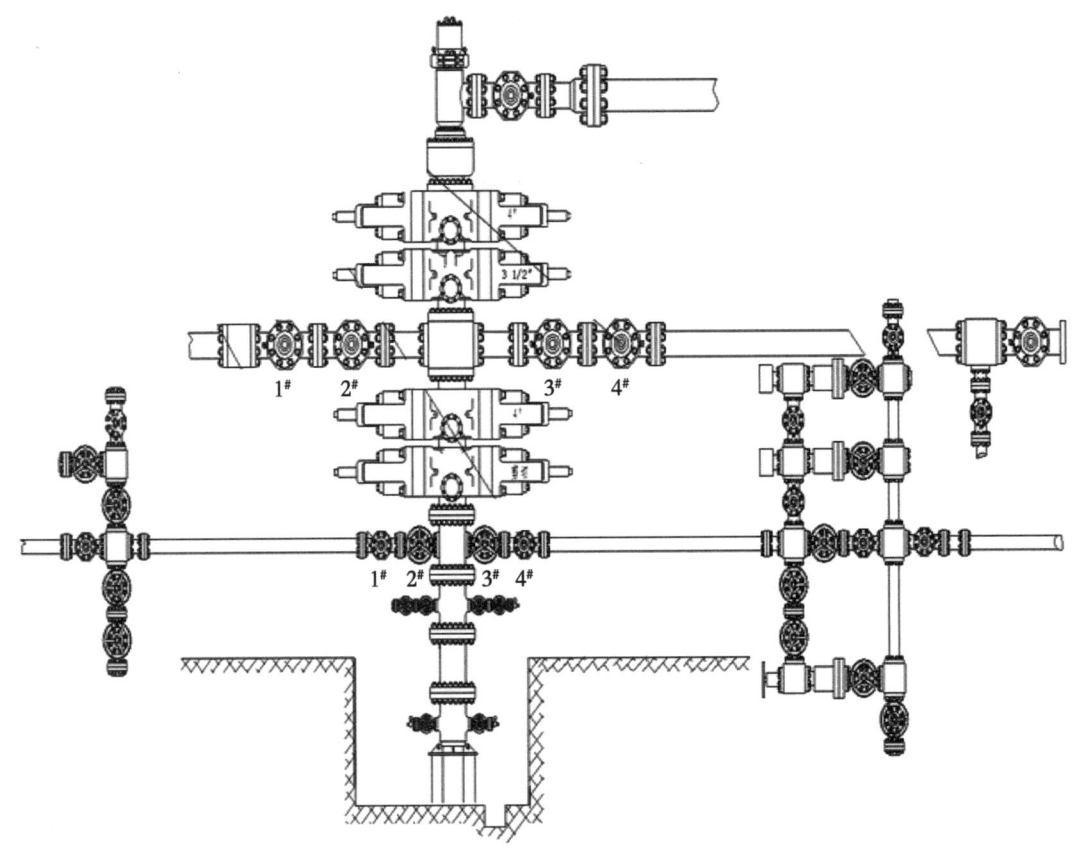

图 3-42　氮气钻井井口防喷器组合

二、应急关井主要模块

1. 主控制箱

主控制箱是整套应急关井系统的核心，完成各路电磁阀的控制，用于打开放喷阀，关闭环形防喷器和启动点火装置。主控制箱在结构上由防爆控制柜、UPS 电源、PLC、继电器组、防爆电磁阀、无线通信模块、三通梭阀和气路分配管汇构成，主控制箱外形如图 3-43 所示。

应急关井装置主控制器采用西门子 S7-200 型 PLC，具有多路开关量输入输出功能和模拟量输入输出功能。在本系统中，共使用了 3 路开关量输出，分

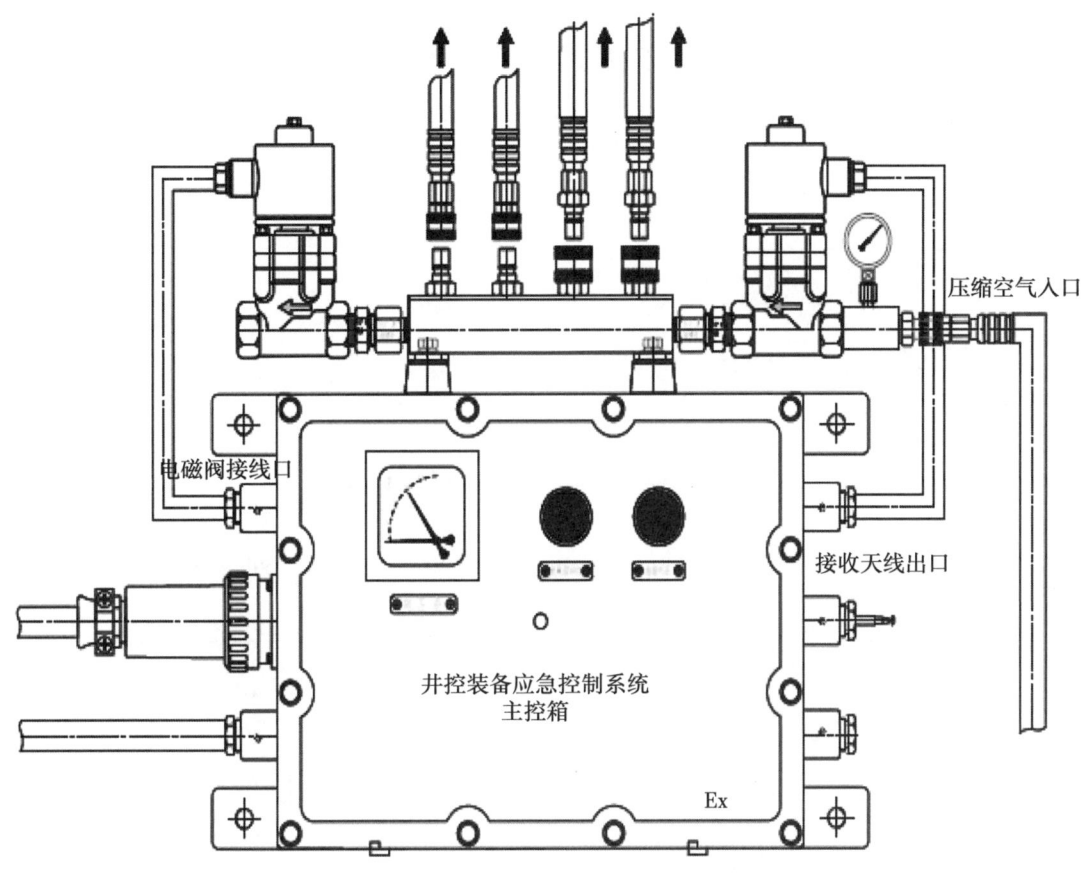

图 3-43　主控制箱外形图

别用于控制进气电磁阀、排气电磁阀和点火线圈。1 路开关量输入用于接收有线司钻应急按钮盒控制信号。PLC 串行通信接口连接无线通信模块，接收无线遥控器发送的控制指令。主控制器采用直流 24 V 供电，并配有 UPS 电源和备用蓄电池，在非正常断电时，UPS 电源将自动无缝切换到蓄电池供电，保证应急关井系统的正常工作。主控制箱以 PLC 控制器为控制核心，主控制箱控制原理如图 3-44 所示。

2. 无线通信模块

在本系统中，无线射频收发芯片选用 nRF905。nRF905 是由挪威 Nordic 公司推出的单片无线收发一体的芯片，工作电压为 1.9~3.6 V，可通过编程工作于 433 MHz、868 MHz 和 915 MHz 的 3 个 ISM 频段，使用 SPI 接口与微处理器通信，配置非常方便。nRF905 由频率合成器、接收解调器、功率放大器、晶体振荡器和调制器组成，不需外加声表面滤波器。nRF905 的外部连接元件包括一个基准晶振、RF 偏压电阻和外部天线等部分，内部结构如图 3-45 所示，是目前集成度较高的无线数传产品，具有性能优异、功耗低、开发简单等优点。

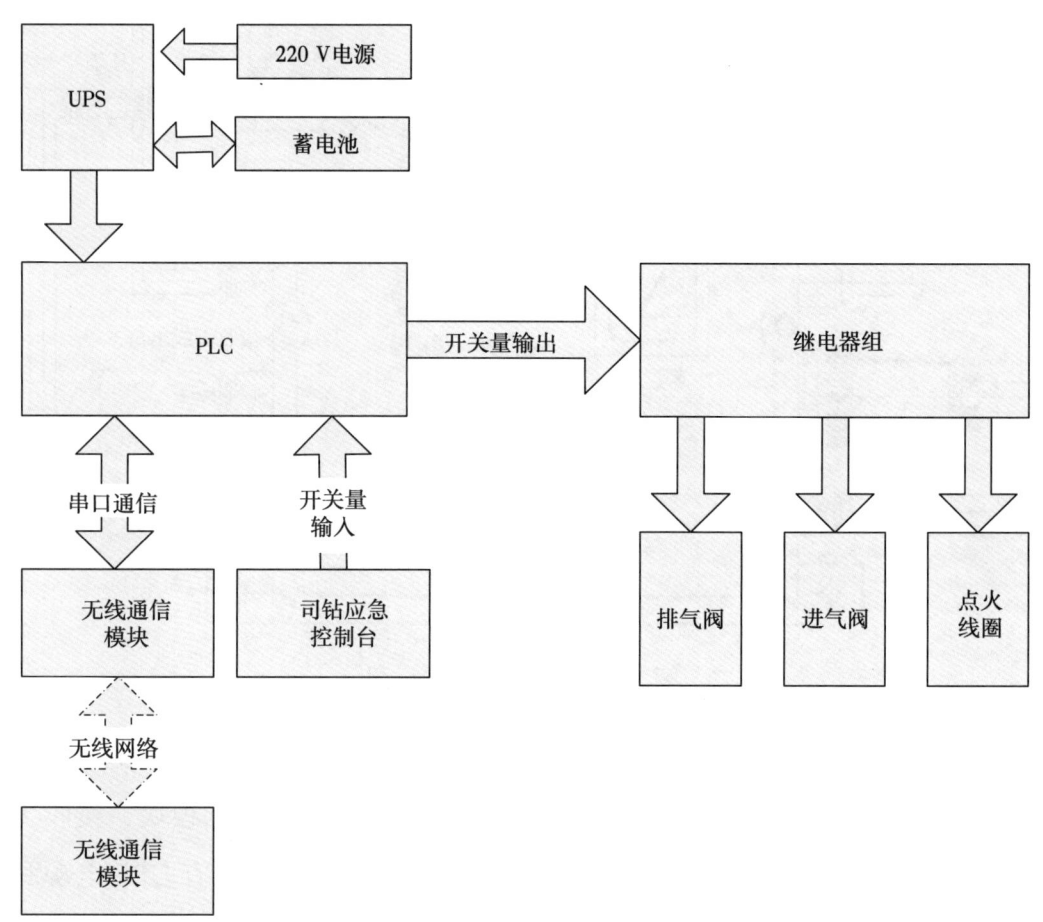

图 3-44　主控制箱控制原理图

3. 无线遥控器

无线遥控器由按钮、电源模块、单片机和无线模块构成。电源模块采用电池供电，工作电压为 3.3 V，并配有电量监测电路和指示灯。单片机是无线遥控器的核心，其双向 I/O 口连接了控制按钮，串行通信口连接了无线模块。当操作人员按下按钮后，触发单片机中断，单片机自动转入中断处理程序，向串口写入控制命令。无线模块通过串口接收到控制命令后，立即通过无线网络将命令发送到主控制器，主控制器接收到控制命令后，立即启动一键点火放喷关井流程。有效工作距离小于等于 500 m，遥控器工作原理如图 3-46 所示。

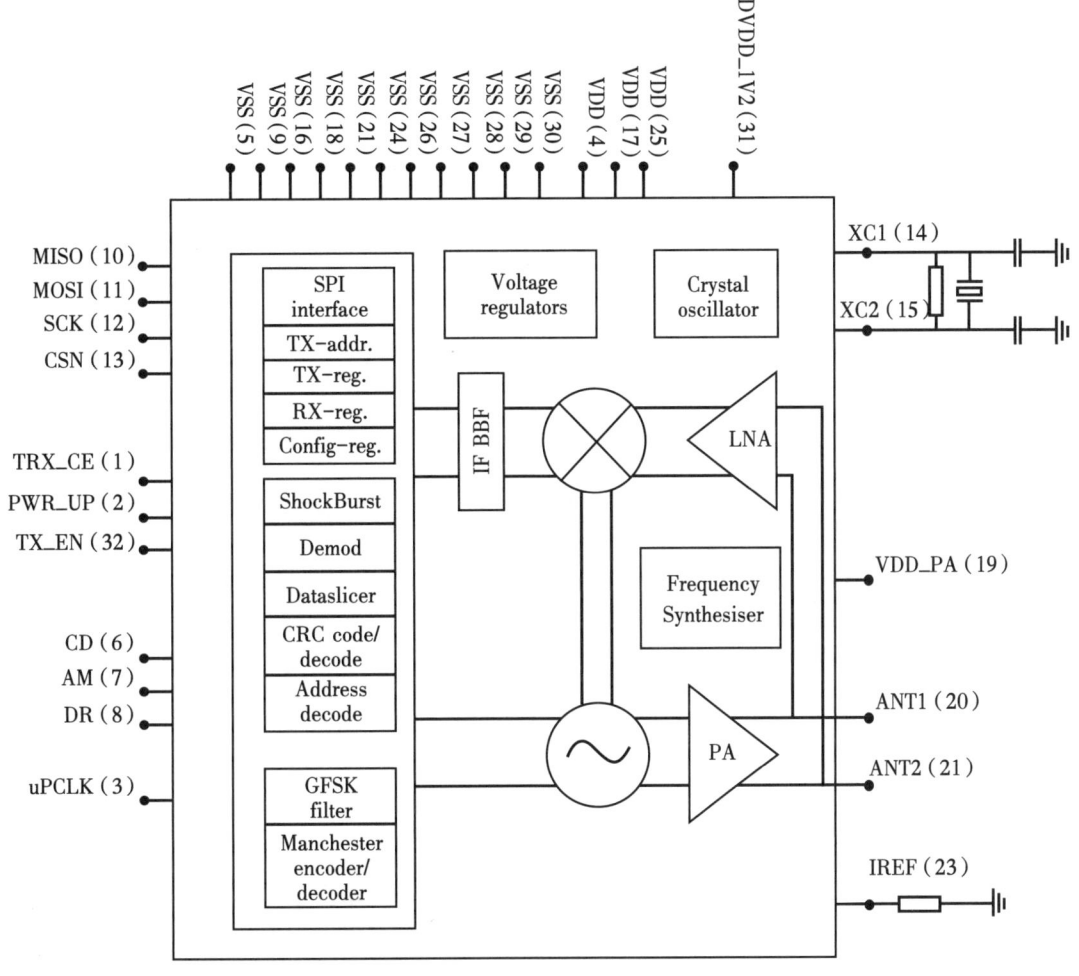

图 3-45　nRF905 的内部结构示意图

4. 高压耐火软管

为了保证井控应急关井系统在井喷着火的情况下具有一定的生存能力，本系统选用了高压耐火隔热软管作为液压动力连接通道。该耐火软管工作压力为 35 MPa，极限爆破压力达到 105 MPa，在 750 ℃ 火焰直接燃烧下，能保证正常工作至少 5 min 以上，极限情况下可以达到 25 min，高压耐火软管燃烧试验压力曲线如图 3-47 所示。

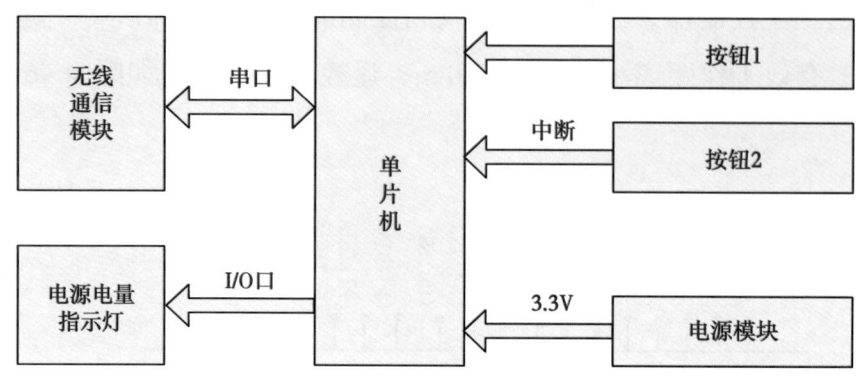

图 3-46 遥控器工作原理图

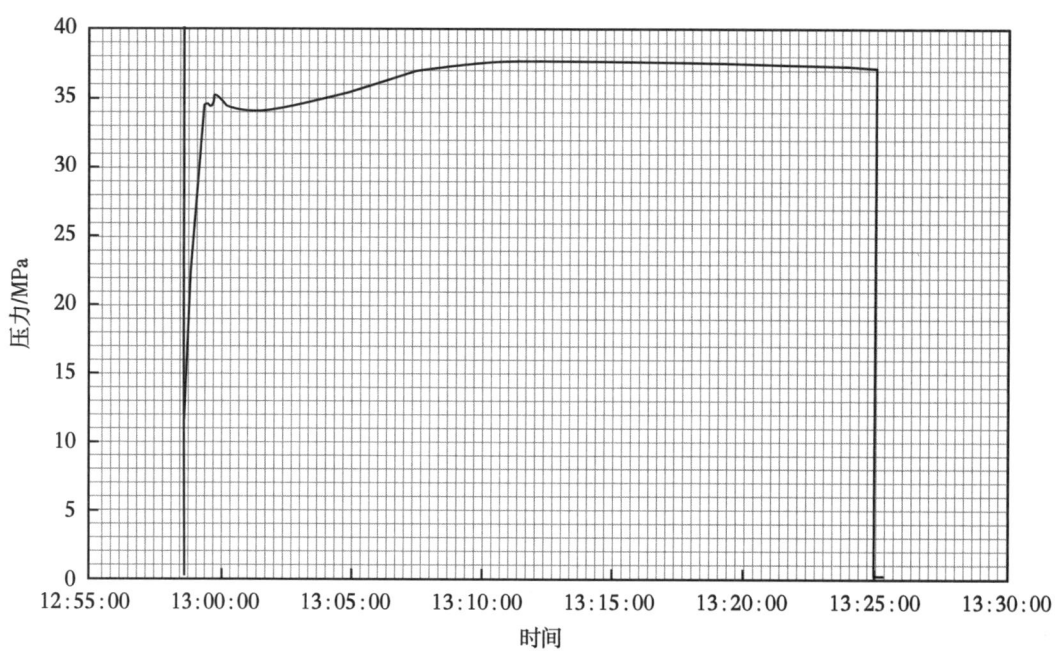

图 3-47 高压耐火软管燃烧试验压力曲线

第五节 氮气钻井油钻杆组合优化设计与校核

一、氮气钻井油钻杆技术与力学要求

1. 技术要求与力学强度要求

氮气钻井油钻杆技术要求与力学强度要求主要包括以下三点：(1)氮气钻进过程中易发生垮塌卡钻，而气体钻井的携岩能力差，因此油钻杆具有处理卡钻的能力，要求油钻杆管材料强度高（抗拉、抗扭）。（2）钻具组合不加稳定器，钻柱稳定性差，易失稳弯曲，由于没有钻井液的阻尼作用，钻柱振动和扭矩波动较大，容易导致钻具疲劳，要求油钻杆螺纹接头的抗扭和抗疲劳强度高。（3）氮气钻井工程中，环空气体上返速度快，钻具遭受高速岩屑对钻具冲击的"喷砂"切割作用，冲蚀损伤大，对超级13Cr油钻管的抗冲蚀性能提出了较高要求。

2. 钻柱极限载荷分析

钻柱极限载荷分析的目的是计算钻柱在不同操作条件下所能承受的最大载荷，如钻杆接头及钻杆本体的抗拉强度、抗扭强度、拉伸和扭转的复合极限载荷、上扣扭矩等。复合应力作用下的极限载荷与拉压应力和剪切应力有关，并随着应力水平的改变而变化。

1）接头的抗扭强度

接头的抗扭强度与钢材的性能、连接的尺寸和形式、螺距、锥度以及配合面、螺纹和台阶的摩擦系数有关。根据API标准RP7G推荐的公式，接头的抗扭强度由式（3-15）计算：

$$T_y = \frac{Y_m A}{12}\left(\frac{P}{2\pi} + \frac{R_t f}{\cos\theta} + R_s f\right) \tag{3-15}$$

式中　T_y——使接头产生屈服的扭矩，N·m；

　　　Y_m——材料最小屈服强度，对于接头，一般取120 000 MPa；

　　　A——横截面积，m²；

　　　P——螺距，m；

　　　R_t——螺纹的平均中间半径，m；

　　　f——摩擦系数，对于普通螺纹脂，取0.08；

　　　θ——螺纹牙形半角，(°)（对于H-90和SLH-90扣型，$\theta=45°$，除此以外，$\theta=30°$）；

　　　R_s——台阶的平均半径，m。

2）钻杆抗扭强度

应用第四强度理论，可以推导出纯扭矩作用下钻杆的抗扭强度：

$$Q = \frac{0.096\,167 J Y_m}{D} \tag{3-16}$$

式中 Q——钻杆最小抗扭强度，MPa；

Y_m——钻杆材料的最小屈服强度，MPa；

D——钻杆外径，m；

J——截面极惯性矩，m^4。

$$J = \frac{\pi}{32}(D^4 - d^4) \tag{3-17}$$

式中 d——钻杆内径，m。

管体的抗扭强度可能大于接头的抗扭强度，也可能小于接头的抗扭强度，依钻杆本体的材质和接头的尺寸而定。对于高强度钻杆，二者较为接近，且接头的抗扭强度略小于管体的抗扭强度。

3. 钻柱强度校核

校核钻柱强度，首先必须通过摩阻模型计算出沿井深分布的轴向力 $p(z)$ 和扭矩 $M(z)$，然后计算相应的拉（压）应力和剪应力，再根据第四强度理论校核其强度。

根据第四强度理论：

$$\sqrt{\frac{1}{2}(\sigma_1 - \sigma_2)^2 + (\sigma_2 - \sigma_3)^2 + (\sigma_1 - \sigma_3)^2} \leqslant [\sigma] \tag{3-18}$$

式中 σ_1、σ_2、σ_3——第一主应力、第二主应力和第三主应力，Pa。

将主应力代入强度公式：

$$\sigma(z)^2 + 3\tau(z)^2 \leqslant [\sigma]^2 \tag{3-19}$$

式中 $\sigma(z)$——z 方向主应力，Pa；

$\tau(z)$——z 方向切应力，Pa；

$[\sigma]$——主应力强度，Pa。

每个截面的安全系数由式（3-20）决定：

$$n(z) = \frac{Y_{\mathrm{m}}}{\sqrt{\sigma(z)^2 + 3\tau(z)^2}} \tag{3-20}$$

式中 $n(z)$——z方向安全系数；

Y_{m}——极限强度，Pa。

根据安全系数的大小，可以确定钻柱使用是否安全。

二、氮气钻井钻具组合设计原则

鉴于钻开高压气层时，气固两相流在高压作用下会进入钻具水眼，将导致钻头堵塞和内防喷工具失效，钻具组合设计应满足如下原则：（1）选用ϕ168.3 mm牙轮钻头，保证足够的完井井眼尺寸，使用ϕ120.65 mm钻铤，降低卡钻风险，减小上顶力；（2）在钻头上部安装箭形阀或浮阀；（3）在钻铤上部安装箭形阀，避免密封冲蚀失效；（4）安装投入式止回阀，在近钻头内防喷工具全部失效后，为完井射孔创造条件；（5）安装旁通阀替代完井射孔工艺。

三、迪北101井油钻杆组合强度评价及推荐方案

1. 钻具组合

在钻井过程中，钻具组合设计应综合考虑地质条件、井深和井径、井口设备、钻井目标、钻井液性质、钻井环境、钻井效率、安全与环保、成本控制等因素。这包括选择合适的钻具尺寸、材料和类型，确保钻具与井口设备兼容，提高效率降低成本，同时符合安全和环保标准，不断监测性能，以应对地质变化。

迪北101井油钻杆组合如下：ϕ165.1 mm A617DYGL+ϕ121 mm箭形止回阀+ϕ120.65 mm钻铤×1根+ϕ121 mm箭形止回阀×2个+ϕ120.65 mm钻铤×8根+ϕ121 mm箭形止回阀+ϕ121 mm投入式止回阀+ϕ121 mm旁通阀+DS35×BGXT42接头+ϕ101.6 mm油钻杆×488根+BGXT42×NC40旋塞（ϕ121 mm）+NC40×HT40箭形止回阀（ϕ121 mm）+ϕ101.6 mm斜坡钻杆×4根+HT40×NC40旋塞（ϕ121 mm）+NC40×HT40箭形止回阀（ϕ121 mm）+ϕ101.6 mm斜坡钻杆×4根。

2. 强度评价结果

油钻杆在本井入井使用 488 根，进尺 52.07 m，管体起出后，未发现明显冲蚀，螺纹未发生粘扣等异常现象，满足氮气钻井的工艺需要，达到设计性能要求。处理卡钻事故时，最大扭矩达 30 kN·m，拉力达 2886 kN，钻杆强度经受住苛刻条件的考验。

研究表明，接头附近、钻具几何尺寸有突变的位置、内防喷工具的连接部位、钻铤螺纹连接处是高应力集中区，也是整个钻柱强度的薄弱区，加之动力学因素的作用，可能会导致钻具失效事故。不同内防喷工具的力学破坏形式表现出差异性：（1）旁通阀：拉压弯曲复合应力导致疲劳破坏，引起阀体螺纹断裂，阀体产生裂纹或断裂；（2）箭形止回阀：应力集中导致锥面密封失效，受力不均引起密封箭定位杆磨损；（3）投入式止回阀：因力学强度因素引起阀芯密封橡胶压溃，投球被压溃，阀体螺纹断裂；（4）旋塞阀：交变应力引起疲劳，由于钻柱受力特殊，尤其是剪力的影响，旋钮卡死，内六角扳手处无法传递扭矩，旋球被"抱死"；（5）翻板浮阀：应力集中，导致翻板密封失效、复位弹簧失效。

强度评价结果表明，设计的钻具组合可满足氮气钻井工艺要求及钻具组合的力学强度，使用多个内防喷工具确保钻铤以上内防喷有效；降低卡钻风险，减小上顶力，同时保障遇卡时的抗拉余量。抗冲击破坏能力强的工具安放在近钻头处。钻具结构尽量简化，增强连接部位的抗扭强度。建议不使用随钻震击器。

3. 推荐的钻具组合设计方案

通过对迪北 101 井油钻杆组合、氮气钻井参数以及强度进行评价，最终推荐的钻井组合方案设计见表 3-12。

表 3-12 推荐的钻具组合设计方案

序号	名称	规格	数量
1	顶驱液压旋塞	$6\frac{5}{8}$ in×631 mm×630 mm	1 只
2	手动旋塞	4 in×HT40	1 只

续表

序号	名称	规格	数量
3	钢钻杆	4 in×HT40	若干
4	箭形止回阀	4 in×HT40	1 只
5	下旋塞	4 in×HT40	1 只
6	转换接头	BG×T42 公 ×HT40 母	1 只
7	油钻杆	4 in×BGXT42	若干
8	转换接头	HT40 公 ×BGXT42 母	1 只
9	旁通阀	4 in×HT40	1 只
10	投入式止回阀	4 in×HT40	1 只
11	箭形止回阀	4 in×HT40	1 只
12	加重钻杆	4 in×HT40	15 根
13	箭形止回阀	4 in×HT40	1 只
14	浮阀	4 in×HT40	1 只
15	加重钻杆	4 in×HT40	1 根
16	箭形止回阀	4 in×HT40	1 只
17	双母浮阀	HT40 母 ×330	1 只
18	钻头	$6\frac{5}{8}$ in 牙轮	1 只

此钻井组合方案的优点为:(1)使用 ϕ101.6 mm 加重钻杆,ϕ120.65 mm 钻铤螺纹弱,不推荐使用;(2)内防喷工具采用 HT40 扣型;(3)可进一步优化内防喷工具组合及安放位置;(4)优化设计的钻具组合,提高了钻柱的整体强度。

第六节 油套管柱强度设计

一、套管柱有效载荷计算

套管在钻井和油气井生产过程中所受到的各种外载荷总结起来可分为三类：有效内压力、有效外压力及有效拉力，此外，在定向井和水平井中，套管柱还会受到弯曲应力作用。随着现代钻井技术的不断改进和油气勘探开发的要求，复杂结构井数量不断增加，作用在油井套管上的载荷也变得越来越大且越来越复杂，精确计算有效外载越来越困难。因此，必须仔细分析套管柱的工况及相应的受力条件，尽可能使计算的有效外载符合实际受力条件，才能设计出既经济又安全的套管柱。这里采用API标准推荐的套管柱有效外载计算模型。

1. 有效内压力计算

任一井深的套管最大内压力的计算见式（3-21）：

$$p_{bh} = 0.009\ 81 \times \rho_{max} \times H \tag{3-21}$$

式中 p_{bh}——套管最大内压力，MPa；

ρ_{max}——固井时管外最大钻井液密度，g/cm³。

对于试压井，任意井深处的有效内压力等于井口注入压力加上管内液柱压力，再减去管外盐水柱压力，即：

$$p_{be} = p_s + 0.009\ 81 \times (\rho_m - \rho_w) \times H \tag{3-22}$$

式中 p_{be}——有效内压力，MPa；

p_s——井口试压压力，MPa；

ρ_m——管内试压液体密度，g/cm³；

ρ_w——管内水密度，g/cm³；

H——设计垂深，m。

2. 有效外压力计算

有效外压力是套管柱可能受到的最大外压力与管内最小压力之差。由于不同类型套管的工况不同，有效外挤压力计算也不相同。

稳定地层是指地层岩石结构坚固，在钻井过程中和钻井后，地层不会出现缩颈和垮塌等现象。对于这种地层外挤压力的计算，不需考虑岩石侧压力的作用，只考虑管外最大液柱压力与管内最小液柱压力的差，即：

$$p_{ce} = 0.00981 \times [\rho_{max} - (1-k_m)\rho_{min}] \times H \quad (3-23)$$

式中　p_{ce}——有效外挤压力，MPa；

　　　k_m——管内钻井液掏空系数或漏失系数。严重漏失：k_m=0.8~1.0；一般漏失：k_m=0.3~0.5；不漏失：k_m=0；全漏失：k_m=1.0；

　　　ρ_{min}——下次钻井时使用的最小钻井液密度，g/cm³；

　　　H——设计垂深，m。

3. 有效轴向拉力计算

套管柱有效轴向拉力主要由套管柱的自重和钻井液浮力产生。为了简化计算，对于其他附加轴向力，如惯性力、摩擦力和弯曲力等，一律将其考虑在安全系数之中，所以有：

$$T_e = \left[\sum_{i=1}^{n-1} T_i + (H_s - H)q_c\right] \times k_f \quad (3-24)$$

式中　T_e——有效轴向拉力，kN；

　　　T_i——计算段套管以下第 i 段套管的重量，kN；

　　　H_s——实际垂深，m；

　　　H——设计垂深，m；

　　　q_c——计算段套管的单位重量，kN/m；

　　　k_f——钻井液浮力系数；

　　　n——计算段套管以下套管的段数。

二、套管柱强度计算

1. API 抗挤强度

屈服挤毁强度是使套管内壁产生最小屈服应力的外压力值。当 $D_c/\delta \leqslant (D_c/\delta)_{Y_P}$ 时，用式（3-25）计算：

$$P_{co} = 2Y_P \left[\frac{D_c/\delta - 1}{(D_c/\delta)^2} \right] \qquad (3-25)$$

式中 P_{co}——抗挤强度，MPa；

D_c——套管公称外径，mm；

δ——套管壁厚，mm；

Y_P——管材屈服强度，MPa；

D_c/δ——套管径厚比。

2. 抗内压强度

抗内压强度是使套管产生破裂的最小内压力值，用式（3-26）计算：

$$P_{bo} = 0.875 \left(\frac{2Y_P \delta}{D_c} \right) \qquad (3-26)$$

式中 P_{bo}——抗内压强度，MPa。

3. 抗拉强度

（1）螺纹断裂强度为：

$$T_o = 9.5 \times 10^{-4} A_{jp} U_p \qquad (3-27)$$

（2）螺纹滑脱强度为：

$$T_o = 9.5 \times 10^{-4} A_{jp} L_j \left(\frac{4.99 D_c^{-0.59} U_p}{0.5 L_j + 0.14 D_c} + \frac{Y_P}{L_j + 0.14 D_c} \right) \qquad (3-28)$$

式中 T_o——抗拉强度，kN；

A_{jp}——螺纹的有效截面积，mm^2；

U_p——管材最小极限强度，MPa；

L_j——螺纹配合长度，mm；

D_c——套管公称内径，mm。

三、油套管柱优化设计及校核

通过对油套管柱的有效载荷计算和强度计算，得出迪北 1 井油套管柱优化设计结果，见表 3-13。

表 3-13 迪北 1 井套管柱设计

套管程序	下入井段/m	规范 尺寸/mm	规范 扣型	长度/m	钢级	壁厚/mm	重量 段重/kN	重量 累重/kN	抗外挤 额定强度/MPa	抗外挤 安全系数	抗外挤 三轴强度/MPa	抗内压 额定强度/MPa	抗内压 安全系数	抗内压 三轴强度/MPa	抗拉 额定强度/kN	抗拉 安全系数	抗拉 三轴强度/kN
表层套管	0~300	365.13	BC	300	TP-110V	13.88	369	369	24.0	8.34	24.0	33.0	8.46	33.5	11203	35.53	11203
技术套管	0~1790	273.05	TPCQ	1790	TP-140V	13.84	1554	3022	60.6	2.54	60.3	81.3	1.51	88.2	10892	4.35	10892
技术套管	1790~2550	273.05	TPCQ	760	TP-140V	13.84	660	1467	60.6	2.02	60.5	81.3	1.96	85.3	10892	7.60	9235
技术套管	2550~3480	273.05	TPCQ	930	TP-140V	13.84	808	808	60.6	2.02	60.6	81.3	2.22	83.7	10892	12.79	8550
油层悬挂	3280~5290	206.38	BGC	2010	BT-S13Cr110	16.00	1512	1512	105.2	1.04	104.8	98.5	2.30	98.9	5916	2.26	2568
油层回接	0~3280	206.38	BGC	3280	BT-S13Cr110	16.00	2468	2468	105.2	1.67	105.0	98.5	1.41	98.8	5916	3.19	5916

1. φ273.05 mm 技术套管

通过对油套管柱的有效载荷计算和强度计算，得出迪北1井 φ273.05 mm 技术套管设计结果，如图3-48所示。根据强度校核数据可知，油套管柱的有效外挤压力、有效内压力、有效轴向拉力分别小于抗挤强度、抗内压强度、抗拉强度。因此，φ273.05 mm 技术套管满足强度要求。

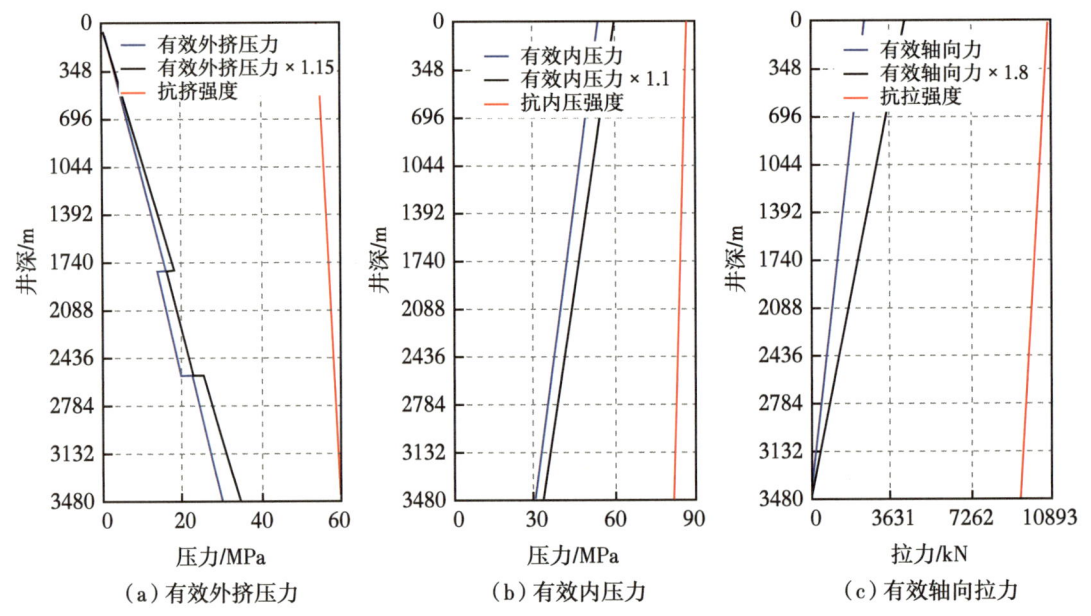

（a）有效外挤压力　　（b）有效内压力　　（c）有效轴向拉力

图3-48　φ273.05 mm 技术套管校核结果

2. φ206.38 mm 油层悬挂套管

通过对油套管柱的有效载荷计算和强度计算，得出迪北1井 φ206.38 mm 油层悬挂套管设计结果，如图3-49所示。根据强度校核数据可知，油套管柱的有效外挤压力、有效内压力、有效轴向拉力分别小于抗挤强度、抗内压强度、抗拉强度。因此，φ206.38 mm 油层悬挂套管满足强度要求。

3. φ206.38 mm 油层回接套管

通过对油套管柱的有效载荷计算和强度计算，得出迪北1井 φ206.38 mm 油层回接套管设计结果，如图3-50所示。根据强度校核数据可知，油套管柱的有效外挤压力、有效内压力、有效轴向拉力分别小于抗挤强度、抗内压强度、抗拉强度。因此，φ206.38 mm 油层回接套管满足强度要求。

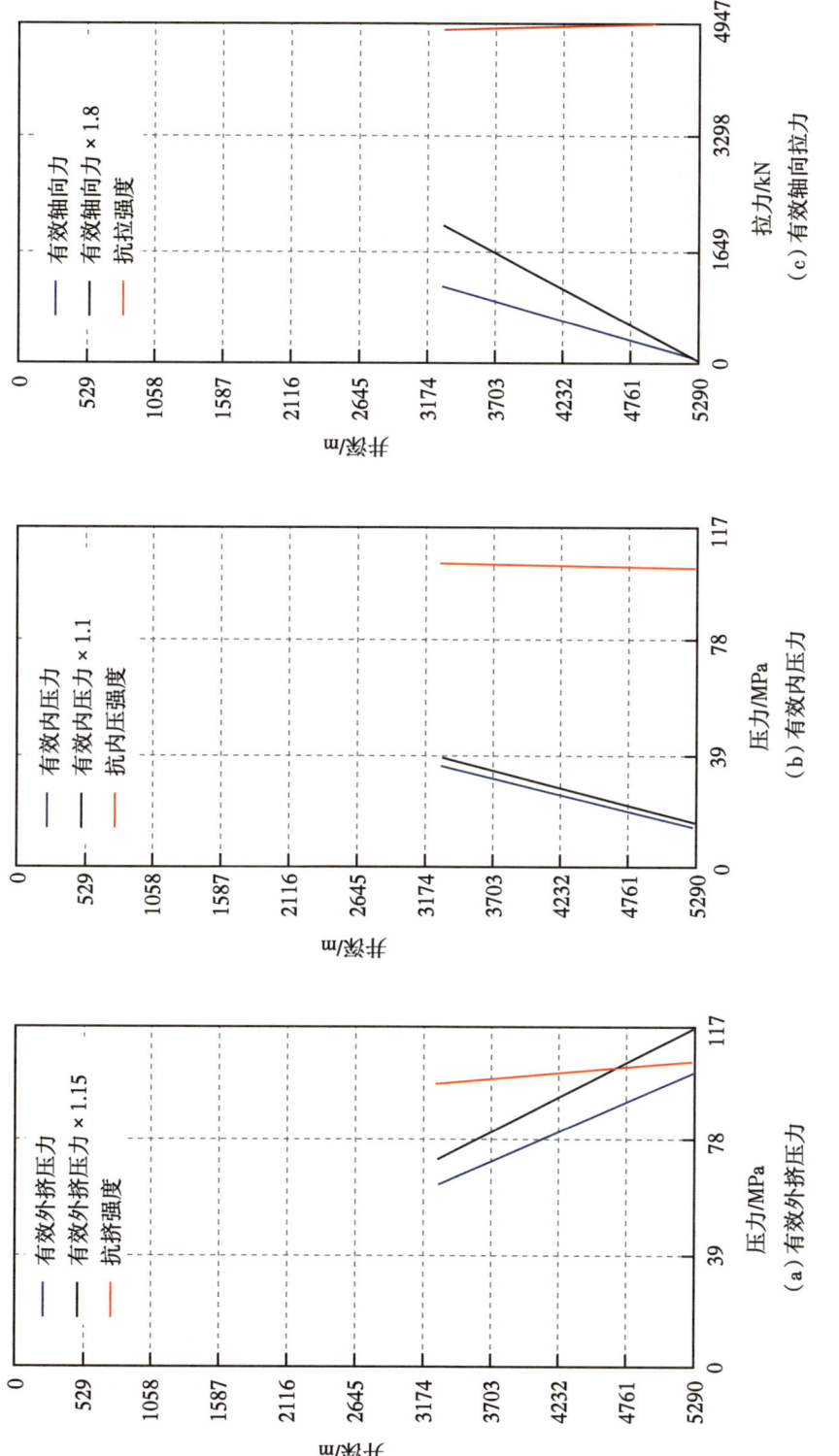

图3-49 φ206.38 mm油层悬挂套管校核结果

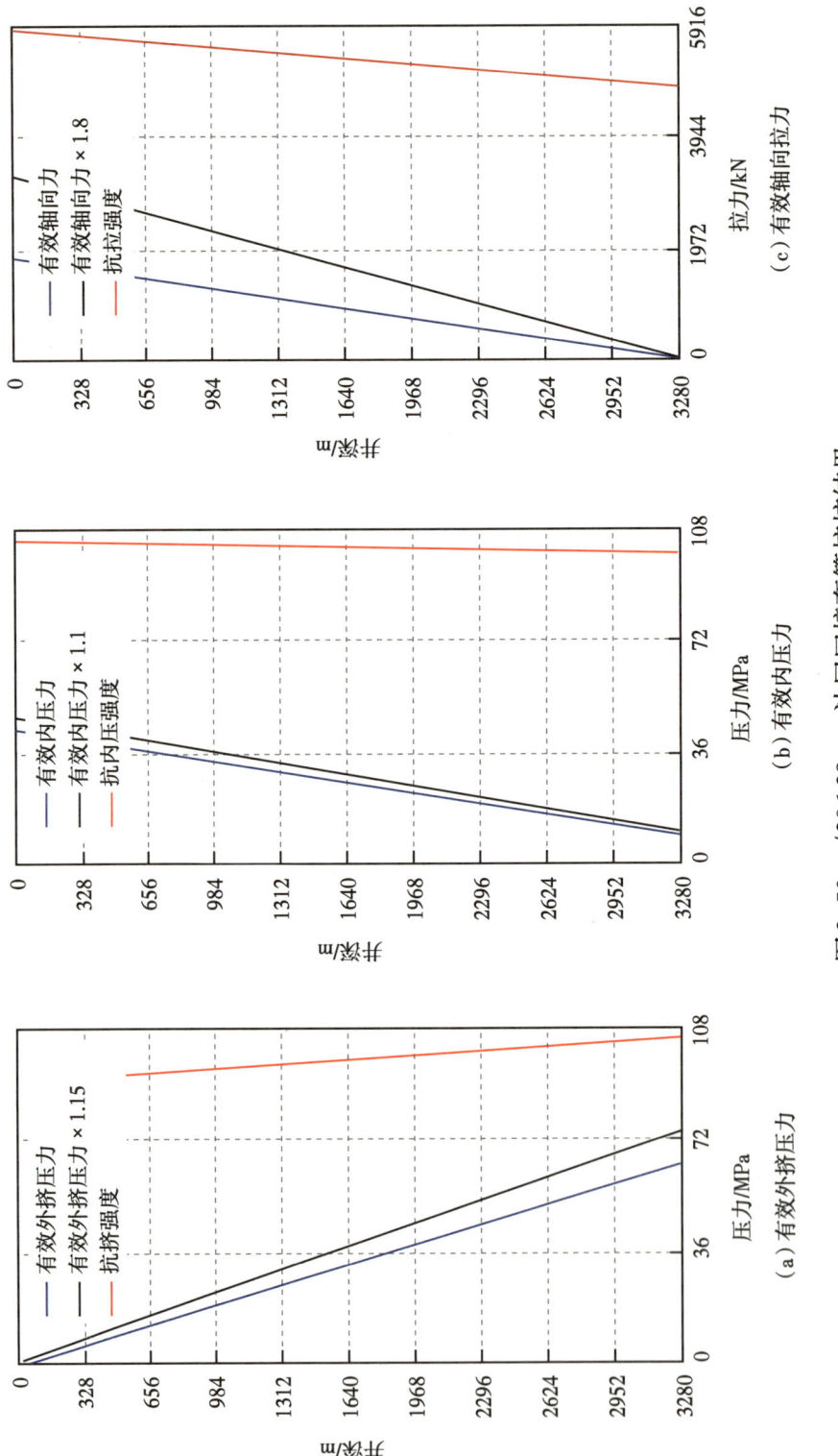

图 3-50 ϕ206.38 mm 油层回接套管校核结果

第七节　氮气钻井牙轮钻头优化设计

一、氮气钻井钻头设计总体方案

1. 氮气钻进与液体钻进工艺参数特征对比分析

氮气钻进和液体钻进在工艺参数特征上存在一些显著差异。首先，氮气钻进具有较高的钻进速度、较低的压力和流量要求，可通过调节喷射角度和位置来控制钻孔质量，适用于一些需要快速钻进的场景。而液体钻进则需要较高的压力和流量，能够提供更稳定的钻进过程，适用于一些对钻孔质量要求较高的工程。此外，氮气钻进相对较为环保，产生的废气较少，而液体钻进需要处理废水和废液等环境问题。在成本效益方面，氮气钻进具有较低的设备投资和维护费用，而液体钻进则需要更多的设备和材料投入。综合而言，根据具体的钻井需求和工程要求，可以选择适合的钻进工艺，以实现高效、质量可控和经济可行的钻井作业，氮气钻进与液体钻进工艺参数特征对比分析见表 3-14。

表 3-14　氮气钻进与液体钻进工艺参数特征对比分析表

特征参数	井底压力/MPa	环空返速/m/s	机械钻速/m/h	主要问题
氮气	≤0	≥15	≥6	钻头水眼堵塞、排屑、无冷却
液体	≥1	≤2	≤1	井底岩屑压持效应

2. 钻头水眼堵塞分析

钻头水眼堵塞分析主要包括以下几个方面：(1) 钻开高压高产气层将会发生环空堵塞，导致近钻头处压力升高，气固两相流进入钻头内，造成钻头水眼堵塞。(2) 根据水力学原理，支管流摩阻相同，流量不等；采用大水眼时，进入钻具内的流量增加，导致钻头水眼堵塞。(3) 内防喷工具不能及时关闭，也是造成钻头水眼堵塞的原因之一。

3. 钻头水眼防堵措施

钻头水眼防堵措施主要为以下几点：(1) 钻开高压气层前控制钻速，减小井底岩屑浓度；钻开高压气层后，尽快上提钻头离开高压高速区，尽快释放钻开高压高速区的地层能量。（2）合理选择喷嘴，限制进入钻具内的流量。（3）开展内防喷工具关闭动作的研究，改进内防喷工具。

4. 钻头优化设计选择要点

根据库车北部侏罗系致密砂岩储层岩性特征及高压高产特性，考虑一趟钻完成氮气钻井全部井段目的，在牙轮钻头优化设计中要重点考虑:（1）水眼防堵;（2）强的抗研磨性和冲击性能力;（3）较长的轴承寿命。一方面，在氮气钻井条件下，钻头工作时的摩阻大于雾化钻井、泡沫钻井和钻井液钻井，其表现为钻头工作时扭矩大，齿磨损速度快，因而多采用耐磨性相对较高的牌号。背锥齿与外排齿之间增加了一排齿，具有修整井壁和保护牙轮体的双重作用。另一方面，高速气流夹杂岩屑颗粒冲蚀牙轮壳体与掌背，掌背的磨损形式表现为掌尖冲刷磨损。因而掌背布齿方式要突出掌尖保护特点，在钻头掌背镶金刚石复合齿，增强保径能力。

因而采用高耐磨性和高韧性相匹配的优化齿形的硬质合金齿，合金齿的耐磨性和抗折断能力强，能保持持久的攻击性，故钻头的机械钻速高。优化切削齿布齿密度和出露高度，细化岩屑，适应氮气钻井岩屑的上返，减少重复破碎，提高钻进效率。

二、牙轮钻头水眼防堵优化设计方案

根据迪北构造氮气钻井井段岩石特性、钻进工艺参数特征、钻头水眼堵塞分析和钻头水眼防堵措施，氮气钻井牙轮钻头在井底工作需要解决的主要问题是钻头水眼堵塞和排屑能力。氮气钻井牙轮钻头水眼防堵设计方案如下。

（1）钻头水眼防堵设计。三牙轮钻头采用具有两个侧喷嘴、一个中心喷嘴加一个侧喷嘴、两个侧喷嘴加一个反喷嘴的三牙轮钻头机构，见表3-15。

表3-15 氮气钻井牙轮钻头水眼防堵设计方案表

特征参数	水眼侧倾角度/(°)	水眼后倾角度/(°)	水眼出口位置	水眼数量/个
氮气	5≤7	0≤5	非同心圆	2 或 2+1（中心或反）
液体	12~16	2~10	同心圆	3

（2）钻头水眼防堵喷嘴设计。钻头采用具有两个侧喷嘴或一个中心喷射孔加一个侧喷嘴的三牙轮钻头，喷嘴直径设置为在满足钻井参数设计前提下的最大尺寸，中心喷射孔直径约为侧喷嘴直径的 1.2 倍。在牙轮钻头的侧喷嘴或中心喷射孔内均装一个防堵喷嘴，如图 3-51 所示，靠该喷嘴对压力的敏感，来实现钻头钻遇异常高压地层发生岩爆时钻头水眼的防堵作用。

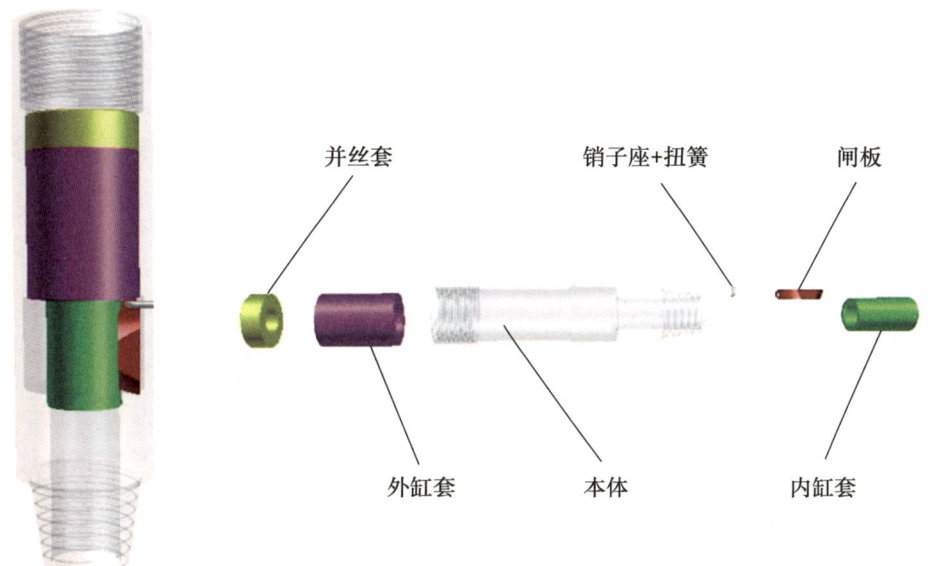

图 3-51　钻头水眼防堵阀结构示意图

第四章　氮气钻完井工艺技术

氮气钻完井实施中，在确定井身结构与施工流程后，还需对钻井参数进一步优化，确定各个复杂工况下的工艺参数，同时强化氮气钻井前钻塞、气举以及钻进等工艺中流程与参数优化；再重点针对油钻杆完井过程中的工艺细则进行确定；为确保施工安全，还需针对可能出现的一系列复杂情况制定相应的应急处置程序。

第一节　氮气钻完井总体方案

库车北部侏罗系阿合组储层氮气钻井总体方案：四开 ϕ241.3 mm 井眼钻完阿合组上部煤层、碳质泥岩和低产层不发育段，下 ϕ201.7 mm 尾管悬挂固井，再回接 ϕ196.85 mm 生产套管封隔上部低压层段和易垮煤层，为下开氮气钻井创造条件。井身结构图如图 4-1 所示，根据上部地层钻井液密度窗口确定套管

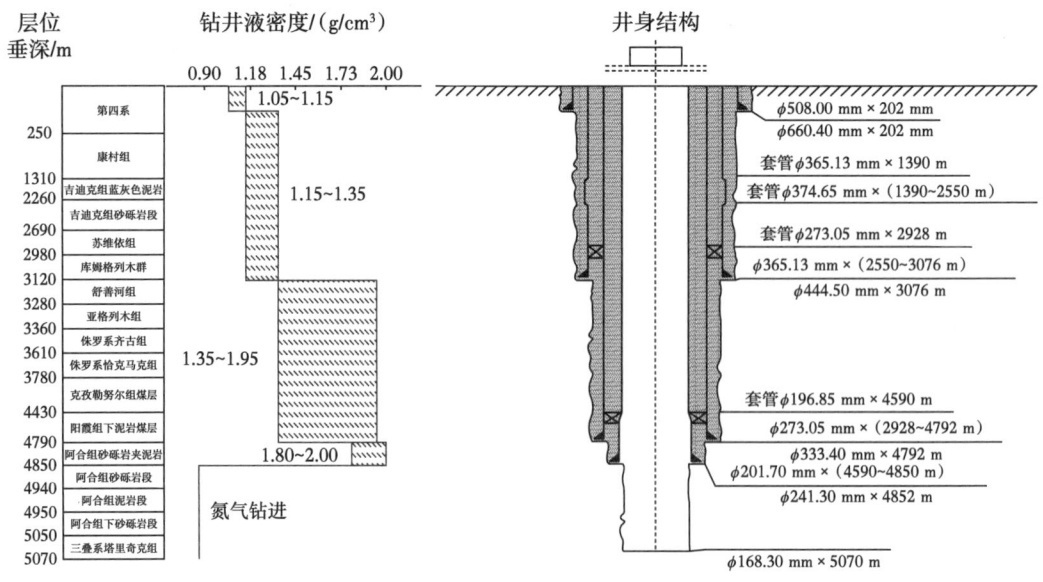

图 4-1　氮气钻井井身结构

封隔点，在五开 ϕ168.3 mm 井眼阿合组储层实施氮气钻井，根据获气产量确定后续措施；后续措施确定流程如图 4-2 所示，若产量不理想，则压井按照常规方式完井，若天然气产量小于 $60×10^4$ m³/d，则不压井下油管完井，若天然气产量大于 $60×10^4$ m³/d，则采用油钻杆完井。

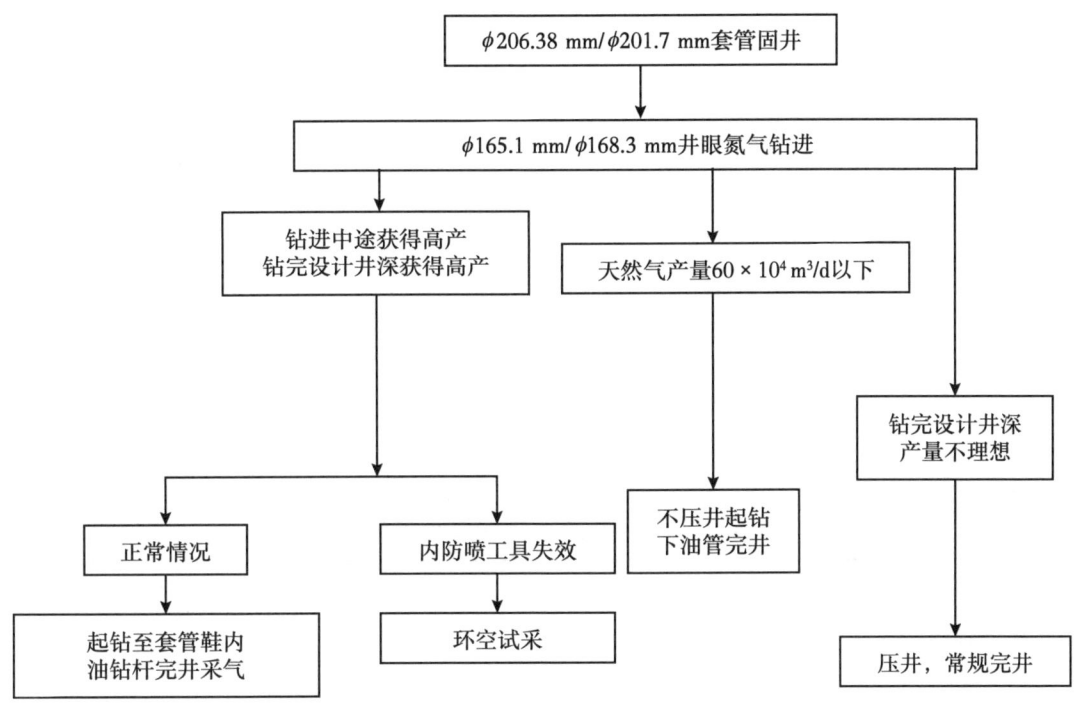

图 4-2 氮气钻井施工流程图

第二节 氮气钻井参数优化

利用最小动能法，选用氮气钻井最小排量的计算模型，为合理注气量的设计提供依据：

$$Q_{go} = \frac{\left\{ r_{go} v_{go}^2 A^2 \left[\left(p_1^2 + b_{av}^2 \right) e^{\frac{2a(z_2-z_1)}{T_{av}}} - bT_{av}^2 \right] \right\}^{1/2}}{M_g T} \qquad (4-1)$$

式中　Q_{go}——最小排量，m³/s；

r_{go}——氮气密度，kg/m³；

v_{go}——氮气的速度，m/s；

A——井眼横截面积，m²；

p_1——入口压力，MPa；

b_{av}——与压力相关的常数或系数；

a——与温度相关的系数；

z_2-z_1——深度差，m；

T_{av}——平均温度，K；

b——与温度相关的常数，与流体性质有关；

M_g——气体的摩尔质量，kg/mol；

T——温度，K。

以 ϕ215.9 mm 井眼为例，机械钻速为 10 m/h，无扩径、地层无流体产出，不同井深对应的最小注气量见表 4-1，所需最小注气量与井深成正比。

表 4-1 不同井深对应的最小注气量表

井深 /m	最小注气量 /（m³/min）	井深 /m	最小注气量 /（m³/min）
3000	69.1	4200	82.6
3400	73.5	4600	86.3
3800	77.9	5000	90.1

以迪北构造氮气钻井为例，井眼尺寸 ϕ168.3 mm、井深为 5000 m、机械钻速为 10 m/h，分别优化了井眼扩径、产气、产油不同工况下所需最小注气量，其关系如图 4-3 至图 4-5 所示；在 5000 m 井深处，同时考虑井眼扩径、产气以及产油等工况下的最小注气量，见表 4-2。

表 4-2 氮气钻井参数优化数据表

井深 /m	井眼尺寸 /mm	出气量 /10⁴ m³/d	出油量 /m³/d	井眼扩大率 /%	最小注气量 /m³/min
5000	168.3	21.6	24	25	174
5000	215.9	21.6	24	25	220

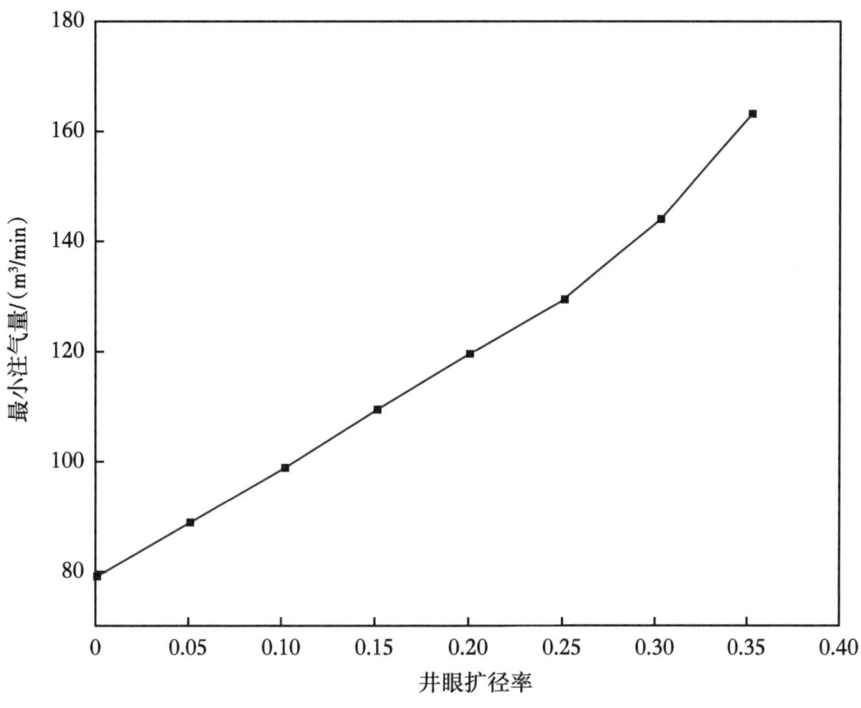

图 4-3　考虑井眼扩大的注气参数

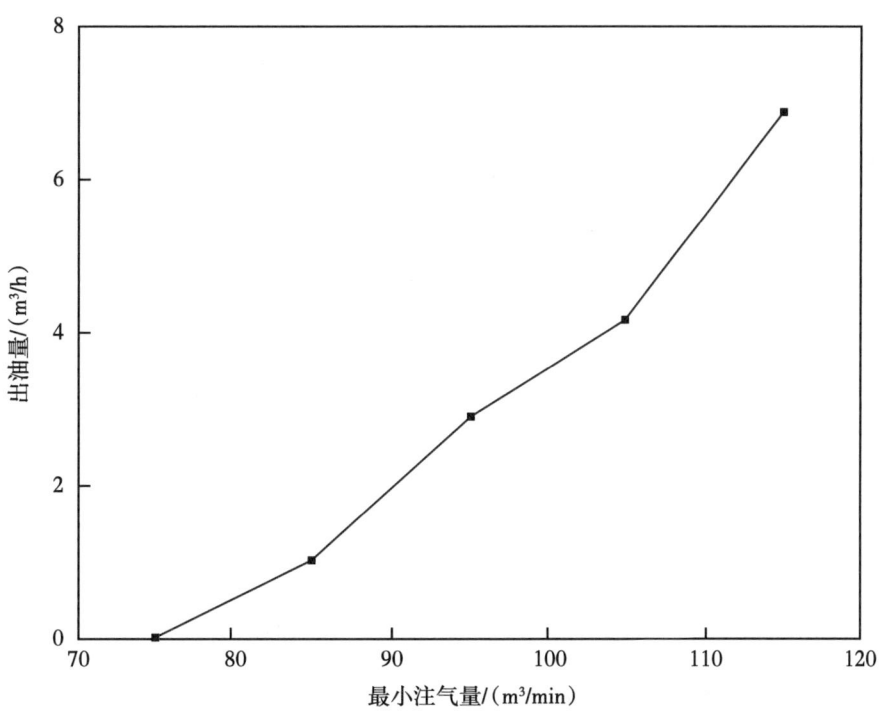

图 4-4　考虑地层出油量的注气参数

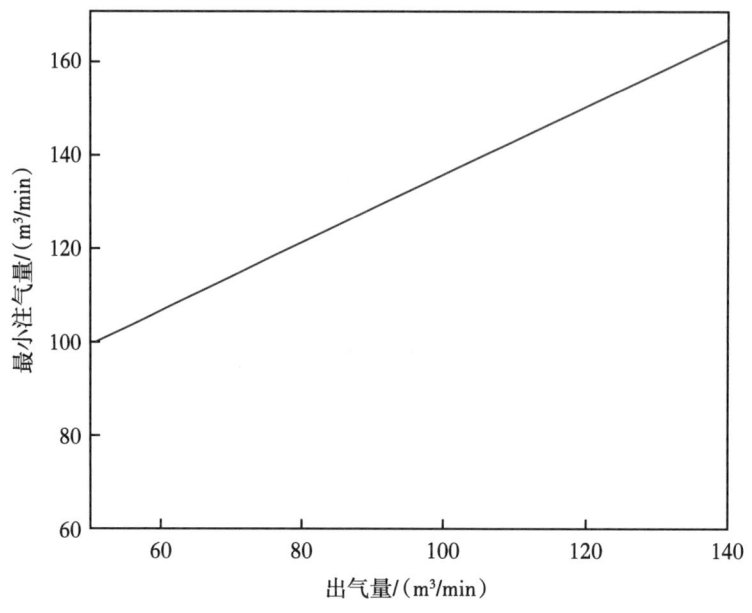

图 4-5　考虑地层出气量的注气参数

第三节　油钻杆完井工艺技术

一、氮气钻井工艺

1. 钻塞、替清水、洗井

氮气钻井作业前，需进行钻水泥塞和套管附件作业，大排量循环将套管附件打捞干净，为后续作业奠定基础。钻塞工作液循环流程如图 4-6 所示，钻塞工艺流程如下所示：

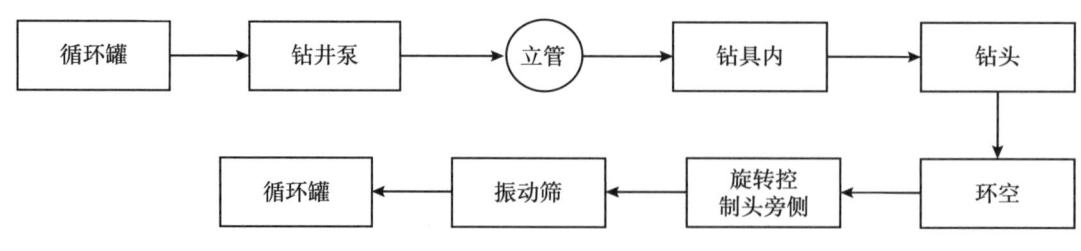

图 4-6　钻塞工作液循环流程图

（1）组织钻塞钻具组合下钻探水泥塞面。钻具组合：ϕ168.3 mm 牙轮钻头 + 双内螺纹接头 ×1 只 + ϕ121 mm 浮阀 ×1 只 + ϕ121 mm 光钻铤 ×12 根 + 转换接头 ×

1只（NC35公×HT40母）+ϕ101.6 mm 18°斜坡钻杆+转换接头×1只（HT40公×630母）+旋塞（手动）+顶驱液压旋塞。

（2）钻水泥塞及套管附件至原井深。在钻套管附件期间，要低压钻进，将套管附件充分碾压破碎，方便将其清洁出井筒，钻塞及套管附件钻井参数见表4-3。

表4-3 钻塞及套管附件钻井参数

作业类型	钻头直径/mm	钻压/kN	转速/(r/min)	排量/(L/s)
钻水泥塞	168.3	20~40	40~50	15~20
钻套管附件	168.3	10~30	40~50	15~20

（3）增大排量20 L/s，充分循环，将套管附件等清洁干净，为后续作业奠定基础。

（4）用70 MPa水泥车将井筒的钻井液全部替换成清水，充分循环洗井。

（5）洗井完后，起钻更换氮气钻井钻具组合。

2. 气举、干燥井筒

鉴于库车北部侏罗系阿合组储层氮气钻井气举作业井段深，采用一次性充气气举工艺，相对于分段气举，时间明显缩短，因此优选并完善了一次性充气气举工艺技术，并开展了3井次的现场试验。不同井以及不同替出介质所需要的气举参数见表4-4。

表4-4 充气气举参数

井号	气举方式	替出介质	气举时间/h	干燥时间/h	合计时间/h	注气量/m³/min
迪西1井	充气气举	钻井液	14.0	11.5	25.5	40~180
迪北1井	充气气举	清水	10.0	10.0	20.0	25~180
迪北101井	充气气举	清水	3.5	5.5	9.0	25~180

充气气举循环流程如图4-7所示，气液两相经由立管、钻头、环空、节流管汇以及气液分离器等排出井眼，气举过程中采用气相逐步顶替液相完成气

举，具体作业步骤如下：

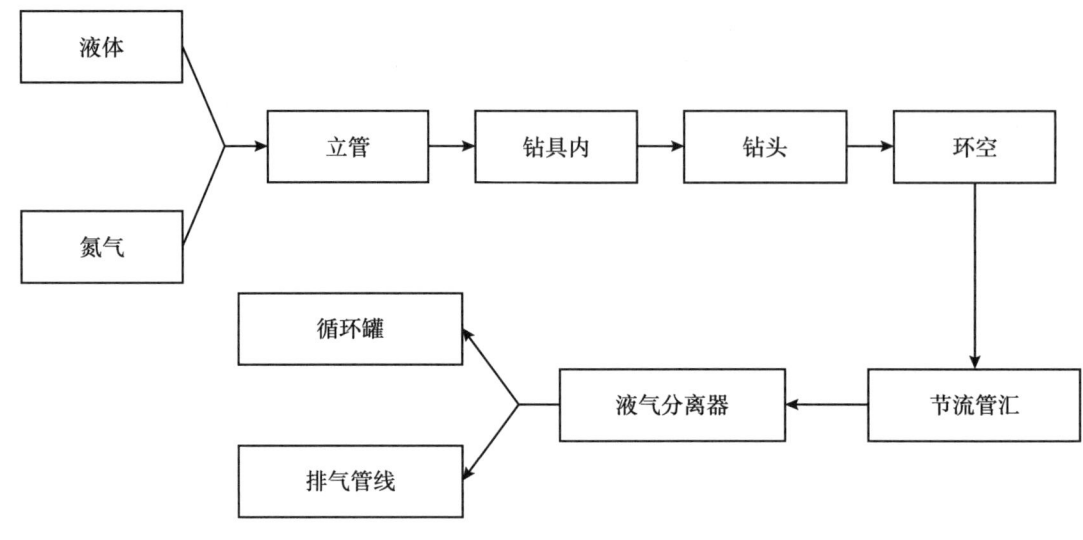

图 4-7 充气气举工艺流程

（1）启动钻井泵，排量保持在 2~12 L/s，控制立管压力在 20 MPa 以内建立循环，出口正常返出后，开始小排量供气（30 m³/min）充气循环。

（2）充气循环期间，通过调整钻井泵排量和注气量，尽可能控制低的立压，最高立压不超过 20 MPa。

（3）出口见气返出后，减小钻井泵排量，加大注气量至 60 m³/min 循环。

（4）立管压力趋于稳定后，停钻井泵，关闭钻井泵至立管之间闸阀，进一步加大注气量循环。

（5）当方罐处返出清水较少、返出气较多时，打开 J9 闸阀，关闭 J8 闸阀，通过放喷管线继续气举。

（6）当放喷管线出口基本无清水返出时，停气卸压。

（7）待套压为 0 时，放喷管线出口无气体返出后，打开半封闸板防喷器，坐吊卡，卸顶驱。

（8）关上双闸板上半封闸板，关闭注气设备至立管闸阀、压 3 及 J2a 闸阀，打开注气设备至压井管汇闸阀、压 2 及 1# 内控闸阀，使 J1 节流阀处于半开半关状态。

（9）注气通过压井管汇反向憋压 2 MPa，观察钻具内是否冒气。

(10)开 J2a 闸阀,通过 J1 节流阀缓慢卸环空内压力至 0。

(11)开半封闸板防喷器,接顶驱,打开注气设备至立管闸阀、排 1 闸阀、排 4 闸阀、压 3 闸阀,关闭注气设备至压井管汇闸阀、1# 内控闸阀、4# 内控闸阀、压 2 闸阀。

(12)注气循环,缓慢下放钻具,如果遇阻,立即上提钻具,然后逐渐划眼到底。划眼期间,出现阻卡现象,要求对该井段反复划眼,保证井眼的通畅。

(13)划眼到底之后,将钻具提离井底 0.5 m 左右,增大氮气注入量至 180 m³/min,继续烘干井筒直至出口无水滴返出。烘干井筒期间,要求每 5~10 min 活动钻具一次,防止垮塌物堆积卡钻。

3. 氮气钻进

氮气钻进作业前,将包括井口、节流管汇、压井管汇、钻井泵和注气系统等地面闸阀全部调整到待命工况。按照设计钻具组合、钻井参数实施氮气钻进作业。

氮气钻进钻具组合:ϕ168.3 mm 牙轮钻头 +ϕ121 mm 双母箭形回压阀×1 只(330×NC35)+ϕ121 mm 光钻铤×1 根 +ϕ121 mm 箭形回压阀×2 只 +ϕ121 mm 光钻铤×11 根 +ϕ121 mm 箭形回压阀×1 只 +ϕ121 mm 投入式回压阀×1 只 +ϕ121 mm 钻具旁通阀 1 只 + 转换接头×1 只(NC35 公 ×BGXT42 母)+ϕ101.6 mm 油钻杆 +ϕ146 mm 旋塞×1 只 +ϕ101.6 mm 箭形回压阀(或换向循环短节)×1 只 +ϕ101.6 mm 油钻杆 + 转换接头×1 只(BGXT42 公 ×630 母)+ 旋塞(手动)+ 顶驱液压旋塞。工具选用细则如下所示:

(1)选用优质箭形回压阀,确保在气体钻井全过程作业中,钻具内密封有效;钻具上部入井箭形回压阀与钻杆旋塞配对使用。选用 105 MPa 的箭形回压阀和旋塞等内防喷工具,送井前,在室内做清水和气密封双重试压,试验压力为 105 MPa。

(2)由于要进行带压起下钻作业,且考虑可能出现卡钻和钻具刺坏内防喷失效的情况,要求使用一级的 ϕ121 mm 光面钻铤,其外径不小于 119 mm,钻杆全部使用全新的油钻杆,钻杆接头不焊耐磨带和应力槽。

（3）多备用 100 m 左右的 ϕ101.6 mm 的油钻杆，供层位滞后用；在钻台上备用 1 只钻铤箭形回压阀、1 只钻杆箭形回压阀、1 只钻杆旋塞，以确保内防喷效果。

（4）使用优质高效的牙轮钻头，优选喷嘴尺寸。

安全钻进是施工的重点，针对氮气钻井前可能出现的一系列复杂情况，制定了以下安全保证措施：

（1）氮气钻井前，用钢丝绳锁好游车大钩，锁定大方瓦；打开多功能四通至两端放喷管线，直通除 $1^\#$ 和 $4^\#$ 内控闸阀以外的闸阀，打开排 1、排 2、排 3、排 4 闸阀，关闭钻井泵至立管的总闸阀、J8、J10、排 5 闸阀。

（2）钻进前，进行旋转控制头胶心摩阻试验。首先将指重表钻压读数调到 0，将钻头提离井底，以 40~50 r/min 启动转盘，缓缓下放钻柱，将指重表钻压值调至 0。

（3）正式钻进前，按设计参数进行试钻进（气体排量 120~150 m^3/min，转速 60 r/min，钻压 20~40 kN），并跑活牙轮钻头 30 min，摸索设计参数的搭配是否合理。试钻进时，观察扭矩、立压和钻屑的返出是否正常，如不正常，应及时调节钻井参数。

（4）氮气钻进期间，正副司钻才能扶钻，司钻密切注意立压、扭矩、悬重等参数的变化，发现异常，立即停止钻进，上提 1 根单根循环观察，控制机械钻速不大于 4 m/h。

（5）副司钻在远控台值班，负责井控装备的巡视和检查，确保井控装备处于正常工作状态，若发现问题，立即向值班干部汇报。关井时负责观察远程控制台的动作，接收指令在远程控制台进行关井或给储能器打压，同时传递相关信号。

（6）排砂管线出口要求点长明火，井队派专人在两端排砂管线出口 20 m 距离以上的上风口值班，要求佩戴可燃气体检测仪和硫化氢气体检测仪，密切监测排砂口气体返出量的大小、火焰高度的变化、降尘水泵的使用，发现异常，立即向司钻汇报。负责排砂管线两端长明火的看护和加燃料，确保长明火不熄灭，加燃料时要求用 10 m 以上的杆，并保证防爆排风扇处于打开状态。当长明火和电子点火失效的情况下，用魔术弹对排砂管线或放喷口点火。

（7）派专人在阀控系统处值班，负责阀控系统的巡视和检查，确保其处于正常工作状态，发现问题，立即向值班干部汇报；按照指令负责阀控系统上各闸阀的开关，并确认液动阀的开关是否到位；关井和开井时，负责观察防喷器、内控闸阀和排砂四通闸阀的开关是否到位。

（8）录井联机员密切监测立压、扭矩、悬重、气测值、湿度等参数，发现异常，立即报告司钻。捞砂工取砂样时，发现岩屑湿润、岩屑减少、有大颗粒，立即通知司钻停止钻进，上提钻具循环观察。

（9）录井队密切监测返出气体成分、返出气体流量、湿度、应力波等参数，发现异常，立即向司钻汇报。

（10）氮气钻井欠平衡值班人员每1h对容易受冲蚀的部位测量其厚度，并佩戴可燃气体检测仪对两端排砂管线和旋转控制头进行巡视和检查，发现旋转控制头胶心或管线刺漏，立即向司钻汇报，并按照相应预案执行。

（11）各岗位发现立压上涨、扭矩上升、悬重下降、应力波异常、返出气量减少或增大等情况，则立即按照钻遇高压高产储层进行关井放喷。如果发现钻时明显加快、湿度增加、立压和扭矩异常、气测值显示C_1超过10%以后，气测值持续上升，司钻提离井底，循环观察。

（12）每钻进1根单根划眼一次，遇特殊情况，根据实际情况加强划眼，保证井眼的畅通。每钻完立柱，对该立柱进行划眼，直至井眼的畅通。

（13）氮气钻井期间，在不停气和关闭下双闸板上半封的情况下，每隔6h通过旋转防喷器灌浆口及平衡管汇对防喷器组用清水进行冲洗，防止砂子在防喷器腔室内堆积。

（14）氮气钻井期间，无特殊情况，未经许可禁止停气，如注气设备或钻井设备出现故障，需停止注气，则起钻至安全井段。

（15）氮气钻进期间，需要停电时，需提前通知供气人员。非特殊情况严禁停气，需要停气时充分循环，然后停气。

（16）钻进过程如果井口晃动，每2h检查一次封井器的连接螺栓是否松动。

二、氮气完井工艺

1. 不压井起下管串

不压井起下井内管串技术，是在井筒内环空流体柱压力不足以平衡地层压力情况下进行的起下井内管串作业，以下为不压井起下井内管串工艺中的各项参数。

上顶力的计算按照式（4-2）：

$$F_p = 1000Sp \tag{4-2}$$

式中 F_p——井口套压对管柱的上顶力，kN；

S——管柱承压截面积，m²；

p——关井条件下作业时的井口套压，MPa。

管柱受到的合力：

$$F = F_p - G - F_1 \tag{4-3}$$

式中 F——合力，kN；

G——考虑浮力后的钻柱重量，kN；

F_1——胶芯对管柱的摩擦力，kN。

当 $F > 0$ 时，管串受到的合力向上，管柱自身重量不能平衡上顶力，此时需要采用不压井起下钻装置有控制地进行起下井内管串。在不压井起下井内管串的过程中，井口套压应当控制在合理范围内。

不压井起下钻装置如图 4-8 所示。在不压井起下钻过程中，一般钻杆处所受向上合力 $F < 0$ 时，钻具不会产生向上运动，起至最后几柱钻铤才会出现 $F > 0$，即只对最后几柱钻铤用不压井装置进行强行起下钻作业，其他部分采用游车起下钻即可。在不压井下油管时，由于管柱自身重量较轻，用不压井装置强行起下的管柱较多。

所配套的不压井起下钻装置额定加压防顶力 150 kN，起下最大行程 2 m，额定提升负荷 150 kN，下入钻柱速度为 6~12 m/min，起升钻柱速度为 3~6 m/min。

图 4-8　不压井起下钻装置

分析了不同套压、不同钻具尺寸下钻具的上顶力，为不压井装置的选择提供重要依据（表 4-5）。

表 4-5　不同套压下的不同管柱上顶力计算表

管柱名称	套压 /MPa	上顶力 /kN	平衡上顶力长度 /m
ϕ88.9 mm 油管	1	6.2	32.8
	2	12.4	65.6
	3	18.6	98.4
	4	24.8	131.2
ϕ101.6 mm 钻杆	1	8.1	24.5
	2	16.2	45.0
	3	24.3	73.5
	4	32.4	98.0

续表

管柱名称	套压/MPa	上顶力/kN	平衡上顶力长度/m
φ121 mm 钻铤	1	11.5	14.8
	2	23.0	29.7
	3	34.5	44.5
	4	46.0	59.4

2. 不压井起钻程序

（1）起钻前，以 120~150 m³/min 排量的氮气循环至排砂管线出口无岩屑返出，确保井底无沉砂，然后停气泄立压，待立压为 0 之后，卸顶驱开始起钻。

（2）在放喷条件下进行带压起钻作业，通过排砂四通排砂管线放喷，如井口存在一定套压，则打开两条放喷管线通道，井口用旋转控制头密封。

（3）起至钻具上部的箭形回压阀时，需先关闭箭形回压阀下面的旋塞阀，卸掉箭形回压阀以上钻具，用顶开装置顶开箭形回压阀，然后卸箭形回压阀，接上顶驱，打开旋塞，卸掉旋塞与钻具下部箭形回压阀间的压力，然后再继续起钻。

（4）起至最后 2 柱钻杆，关闭环形防喷器，调低环型控制压力，吊出大方瓦，打开旋转控制头卡箍，用气动绞车配合游车将旋转总成起出钻台面，坐入大方瓦，卸旋转总成，然后安装好自封头，打开环形防喷器，继续起钻。

（5）当井内钻柱重量与上顶力的差值为 30~50 kN 时，停止起钻作业，迅速安装不压井起下管串装置和液压大钳。

（6）利用游车配合不压井起下管串装置强行起钻，司钻应特别注意控制游车与不压井起下管串装置液缸同步。

（7）钻头底部起至全封闸板防喷器以上 0.3~0.5 m，关闭全封闸板防喷器，通过两条放喷管线放喷点火。

（8）吊出大方瓦，打开旋转控制头卡箍，然后将自封头和钻头一起起出转盘面，坐入大方瓦，卸钻头，倒出钻铤。

另外，在使用不压井起下钻装置起钻、钻铤卸扣时，转盘上需坐卡瓦，同时使用安全卡瓦；要求远程控制台有专人值班。如果钻具水眼堵塞，起钻至靠近钻头的每只箭形回压阀，先卸掉回压阀之上的钻具，用顶开装置卸掉回压阀之间的圈闭压力，然后才能卸回压阀。

3. 不压井下钻程序

（1）在全封关闭条件下，将装有箭形回压阀的钻铤吊上不压井起下钻装置工作台，过该装置上下卡瓦，在钻具上接上插胶芯的引锥，用钻具插入自封头，用钻头盒接上钻头，安装好自封头。

（2）钻头下放至全封闸板防喷器以上 0.3~0.5 m。

（3）通过井口平衡管汇将全封闸板上下压力平衡后，开全封闸板防喷器。

（4）在放喷条件下进行带压下钻作业，利用自封头密封井口，通过排砂四通排砂管线放喷。

（5）用不压井装置强行下钻柱，直至钻柱悬重大于上顶力 30~50 kN，停止不压井强行下钻作业，迅速整体拆除不压井起下钻装置，进入常规下钻工序。

（6）下钻至套管鞋位置，安装钻具旋塞和箭形回压阀，旋塞在下。

（7）钻具出裸眼，控制下钻速度，遇阻注气循环划眼通过。

同时，在采用不压井起下钻装置下钻、钻铤上扣时，转盘面上坐卡瓦，同时使用安全卡瓦；要求远程控制台有专人值班。

4. 油钻杆完井不压井起下钻安全作业分析

库车北部侏罗系阿合组储层氮气钻井钻进期间，通过 2 条通径 $\phi 254$ mm 排砂管线进行放喷，利用 signa 软件分别计算无阻流量 50×10^4 m^3/d、100×10^4 m^3/d、150×10^4 m^3/d、200×10^4 m^3/d、250×10^4 m^3/d 和 300×10^4 m^3/d 的天然气产量时，在不同的放喷条件下的立压、井口套压和环空返速等参数，由表 4-6 可以看出，当钻遇 300×10^4 m^3/d 的天然气产量，注气量为 120 m^3/min，通过两条排砂管线放喷时，井口套压只有 0.128 MPa。

在进行油钻杆完井作业时，在 2 条排砂管线放喷基础上，还要同时打开 2 条放喷管线放喷，最大限度地增加泄流通道，因而井口套压几乎可以忽略，加之油钻杆完井作业时只需将上部约 200 m 钢钻杆起出，因此可以利用旋转控制头密封进行短起下钻作业，而不需专用不压井起下钻装置。

表 4-6 不同产量下的钻井参数计算表

天然气产量 / $10^4 m^3/d$	放喷条件	注气量 / m^3/min	井口返速 / m/s	立压 / MPa	井口套压 / MPa	备注
50	1 条排砂管线	120	26.41	3.43	0.102	通径 254 mm
	2 条排砂管线	120	45.13	3.41	0.102	通径 254 mm
100	1 条排砂管线	120	20.49	3.52	0.116	通径 254 mm
	2 条排砂管线	120	28.23	3.49	0.115	通径 254 mm
150	1 条排砂管线	120	14.38	3.61	0.122	通径 254 mm
	2 条排砂管线	120	19.11	3.54	0.120	通径 254 mm
200	1 条排砂管线	120	9.43	3.69	0.127	通径 254 mm
	2 条排砂管线	120	16.09	3.60	0.124	通径 254 mm
250	1 条排砂管线	120	7.39	3.72	0.127	通径 254 mm
	2 条排砂管线	120	14.05	3.66	0.127	通径 254 mm
300	1 条排砂管线	120	5.48	4.02	0.160	通径 254 mm
	2 条排砂管线	120	12.15	3.73	0.128	通径 254 mm

1）油钻杆完井操作工序

（1）在地面流程倒至氮气钻井流程之前，将套压降至 2~3 MPa，打开井口上端旋塞，关闭注气泄压阀，通过观察是否有立压确认钻具内放喷工具的有效性。

（2）将地面流程倒至氮气钻井的流程，打开两条放喷管线通道，降低套压。10 颗顶丝完全退入四通内腔。

（3）关闭下双闸板上半封，将平衡管汇打开，通过旋转防喷器灌浆口和平衡管汇接口对防喷器组进行清水冲洗，冲洗完后，平衡管汇平衡闸板上下之间的压力，然后打开下双闸板上半封。

（4）钻具上连接吹扫接头，并接上顶驱，下放钻具，吹扫接头进入旋转控制头以后，注气循环，缓慢下放钻具，直至吹扫接头下放至多功能四通以下。下放过程对防喷器腔室及多功能四通密封面进行吹扫，然后停止注气，取出吹扫接头。

（5）关闭环形防喷器，调低环形防喷器控制压力，吊出大方瓦，打开旋转控制头卡箍，用气动绞车配合游车将旋转总成提出转盘面，坐入大方瓦，卸旋转总成，接钻杆挂、接送入单根。

（6）下放钻杆挂，钻杆挂下至环形防喷器胶心之上 0.5 m 位置时，关闭上双闸板下半封闸板，打开环形防喷器，继续下放钻具，钻杆挂下至上双闸板下半封与环形防喷器之间时，关闭环形防喷器，通过平衡管汇平衡上双闸板下半封上下之间的压力，打开上双闸板下半封。

（7）缓缓下放管柱，坐钻杆挂，上顶丝，激发"H"形填料密封。

（8）关闭上双闸板上半封闸板，通过试压管线向防喷器内打压 5 MPa 验封合格。打开上双闸板上半封闸板，卸送入单根，拆井口。

（9）按压环槽对应缺口退回 6 根顶丝；套入压环，平稳座在"H"形密封上支撑座上；安装调整垫片，确保压缩量 4~5 mm；依次套入金属密封下座、金属密封圈、金属密封圈上座。

（10）安装采油树，用试压枪对盖板法兰进行密封试压，试验压力 105 MPa。

（11）连接好地面测试管汇，关闭采油树 1# 主阀，对采油树和地面测试管汇进行整体试压，试验压力 105 MPa。

2）建立钻具内外通道：投球憋通旁通阀，实现钻具内采气

（1）采油树安装试压合格之后，将憋通旁通阀的球投入钻具水眼。

（2）通过采油树安装注气打压管线。

（3）向钻具水眼注入氮气打压，直至将旁通阀憋通。

采油树为 FF 级、压力等级为 105 MPa 的整体式采油树，主通径和旁通径均为 78 mm。完井井口如图 4-9 所示。

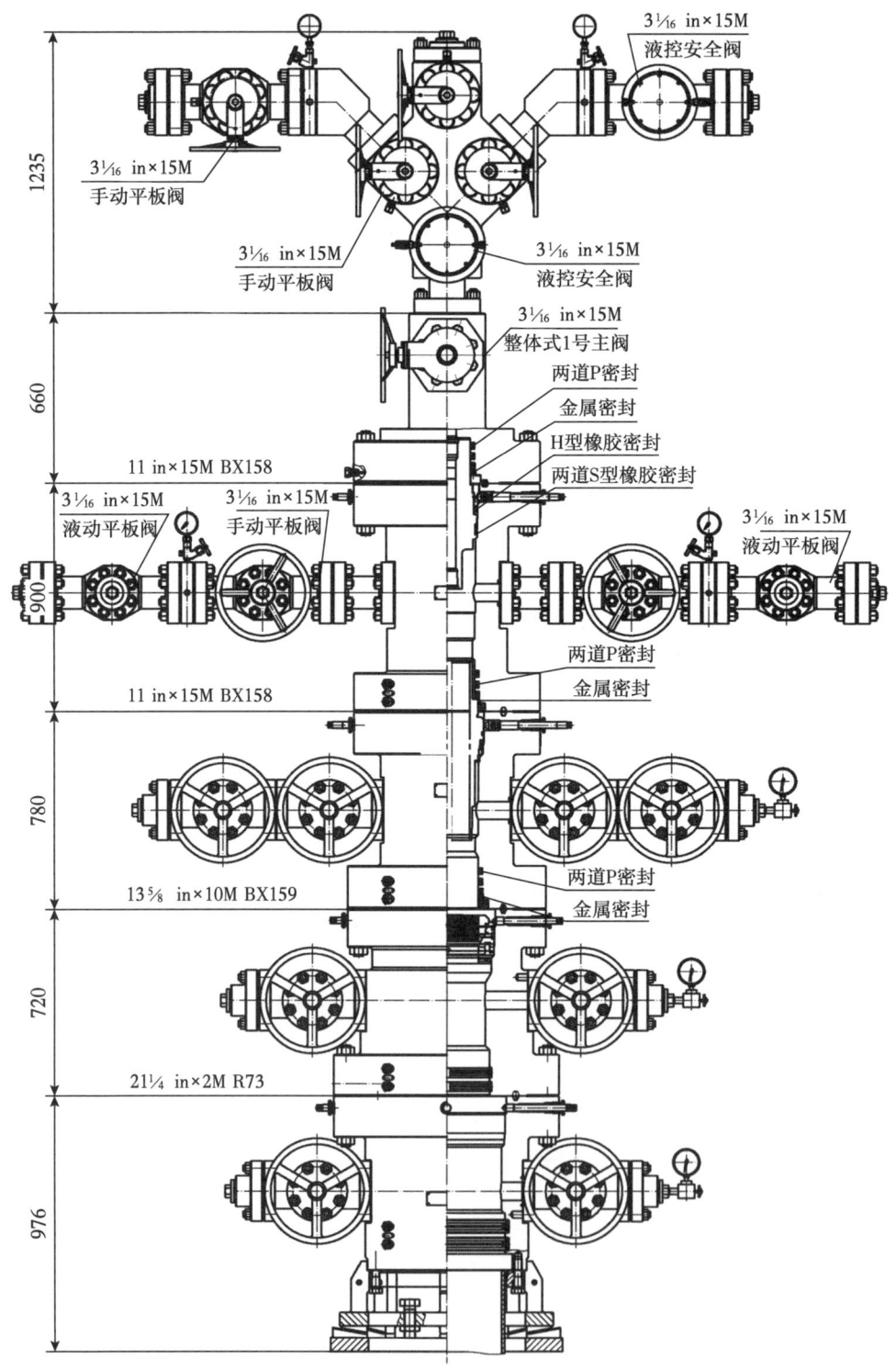

图 4-9 完井井口

第四节 应急处置程序

一、钻遇高压高产天然气的处置程序

氮气钻井期间,发生钻具上顶、悬重下降、返出气量异常、火焰增大、立压上升等现象,则可能钻遇高产天然气,采取以下措施:

(1) 发出长鸣信号,停顶驱,供气人员听到长鸣信号之后停止注气。

(2) 启动关井放喷点火联动系统,关环形防喷器,放喷点火。

(3) 将环形防喷器压力调至 2~3 MPa。

(4) 上提钻杆内螺纹接头出转盘面 0.5~1 m,关闭上双闸板上半封闸板防喷器,将钻具缓慢坐在吊卡上。

(5) 依次关闭排砂四通的 $1^\#$ 闸阀、$4^\#$ 闸阀,关闭排砂管线。

(6) 立即向现场领导小组汇报情况。

(7) 认真观察记录立压、套压及出口火焰情况。

二、氮气钻进时钻遇大气流发生卡钻的处置程序

(1) 司钻发出信号,停顶驱,停止注气。

(2) 启动关井放喷点火联动系统,放喷点火。

(3) 关闭环形防喷器。

(4) 依次关闭排砂四通的 $1^\#$ 闸阀、$4^\#$ 闸阀,关闭排砂管线。

(5) 立即向现场领导小组汇报情况。

(6) 由施工现场领导小组研究下一步措施。

三、钻遇高压高产天然气时,钻具水眼堵塞的处置程序

(1) 司钻发出信号,停顶驱。

(2) 注气憋压,当立压小于 5 MPa 时,用旋转控制头密封井口活动钻具。

(3) 如果立压上涨至 5 MPa 未解卡,则打开多功能四通 $1^\#$ 内控闸阀和 $4^\#$ 内控闸阀,关闭环形防喷器,再关闭排砂四通 $1^\#$ 闸阀和 $4^\#$ 闸阀。

(4) 继续注气憋压,活动钻具,随着立管压力上升,逐渐减小注气量,当

立管压力达到 20 MPa，钻具水眼仍然堵塞，则停止注气。

（5）泄钻具内压力，起钻至套管鞋，根据产量情况决定下步措施。

四、井壁失稳的处置程序

（1）立压、扭矩变化不大，出口连续返出，增大注气量循环，待井筒畅通后，控制钻时钻进。

（2）立压、扭矩波动大，出口返出不均匀，停止钻进，增大气量循环观察，短起下钻探静砂面，若静砂面小于 4 m，增加循环划眼时间，控制钻时钻进；若静砂面超过 4 m，则结束氮气钻井作业。

（3）蹩停顶驱，出口失返，立压上涨，则打开多功能四通的 1# 放喷阀、4# 放喷阀，关闭环形防喷器，进行憋压处理。

五、地层出液的处置程序

（1）停止钻进，增大注气量循环，若能满足携砂要求，则控制钻时钻进。

（2）若地层出液危及井下安全时，则终止氮气钻井。

六、地层出微气，点火不燃的处置程序

（1）打开排砂管线出口附近的防爆排风扇，及时吹散出口聚集的天然气。

（2）排砂管线出口点常明火，确保在可燃气体达到一定浓度时能够燃烧。

（3）点燃后观察是否能持续燃烧，如能够持续燃烧，则关闭排气管线上的防爆排风扇。

七、氮气钻进时半封闸板刺坏的处置程序

如果上双闸板的半封闸板防喷器刺坏，则按照以下程序操作：

（1）司钻发出信号，停顶驱、上提钻具，停止供气。

（2）打开两条放喷管线通道，关闭下双闸板上半封闸板，关闭两条排砂管线通道。

（3）清洗下双闸板上半封闸板以上防喷器腔室内堆积的岩屑。

（4）连接钻杆挂，通过下双闸板上半封与环形防喷器的倒关，将钻杆挂下放到位。

（5）关闭下双闸板上半封闸板，打开环形防喷器。

（6）检修排砂四通以上防喷器，打开下双闸板上半封闸板。

（7）关闭对应闸板防喷器闸板，并对其打压至试压值，试压合格，泄压。

（8）通过下双闸板上半封与环形防喷器的倒换，将钻杆挂提出。

（9）将旋转控制头安装到位，打开两条排砂管线，关闭两条放喷管线通道。

如果下双闸板的半封闸板全部刺坏，则按照以下程序操作：

（1）司钻发出信号，停顶驱、上提钻具，停止供气。

（2）用旋转控制头密封井口，起钻至套管鞋。

（3）打开多功能四通的 $1^{\#}$ 液动平板阀和 $4^{\#}$ 液动平板阀，关闭环形防喷器，通过两条排砂管线和两条放喷管线放喷点火。

（4）转入钻井液压井程序。

八、氮气钻进时远程遥控关井的处置程序

氮气钻井过程中，如果出现人员无法使用司控台和远控台关井时，则通过遥控台对防喷器进行遥控关井。

九、有油气显示情况下，排砂管线刺坏的处置程序

若仅有一条排砂管线刺漏，其处理措施如下所示：

（1）关闭刺漏的排砂管线，打开多功能四通的 $1^{\#}$ 液动平板阀、$4^{\#}$ 液动平板阀，通过两条放喷管线及一条完好的排砂管线循环，出口点长明火。

（2）立即整改排砂管线。

（3）迅速向现场领导小组报告。

（4）认真观察、准确记录立压、套压。

（5）根据现场情况决定是否将钻具起到套管鞋内。

若两条排砂管线刺漏，其处理措施如下所示：

（1）停顶驱。

（2）上提钻具。

（3）打开多功能四通的 1# 液动平板阀、4# 液动平板阀，通过两条放喷管线循环，出口点长明火。

（4）关闭下双闸板的半封闸板防喷器。

（5）迅速向现场领导小组报告。

（6）认真观察、准确记录立压、套压。

（7）根据现场情况决定是否将钻具起到套管鞋内。

（8）整改排砂管线。

十、钻进时注气管线刺漏的处置程序

（1）发出信号，立即停止注气。

（2）停顶驱，上提钻具，由现场情况决定是否将钻具起至套管内。

（3）整改注气管线。

十一、接单根困难的处置程序

（1）上报现场领导小组，适当增大注气量循环，充分清洗井眼，直到排气口无岩屑排出。

（2）上提下放仍困难，则进行反复划眼，保证环空畅通。

（3）钻具活动无阻后，方可按接单根作业程序进行。

十二、起钻遇卡的处置程序

（1）停止起钻作业，上报现场技术小组。

（2）接顶驱、下旋塞和单流阀，关闭泄压阀，注气循环。

（3）根据情况，适当增大注气量，反复划眼。

（4）若有必要，则倒划眼起钻，正常无卡后，方可恢复正常起钻。

十三、下钻遇阻的处置程序

（1）停止下钻作业，接顶驱、下旋塞和单流阀注气循环。

（2）适当增大注气量，反复划眼。

（3）正常无阻后，方可恢复正常下钻。

十四、使用不压井装置作业时管串"上窜"的处置程序

作业时要求远程控制台、节流阀处有专人值班。用不压井起下装置起下钻铤，钻铤上卸扣时，转盘上坐卡瓦，同时使用安全卡瓦。如出现意外"上窜"，则采取以下措施：

（1）司钻立即发出信号，停止起下管串作业；不压井起下控制台操作人员立即关闭固定卡瓦和游动卡瓦；远程控制台值班人员迅速关闭环形防喷器。

（2）打开所有放喷通道，降低套压。

（3）迅速组织人员抢险。

十五、不压井下油管时定压接头内防喷失效的处置程序

（1）停止不压井下油管作业。

（2）打开所有放喷通道，降低套压，放喷点火。

（3）抢接防喷单根。

（4）关闭对应半封闸板。

（5）迅速组织人员压井。

十六、使用不压井装置作业时，多功能四通内控闸阀以内刺坏的处置程序

（1）立即停止不压井起下钻作业。

（2）发电工立即切断作业区内所有非井控电源，用消防水对准刺漏位置浇注。

（3）迅速组织人员抢险。

十七、氮气钻井时，井口意外着火事件的处置程序

（1）司钻立即发出信号，停顶驱，迅速停止供气。

（2）如条件允许，应关闭环形防喷器，上提钻具，刹住刹把，消防人员使用灭火器灭火，其他人员迅速撤离钻台；如条件不允许，迅速刹住刹把，人员迅速撤离钻台，从远控台关环形防喷器；然后根据情况决定是否采取上提钻

具、关半封闸板防喷器等措施。

（3）井场与抢险无关的人员迅速从逃生路线撤离到安全区域。

（4）迅速组织人员抢险。

十八、钻进中发现硫化氢等有毒气体的处置程序

（1）硫化氢探测仪一旦报警，发现报警的人员应立即通知司钻，并赶赴报警点发出警报。

（2）立即停止注气；停顶驱，上提钻具至钻杆内螺纹接头提出转盘面 0.5 m 以上。

（3）关上双闸板上半封闸板防喷器。

（4）迅速向现场领导小组报告。

（5）钻台人员、井场人员迅速从逃生路线撤离到安全区域。

（6）迅速组织人员佩戴防毒面具对现场进行巡视，发现人员中毒，立即报告随队医生施行急救措施。

（7）井场负责人应安排专业技术人员对现场硫化氢浓度进行检测，并在其他人员监督下进行；若硫化氢浓度高于安全值，现场领导小组组织压井。

第五章 氮气钻井安全监测技术

在氮气钻井过程中，钻遇高压气层时，被束缚在地层中的高压气体，在较高储层压力与极低井底压力的压差作用下，当上部盖层被钻头破坏达到一定薄弱程度时，气体压力突然释放，容易引发井下复杂问题。本章结合前面章节的分析，从风险识别和风险控制两方面研究钻开高压产层时的安全控制工艺。

第一节 氮气钻井安全风险类型

氮气钻井不同于其他液基欠平衡钻井，也不同于非储层的气体钻井，其井底处于最大欠压状态，且有地层油气产出，具有较高的安全风险。由氮气钻井现场实践经验可知，其安全风险类型主要包括以下几个方面：地层产气、井壁失稳、地层产水、可燃油气爆炸、钻柱失效、地层产出有毒与有害气体、地面装备与人员安全。为此，本章针对氮气钻井技术的特殊性，对其钻进过程中的多种安全风险类型进行细致分析，重点揭示风险发生原因、风险表征参数和风险后果。

一、地层产气

在以往以提速为应用目的的非氮气钻井过程中，避免钻遇地层产气是其重要的区块筛选标准之一，但是在氮气钻井时，地层产气是必然发生的。气体钻井在揭开储层后，井筒与储层间的巨大压差驱使地层气体向井筒流动，若同时开揭穿多个储层段，地层产气量可达数百万立方米每天。且即使是高产气量，也不采用节流、压井等措施，由此，地层产气最关键的问题是及时发现地层已产气与产气后的井控。A井四开钻开产层所获高产气流如图 5-1 所示。

图 5-1　A 井四开钻开产层所获高产气流

1. 地层产气的风险后果

1）影响井筒内流场

地层气体产出后，混合注入循环气体与破碎岩屑进入井筒环空参与流动，改变了原井筒内的速度与压力分布，使井口注入压力、环空压力与气流速度随产气量的增长而增大，但各参数的增长幅值不同。

2）诱发井壁失稳

地层气体产出，改变了原始地层的孔隙压力与应力分布，不利于储层的井壁稳定，且高速流动气流冲刷井壁，同样不利于非储层的井壁稳定。

3）诱发地面装备与人员安全风险

地面装备与人员安全风险表现在两个方面：第一，冲击与冲蚀井口装置、管线，井口的气流速度与地层产气量接近为线性关系，而高速流动的气体与携带岩屑具有较大的冲蚀能与磨蚀性，随着流速的增大，这种冲击与冲蚀作用增强；第二，产出气体有毒、有害，地层产出气体组分包含 CH_4、CO 与 H_2S 等有毒、可燃气体，若发生地面泄漏、燃烧池点火不恰当，即会威胁地面装备及人员安全。

4）诱发井下燃爆

地层产出气体与注入循环气混合，在满足一定条件的情况下，可能诱发井下燃爆。

2. 地层产气的工程表征参数

1）排砂管线返出气体组分与浓度

气体钻井钻遇地层产气后，产出气体经迟到时间返出至排砂管线，返出气体的组分和浓度发生变化。刚揭开产层时，返出地层气体各组分浓度从零逐渐上升，至储层钻穿后达到稳定值。若再次揭开新的储层，各气体的组分比发生变化，组分浓度继续升高。现代气体检测技术可实现对某种气体的选择性测量，且分辨力较高。因此，检测气体组分和浓度可成为现场随钻判断与评价地层产气最灵敏的方法。

2）大钩载荷

气体钻井钻遇储层后，井底与储层间的巨大压差突然释放，致使井底岩石破坏，所形成的冲击力作用于钻头，钻具上顶，大钩载荷突然降低。由于应力波在钻柱中的传播速度可达 5500~5700 m/s，传播时间低于气体的迟到时间，因此在正常钻进条件下，大钩载荷的突然变化可成为监测发现钻遇产层的最快参数。但在实际工程中，大钩载荷受钻具活动的影响，且上顶力大小与储层压力、气量、盖层的岩石强度、井底环空的压力、钻头破岩的方式等多因素有关，因此该项表征参数的响应幅度具有不确定性。

3）排砂管线返出气体流量

地层产气随循环气体产出，返出气体流量增大。但目前工业上对于高速气流量测定的灵敏度较低，岩屑固相的存在也会影响流量计的稳定性。而在实际气体钻进时，返出气体的流量随注气量、钻柱活动、环空流动情况变化，因此该项表征参数对地层产气分辨力低，可作为辅助分析与评价。

4）排砂管线返出气体压力

由摩阻压降计算，排砂管线气流压耗与气体流量的平方成正比，因此排砂管线压力传感器的变化趋势与流量计相当，而工业应用的压力测量灵敏度高于流量测定，且其稳定性高。同样，排砂管线压力也会受诸多因素影响，与流量测定具有相似的响应特性。

5）注入气体压力

环空气体流量增大，使整个环空流动的摩阻压耗增大，从而增大了气体注入压力。但气体具有压缩性，小产气量对注入压力的影响不大。而注入压力同样受注入流量、环空流动情况的影响，因此，该项表征参数对地层产气的分辨力低，可作为辅助分析与评价。

二、井壁失稳

对于气体钻井而言，无论应用在储层还是非储层，井壁稳定都是其钻前适应性评价与钻后效果评价的关键因素之一。循环介质的不同致使气体钻井井壁应力分布在很大程度上异于液基钻井液钻井，其井壁失稳的主要形式为井壁的垮塌与崩落。

1. 井壁失稳的风险后果

1）环空携岩不畅

井壁失稳引起环空携岩不畅表现在两个方面：第一方面，井壁坍塌岩石以块状掉落，岩屑运移的沉降速度与岩屑直径相关，即大块状岩屑需掉落于井底，由钻头将其破碎至足够小时，才能被气流循环出井口；第二方面，井壁失稳导致部分井段的井径扩大，整个井眼环空出现多个"关键点"位置。循环气流经过这些扩径位置时，流道截面的增大致使气流速度减小，降低了气流的携岩动能。且在这些位置处，由于边界层分离而形成尾涡回流区，岩屑在这些回流区容易滞留、堆积，导致环空的携岩不畅。

2）钻具阻卡

若过多的井壁坍塌岩块在环空或井底堆积，不能及时被钻柱和钻头破碎返出井口，将导致钻具上提下放、旋转活动困难，甚至直接堵死环空流道。气体钻井作业处理复杂事故能力弱，若钻具卡死缺乏类似液基钻井时的有效处理方法，强行活动钻具易引发钻具失效，而直接转换为水基钻井，会使高泥质含量井段由于水化作用坍塌进一步严重。在氮气钻井时，严重的井壁失稳易卡死钻具，导致井眼报废，即使钻具未卡死，由于地层气体产出，考虑到井控安全，加大了其处理的复杂程度。

3）诱发盖层失稳

大多储层在垂向上与一段泥页岩的盖层相邻，其岩石强度相对较低，若产气层失稳坍塌后，上部盖层失去支撑，且受气流冲刷作用，易发生失稳。另外，当产气层段大量出气以后，盖层段迅速失去了下部地层中孔隙压力的支撑作用，其受到的围压减小，岩石强度减弱，也使其易发生失稳。

2. 井壁失稳的工程表征参数

1）大钩载荷与扭矩

井壁坍塌岩石堆积于井底或环空，导致钻具阻卡，增大了钻具的重力和上提下放、旋转的摩擦力，使钻具上提下放时，大钩载荷的变化幅值增大，钻具旋转时的扭矩增大。大钩载荷和扭矩的变化可成为监测发现井壁失稳并评价其程度的最直观参数。

2）钻具上顶

钻遇储层发生井底岩石崩落，形成巨大冲击力作用于钻头与钻柱上，钻具上顶，工程参数表征为正常钻进过程中大钩载荷突然降低。由于该现象与钻遇储层相关，因此，该响应特征也用于发现识别地层产气。

3）注入气体压力

井壁失稳后，环空中流动固相增加，增大了混合气流密度，循环摩阻增加，使注入气体压力增大，但其增加幅值较小，且注入压力同样受注入流量、地层出水等因素的影响，因此，注入压力小幅增大时，判定井壁失稳需结合其他参数。

4）排砂管线返出岩屑量与粒度

井壁失稳后，环空中流动固相增加，可见排砂管线返出岩屑量相对于正常钻进时增多。若发生环空堵塞，则出现岩屑返出量减少，而在蹩通以后，短时间内有大量岩屑返出。且由于蹩通后，压缩气体膨胀，气体流速增大，气流携岩能力增强，排砂管线处可见大颗粒岩屑返出。

5）排砂管线压力与流量波动

正常钻进时，排砂管线返出气流各相均衡，管线内流动平稳。若发生井壁失稳，气、固相的间歇返出或返出不规律，使排砂管线压力与流量参数波动。

三、地层产水

钻前对地层水层的准确预测是气体钻井顺利实施的一个难题，目前主要通过参考地质水文资料、邻井的钻进资料、射开水层测试、测井资料，以确定地层流体类型、解释地层物性和计算地层出水量。

1. 地层产水的风险后果

1）影响井筒内流场

地层产水后，环空的气、液、固三相流涉及气液相的流态变化，以及液相本身的特殊性质，其流动远比气、固两相流复杂。其中，气液两相流的相互作用主要体现在使液相分散与使液相运移两个方面，其作用结果都是消耗循环气体动能，增大设备的注入载荷。

液相分散伴随表面积增大，表面自由能增加，需消耗循环气体动能。液滴分散所需的最小功耗与液滴的表面张力成正比关系，即降低液相的表面张力，可明显降低其分散过程中对气流能量的消耗。另外，循环气流中液相的存在增大了气流的密度，使压力梯度增加。

2）影响井眼净化

地层岩石具有亲水性，钻进岩屑与地层产出水混合，在岩屑表面形成一层液膜包裹岩屑。液相的表面张力与岩屑的黏聚力，使得被液膜包裹的岩屑在相互碰撞时产生聚并。小尺寸岩屑的上升速度相对较快，追上大尺寸岩屑，可使大岩屑尺寸更大，形成岩屑团。

如果岩屑团黏聚于钻头上，则形成钻头泥包。钻头泥包后，钻头的对流换热系数与正常时相比减少了100倍，气体不能有效地冷却钻头，很快将使牙轮钻头轴承过热、卡死，造成钻头的严重先期破坏，如图5-2所示。

 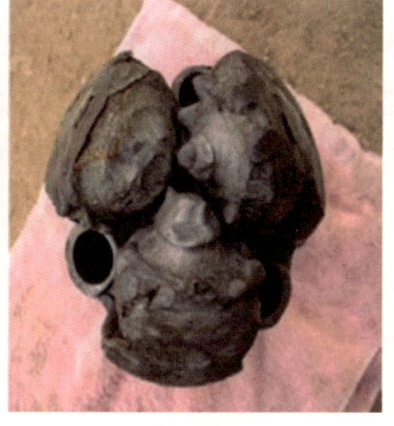 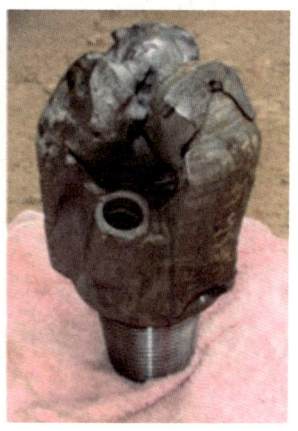

（a）起出来的泥包钻头　　　　　（b）钻头俯视图　　　　　（c）钻头侧视图

图 5-2　地层出水导致钻头发生泥包过热破坏

3）诱发井壁失稳

地层产出水在压力势差、化学势差和毛细管力作用下向地层渗流运移，一方面使近井壁的有效应力分布变化，另一方面使黏土层水化膨胀，且不管是在黏土层，还是在砂岩层，岩石强度和弹性模量值都随含水饱和度的增加而急剧降低。如图 5-3 所示，干岩样的单轴强度较大，经钻井液和水浸泡后，其强度大幅降低，水浸泡后的岩石强度约为干岩样的 1/3。

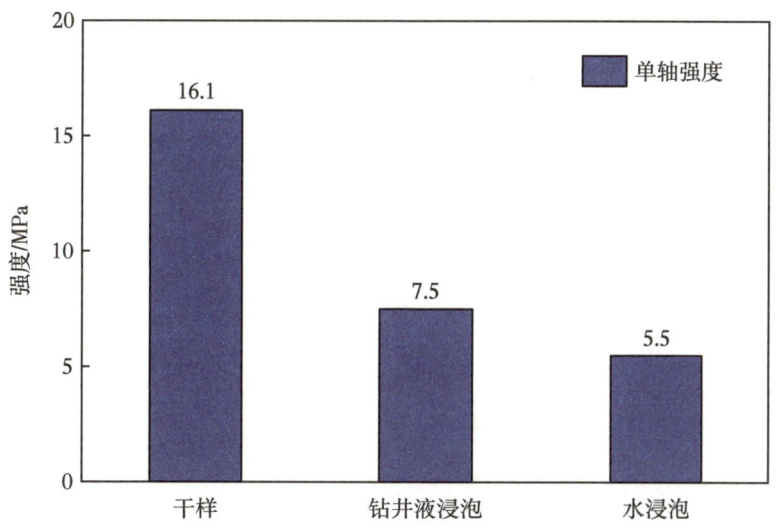

图 5-3　某岩样浸泡前后的抗压强度变化

4）腐蚀金属管柱

深层地层产水多为盐水，所溶解的 NaCl、KCl、$CaCl_2$ 和 $CaSO_4$ 等盐类可增加腐蚀介质的导电性，使金属管柱的腐蚀速度增加；另外，循环气流中含有的部分溶解性气体，遇水溶解后将加剧对管柱的腐蚀。如 CO_2 气体，在干燥环境和较低的温度下，二氧化碳本身并不腐蚀金属，但遇水后，二氧化碳溶解于水中生成的碳酸会引起电化学腐蚀。

2. 地层产水的工程表征参数

1）排砂管线返出气体相对湿度

气体正常钻进时，返出气体的相对湿度在 40% 左右，随外界气体温度呈规律性变化。钻遇水层后，返出气体的相对湿度逐渐增大至 100%，湿度参数可成为监测地层产水的最直观参数。

2）排砂管线返出物组分与物性

返出气体的相对湿度达到 100% 以后，地层水以液态形式在环空中参与流动变化，排砂管线可直接观察到液态水返出，且返出岩屑的形状、颜色、含水量受产出水影响而发生变化。

3）注入气体压力

环空中液相流动的存在会消耗流动气体动能，导致循环气体注入压力增大。但是，环空中地层水对注入压力的影响幅值相对不大，且影响注入压力变化的工程因素众多。因此，将注入压力用于直接判断地层是否出水时，没有前两项直观，但可将其作为辅助判断。

四、井下燃爆

地层可燃气体产出后，若井下具备一定的可燃气体浓度、一定的氧气浓度、着火源这三个条件时，可燃气体将发生燃爆。对于干气藏或湿气藏，烃类流体中甲烷的摩尔含量通常高于 90%。

对于任意一种类型气体，其爆炸浓度范围可通过实验方法确定，当可燃气体浓度低于爆炸下限，参与反应的可燃气体量较少，不能形成热量聚集，只能燃烧，不能爆炸；当可燃气体浓度高于爆炸上限，由于氧气含量相对减少，只能使一部分可燃气体与氧气发生反应,也不能爆炸。而可燃气体的燃烧浓度是宽于其爆炸浓度限的,因此,要控制爆炸,首先应控制可燃气体的着火燃烧,可燃气体的燃烧界限随混合气体的初始压力、初始温度增大而变宽。

1. 井下燃爆的风险后果

1)诱发井壁失稳

井下燃爆产生的往复冲击波足够强时,可使封闭空间的壁面岩石破坏,造成井壁失稳。同时,若由存在泥饼圈引发井下燃爆,泥饼圈强度相对较低,燃爆发生后,泥饼圈会被冲击破坏。

2)诱发钻具失效

井下燃爆炸产生的冲击波与高温都可使钻具破坏失效,最终结果多为钻具断裂事故。井下燃爆多发生在刚揭开储层时,且易发生在井眼底部的最高压力、最高温度位置,即鱼头位置较深。受冲击波往复冲击与高温熔融作用,被破坏的为一段钻具,非只破坏某一点,另外,钻具失效后,还伴随着一定程度的井壁失稳,不利于井下落鱼打捞。

2. 井下燃爆的工程表征参数

井下可燃混合气中空气系数小,发生燃爆后,氧气供给速度小于正常火焰传播速度,为不完全燃烧,生成物中包含 CO 与 CO_2,其反应方程式为:

$$aCH_4 + bO_2 =\!=\!= cCO + dCO_2 + 2aH_2O \quad (5-1)$$

$$c + d = a$$

$$c + 2d + 2a = 2b$$

对于反应式(5-1),虽为不完全燃烧,反应消耗后,混合气中 O_2 浓度降低,混合气中 CO、CO_2 组分的浓度升高。这些组分和浓度的变化都可在排砂管线的返出取样气中检测,为监测井下燃爆的最直观参数。

五、钻柱失效

气体钻井钻柱失效有钻柱断裂、刺穿和变形几种形式。钻柱断裂直接导致钻柱废弃,造成井内钻柱断裂事故;刺穿会降低钻柱强度,部分循环气体未经井底进入环空,降低注入气体的携岩净化效率;变形也会降低钻柱强度,并改变流道形状，形成局部节流，不利于循环流动。钻柱刺穿和变形是钻柱失效的初期形式，其最终结果都是导致钻柱断裂。据统计，在气体钻井中，发生断裂钻柱的井数占到总实施井数的28.6%，发生断裂钻柱的井次占总实施井数的55%，远高于钻井液钻井中，钻柱失效发生井数占总实施井数的14%的概率。

1. 气体钻井钻柱失效机理

相比于液基钻井液钻井，导致气体钻井易发生钻具失效的原因主要为以下几个方面：

1）钻柱动力学特性变化

气体钻井时，钻柱动力学特性的变化突出在钻柱振动与涡动增强。钻柱振动包括钻柱的轴向振动、横向振动与扭振，振动的实质是钻柱应力的突变。相对于液基钻井，钻柱振动增强的原因主要是钻头破岩方式改变、循环介质黏滞阻尼小、井眼扩径系数增大、钻柱组合变化、钻柱与井壁摩擦系数大等，其结果是钻柱所受的等效应力增大，承受较大的交变应力，容易发生疲劳失效。

2）热效应

钻柱与井壁频繁的碰撞和摩擦使局部钻具热能积聚多，热应力高，而气体携热性能差。若钻柱局部区域管材被加热到超过其临界相变温度，其韧性会降低，脆性增加，导致钻柱产生脆性的微裂纹，这些微小裂纹终会逐渐贯穿形成大裂纹。

3）井下燃爆

井下受限条件下，发生地层可燃气体燃爆产生的冲击波能直接损坏钻具，令其失效。

4）腐蚀与冲蚀

气体钻井钻柱的腐蚀主要有氧腐蚀和二氧化碳腐蚀。注入循环气体中，氧的存在一方面直接腐蚀钻柱，另一方面会加速CO_2对钻柱的腐蚀，循环气体中的CO_2源于注入气体和地层产出。

2. 钻柱失效的风险后果

1）钻具断裂

钻柱失效的最终形式为钻具断裂，断落钻具沉于井底成为落鱼，造成井下复杂情况。气体钻井时的井径扩径系数较大,且考虑储层产气后的井控安全,增大了落鱼的打捞难度。若落鱼不能成功打捞,将直接导致井眼废弃。

2) 沉砂卡钻

钻具断裂失效后,落鱼段环空由于无气体流动,环空岩屑沉降于井底,可导致卡钻,增大了落鱼的打捞难度。

3. 钻柱失效的工程表征参数

1) 大钩载荷

钻具断裂后,大钩可向上自由活动,悬挂钻具长度减短,致使大钩载荷大幅降低,降低值为落鱼重量,其大于下放钻具的加速度力,低于钻柱卡死时的摩擦力。大钩载荷的突然大幅降低可成为监测钻柱失效和计算鱼头位置的最直观参数。

2) 注入气体压力

钻具断裂后,注入气体不再经掉落段钻具循环,由鱼头位置直接进入环空,循环路程减短,致使注入压力降低,降低值为注入气体在落鱼段的循环摩阻压降。但由于井底压力高,低速压缩气体在井底的摩阻压降梯度相对较小,长度为几百米的落鱼引起注入压力降低幅值小,且注入压力同样受注入流量、地层出水等因素的影响。因此,应用注入压力减小判定钻柱失效需结合其他参数。

六、地层产出有毒与有害气体

气藏中可能伴生有 H_2S、CO、CO_2 等有毒与有害气体,在气体钻井揭开后,气体由地层内渗流至井筒并返出。在一定的气藏有毒与有害气体浓度下,由于气体钻井时地层产气量大,地层产出有毒与有害气体量高于液基钻井时产生有毒与有害气体量。

1. 有毒与有害气体产出的风险后果

1) 腐蚀管柱

H_2S 与 CO_2 气体对气体钻井过程中的钻柱、井下套管、固井水泥石与地面管线具有较强的腐蚀性,同时 H_2S 对金属管柱有氢脆破坏作用,导致井下与地面管柱强度降低，易诱发钻柱失效与地面装备安全风险。

2）伤害地面人员

有毒与有害气体产出后，若地面泄漏或返出后处理不及时，则可能伤害地面人员。表 5-1 列举了 H_2S 与 CO 气体的毒发机理与安全范围，可见，能使人产生中毒效果的 CO 与 H_2S 气体的危险浓度范围仅为数十百万分之一级。

表 5-1 CO 与 H_2S 气体的毒发机理与安全范围

气体名称	外观	毒发机理	危险浓度范围
CO	无色无臭气体	中毒	$> 50×10^{-6}$
H_2S	无色有恶臭气体		$> 20×10^{-6}$

2. 有毒与有害气体产出的工程表征参数

有毒与有害气体产出后，由环空返出，其组分和浓度的变化都可在排砂管线的返出取样气中检测到，为监测有毒与有害气体产出的最直观参数。但有毒与有害气体的浓度相对较低，因此，监测传感器需有较高的分辨力与精确度。

七、地面装备与人员安全

氮气钻井地面装备冗杂，各单位作业人员众多，注入管线、节流管汇、试油管线、排砂管线的安置受地势与技术条件限制，不一定能满足最优的安装要求，且大多为高压管线，高速返出气流在拐弯、变径位置冲蚀与冲击作用强，易使地面装备破坏失效。返出气体在出现地面管线、旋防胶芯等装置失效和燃烧池点燃不及时的情况下，可发生地层产出气体地面泄漏，引发地面装备与人员安全风险。

1. 氮气钻井的井口控制

氮气钻井打破了传统"发现溢流，立即关井"的井控理念，倡导以"边喷边钻"方式实现储层保护效果，从而增加了井口的控制难度，氮气钻井的井口装置组合如图 5-4 所示。

整个井口装置组合有 A、B、C、D、E 共五个可供循环气流返出的出口，

A 为旋转防喷器出口,可连接排砂管线;B、C 出口为上四通出口,可连接排砂管线,非氮气钻井或低产气量气体钻井可取消;D、E 为下四通出口,可连接井队压井、节流管汇。

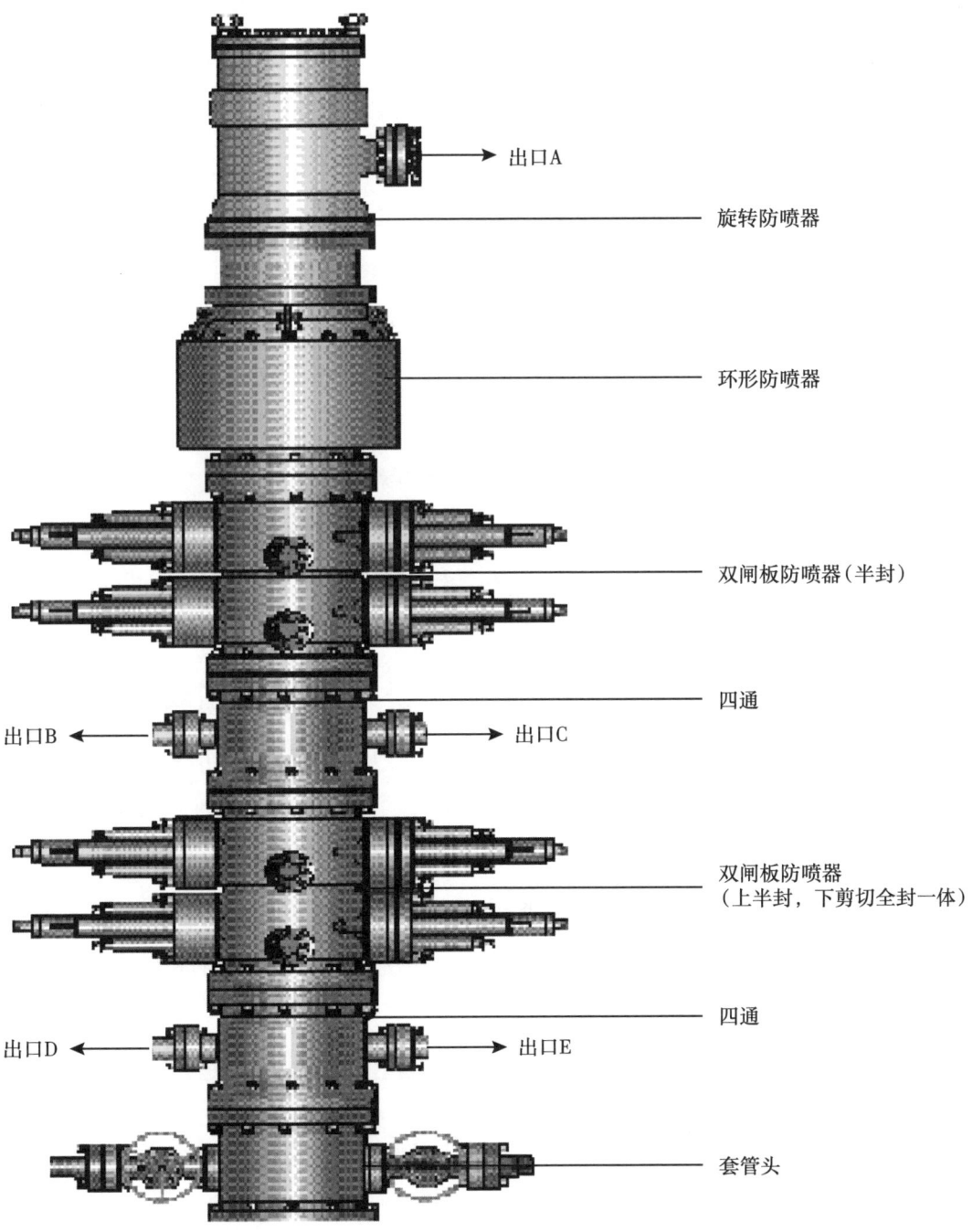

图 5-4　氮气钻井的井口装置组合示意图

2. 高速气流对地面装备的冲击

循环气流由井口返出后，由于压力降低，气流膨胀，具有较高的流动速度。而地面流动管线受井场地形、技术条件限制，不一定能满足最优的布局要求，排砂管线可能出现大角度变向情形，造成气流对管壁的连续冲击。

3. 地层可燃气泄漏的安全风险

由前述可知，氮气钻井时，较大的气流速度对井口装备的冲击作用强，易在变向、接头等环节引起装置或管线刺穿、断裂失效。由于地层产出为可燃、有毒气体，其泄漏将威胁地面装备与人员的安全。

4. 地面装备与人员安全的风险后果

发生地面装备与人员安全事故后，其控制难度远高于前面的六项风险，易发展成为灾难性的事故，将威胁现场人员的生命安全，造成重大经济损失。

5. 地面装备与人员安全的工程表征参数

1）固定或便携式可燃、有毒气体检测仪响应

若发生地面装置失效，有地层产出可燃、有毒气体泄漏，固定安装于井场或便携于人身的气体检测仪将发生响应。

2）管线壁厚

地面管线经高速气流长时间、持续的冲蚀与冲击，导致管线壁厚减薄，强度减弱。周期性地测量管线壁厚，根据其变化确定管线的剩余强度是否满足工程需求，同时分析评价气流的冲蚀与冲刷能力。

3）采集图像异常

地面装备和人员出现异常时，通过视频采集图像可远程发现、监测风险，如旋转防喷器密封胶芯失效、燃烧池火焰、井场人员的操作与体能状况等。

第二节　氮气钻井安全风险的监测识别方法

由第一节分析的氮气钻井时地面或井下可能出现的各种安全风险可知，其具有时间性、差异性、严重性、多样性、隐蔽性和可转化性的特征，所造成的安全事故极易发展成灾难性的。为尽量地避免和及时发现氮气钻井的安全复杂

情况，防止其恶化为安全事故，结合氮气钻井安全监测基本模型，在本节中研究氮气钻井安全风险的监测识别方法，整体构架如图5-5所示。

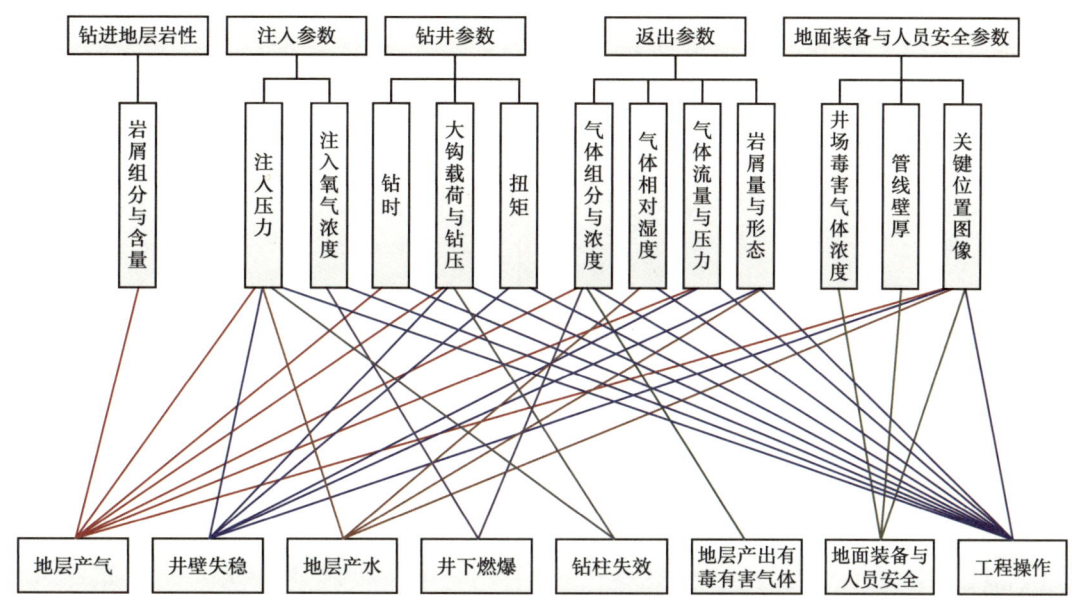

图5-5 氮气钻井安全风险监测识别方法构架

一、钻进地层岩性监测

监测钻进地层岩性可用于判定钻进地层层位，由岩性变化预测储层位置，加强对地质的随钻认识能力。但由于气体钻井的特殊性，仅采用"远观颜色，逐包手感，显微镜成像观察"的岩性鉴定方法，已不能够准确分析返出细小岩粉的岩性变化，需引入现代分析技术鉴别地层岩性，划分层位，卡准储层位置。这种分析技术需满足现场恶劣的工作环境要求，岩样分析快且加工简单，目前，满足这些要求的岩屑分析方法有岩屑X衍射仪与岩屑伽马仪。

不同岩性的岩石伽马值不同，岩屑伽马仪通过测量样品伽马值的变化情况实现对岩性的鉴别。但该方法只能作定性分析，虽可将检测数据转换计算为岩样的黏土矿物含量，但没有直接测量准确，且不清楚岩样的具体矿物组分与含量，不能满足精确鉴别地层岩性的要求。岩屑X衍射仪通过对岩屑进行X射线衍射，结合标准矿物分析衍射数据库图谱，可获得岩屑的具体组分与含量，且该型仪器可满足便携要求。

将 X 衍射岩性监测方法实际应用于氮气钻井，泥岩地层岩样图谱如图 5-6 所示，砂岩地层岩样图谱如图 5-7 所示，整个井段的岩性分布变化如图 5-8 所示。

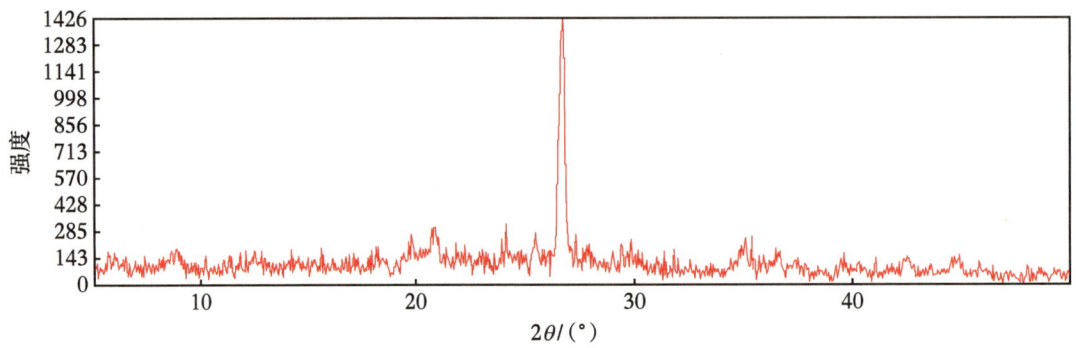

图 5-6　泥岩样 X 衍射图谱

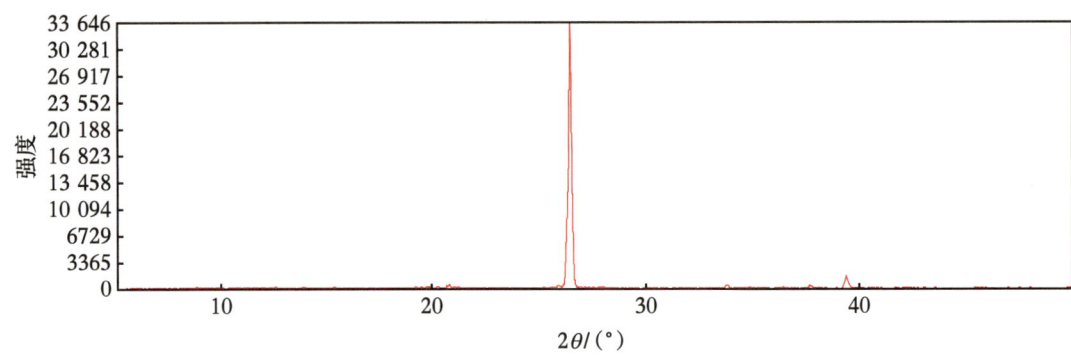

图 5-7　砂岩样 X 衍射图谱

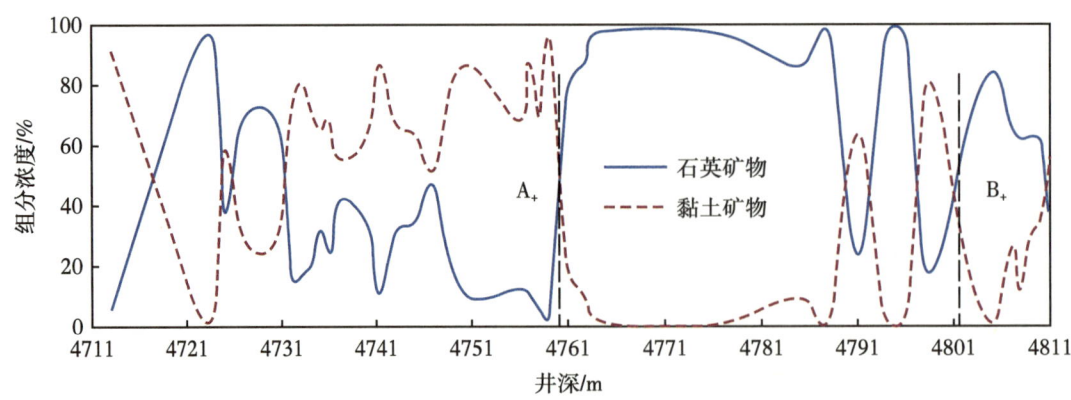

图 5-8　A 井氮气钻井监测部分井段岩性

A 井氮气钻井在 A、B 井深位置处，分别监测发现有新的产层揭开，由岩性监测数据可知，两产层位置钻进时，返出岩屑的石英矿物含量都增加，相应的黏土矿物含量减少，符合致密砂岩储集层的岩性分布规律。因此，在氮气钻井时，采用岩屑 X 衍射仪随钻分析返出岩屑岩性，可提前预警储层。

二、注入参数监测

氮气钻井时，环境空气经空压机组获取并初级加压 → 制氮机组分离除去其中大部分氧气 → 增压机组加压至注入压力 → 立管注入钻柱，注入参数的监测项目包括气体流量、气体压力、气体温度、气体氧气浓度。

1. 注入气体流量

监测注入气体流量有两个目的：一是监测注入气量是否能满足关键点位置携岩、携水要求；二是协同判断井下复杂情况，分析其他参数变化是否由注气量变化引起。

注入循环气体是以净化井眼为目的，所以气体的注入量必须满足全井段的携岩、携水要求。Angel 认为，气体能将井底岩屑携带至地面，其具有的动能应满足不小于以 15.24 m/s 速度流动的空气动能，约为 145 J/m³；GUO.B 等基于 Turner 的研究，以液滴的运移速度为其沉降速度的 20%，类似于携岩的最小动能法，提出了液滴运移所需的最小动能方程：

$$E_{km} = 21.79\sqrt{\sigma_l \rho_l} \qquad (5-2)$$

式中　E_{km}——输送液滴所需的最小动能，J/m³；

　　　ρ_l——液体密度，kg/m³；

　　　σ_l——界面张力，N/m。

经计算，未加入雾化液时，动能约为 197 J/m³。

根据现场应用，发现 Angel 方法的结论要比现场实际数据低 25%，甚至更多，且现场在地层产水后，注入气量的处理方法是增大 30%。图 5-9 为 A 井氮气钻井注气量为 180 m³/min 时环空气体的比动能分布，可见实际的气体比动能要比临界比动能高得多。

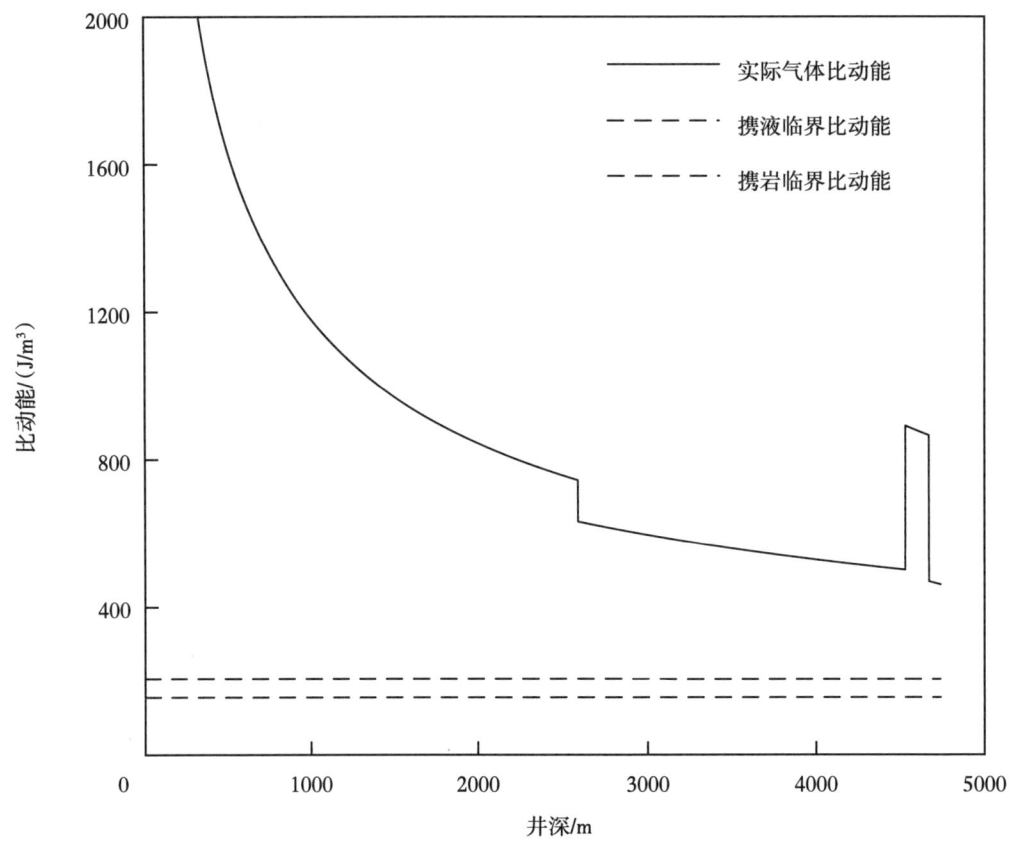

图 5-9　A 井氮气钻井环空气体比动能分布

2. 注入气体压力

由第二章分析内容可知，有地层产气、井壁失稳、地层产水和钻柱失效任一复杂情况发生，都会引起注入气体压力变化，且注入气体压力还会随注入气量波动，由不同因素引起的注入压力变化幅值不同。以下分析计算仍以 A 井氮气钻井为实例，进行与注入气量参数不相关分析时，取注入气量 180 m³/min，机械钻速 10 m/h。

1）对注入气量的响应

注入气量增大使循环系统的摩阻压降增加，从而增大了气体注入压力。注入气量与注入压力关系如图 5-10 所示，可见注入气量对压力的影响接近为线性关系，其影响幅值随井深增大而增大。正常钻井时，额定注入气量已确定，但由于注入设备的工作特性，注入气量可能在 ±5 m³/min 内波动，注入压力受此影响的波动幅值接近 0.1 MPa。

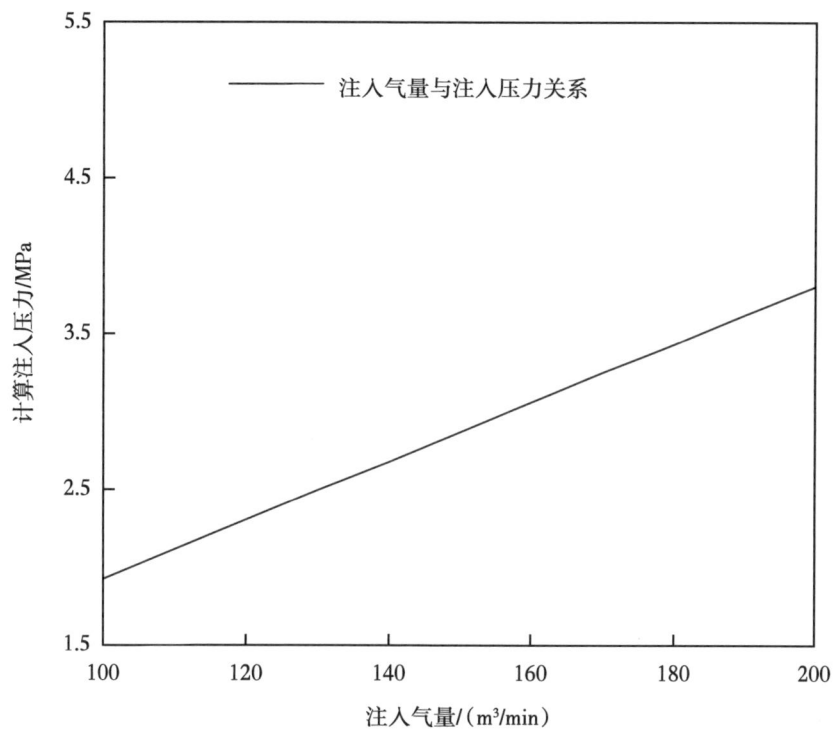

图 5-10 注入气量与注入压力关系

2）对地层产气的响应

地层产气后，环空气流速度增大，增加了环空的摩阻压降，使注入压力增加，如图 5-11 所示。可见，随注入气量增大，注入压力的增加幅值逐渐增大，但是注入压力的增长速率不及产气量的增长速率。在本例中，产气量小于 $50×10^4$ m^3/d 时，产气量在 $±10×10^4$ m^3/d 波动时，引起注入压力的波动幅值约为 0.15 MPa；产气量大于 $50×10^4$ m^3/d 时，产气量在 $±10×10^4$ m^3/d 波动时，引起注入压力的波动幅值约为 0.2 MPa。

3）对井壁失稳的响应

将井壁失稳分为持续的小块崩落失稳和突发的大块坍塌失稳两种情况进行分析。持续崩落失稳假设一定量的井壁岩块持续地混入气流，增大了混合气流密度，而使注入压力增大，如图 5-12 所示。大块的井壁岩石坍塌掉落，在流道直径较小位置堵塞环空，假设堵塞段无渗流能力，持续注入气体导致钻柱内憋压，井底环空堵塞注入压力的增大趋势如图 5-13 所示。

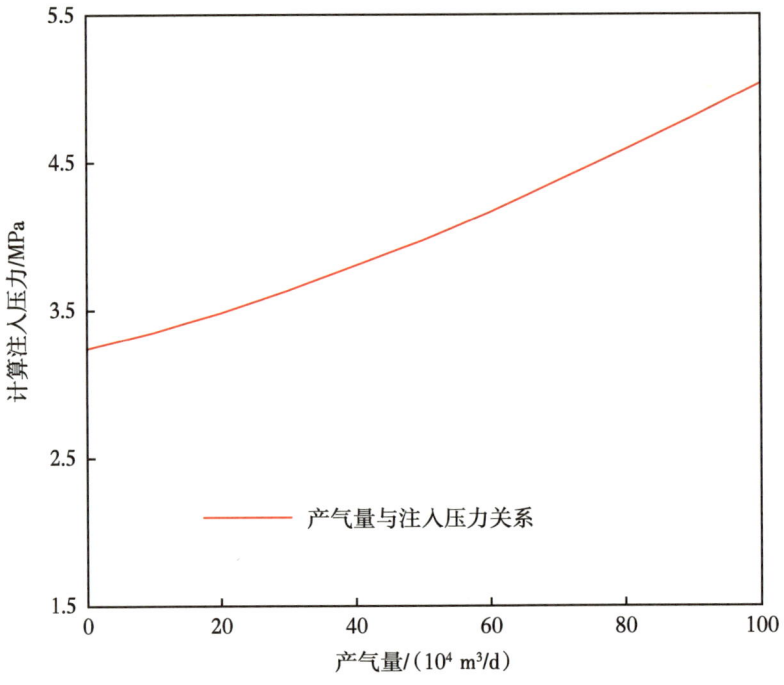

图 5-11 产气量与注入压力关系

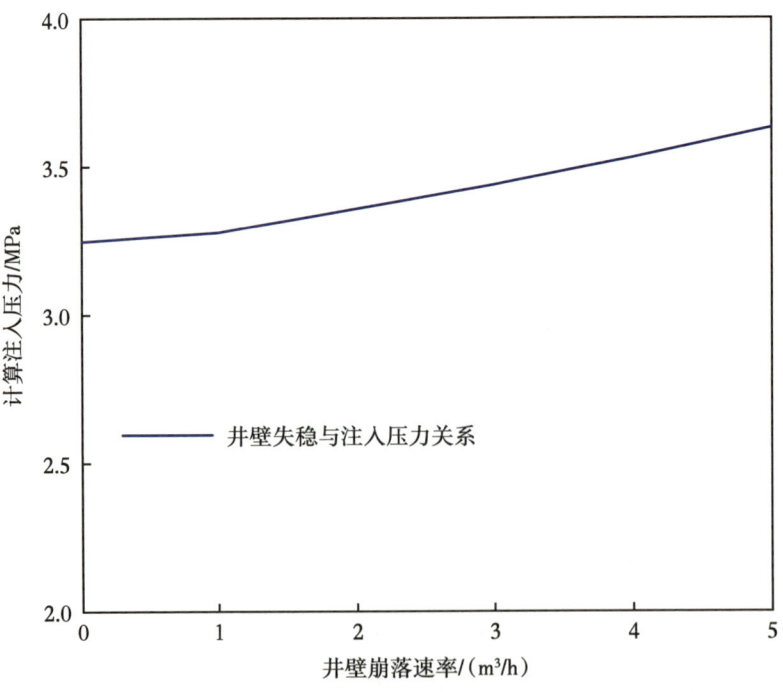

图 5-12 井壁崩落失稳的岩屑量与注入压力关系

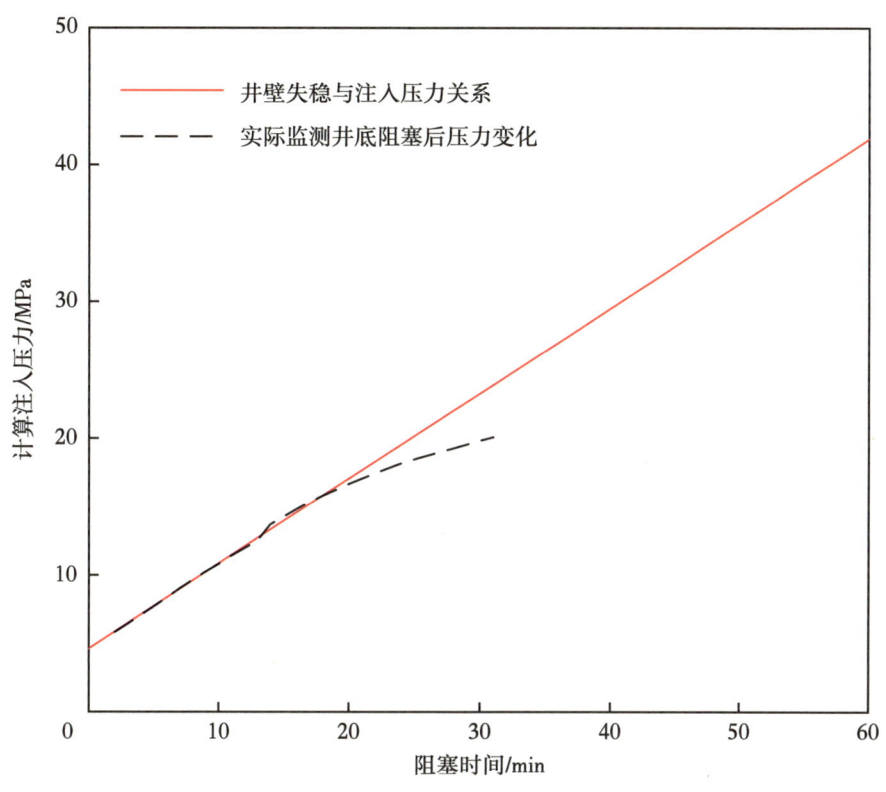

图 5-13　井壁坍塌阻塞后的注入压力变化

由图 5-12 可知，井壁岩石崩落对注入压力的影响较小，在现场通常可发现崩落岩块返出，但注入压力只是微有波动。由图 5-13 可知，可见计算注入压力增长与监测数据接近，即井底环空基本被坍塌岩块堵死，堵死后的注入压力快速上涨，本井例的上涨速度约为 0.62 MPa/min。

4) 对地层产水的响应

地层产出水以蒸汽与液滴形式混入气流，增大了环空气流的摩阻压降，使注入压力增大，如图 5-14 所示。一般认为应用干气钻井的临界地层出水量为 2.5 m^3/h，可见，在如此小的地层产水量下，对注入压力的影响值较小。

5) 对钻柱失效的响应

钻柱失效后，注入气流的循环路程减短，致使注入气体压力降低，如图 5-15 所示。注入压力的降低幅值与鱼头位置相关，钻铤内气流的摩阻压降大，因此钻铤段断裂的压力降低幅值大于钻杆部分。

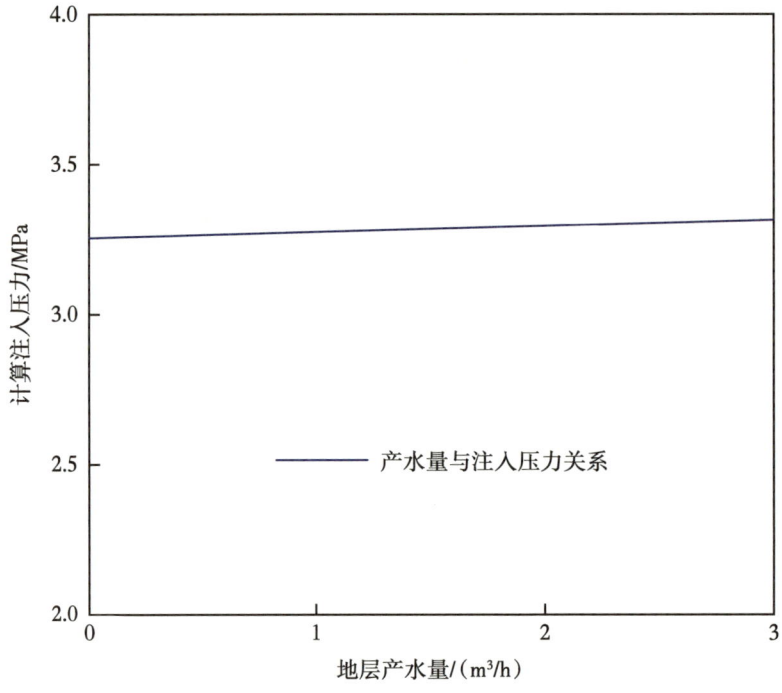

图 5-14　地层产水量与注入压力关系

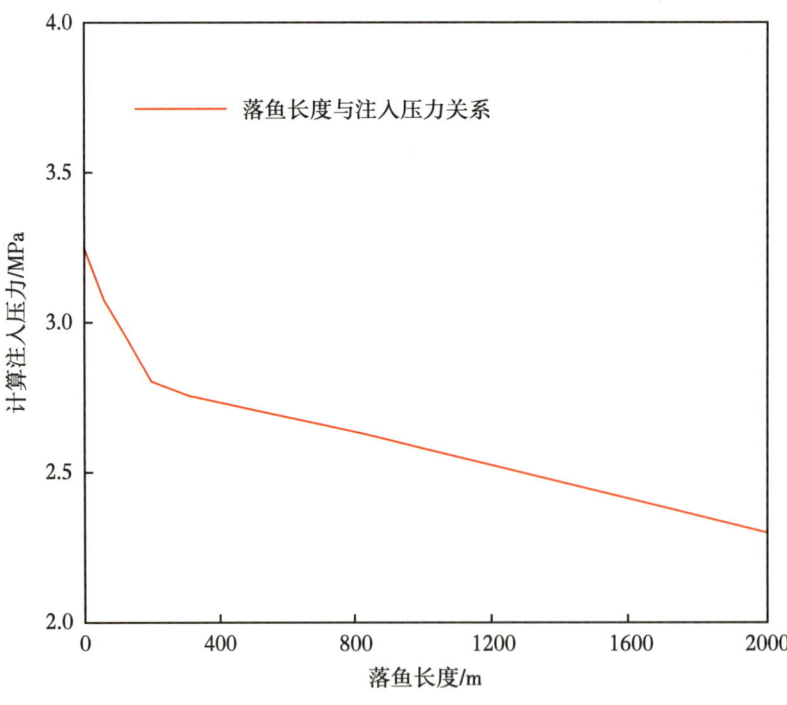

图 5-15　钻柱失效落鱼长度与注入压力关系

3. 注入气体温度与氧气浓度

空气经压缩后温度升高，流量计采集为高温、高压下的气体流量，需监测注入气体温度，将其折算为标态下流量，同时监测注入温度，可反映注入设备的工作状态。另外，返出气体的相对湿度与注入气体的绝对含湿量相关，而绝对含湿量由注入温度确定。

由第一节计算可知，高温、高压深井氮气钻井时，若注入氧气浓度高于 8%，地层产气后，可能发生可燃气体井下燃爆，在一定的安全范围内，应将注入气体浓度控制于 5% 以下。因此，应监测膜制氮后的注入气体中的氧气浓度。

三、钻井参数监测

钻井参数的监测项目包括：井深、钻头位置、大钩高度、转盘/顶驱转速、大钩载荷、钻压、扭矩和钻时。其中，监测井深、钻头位置、大钩高度、转盘/顶驱转速参数是为反映当前的钻井状态，如钻进、划眼、钻具上提下放等。

1. 大钩载荷与钻压

理论上钻压为钻柱重量与大钩载荷的差值，但受钻柱摩阻与旋防胶塞阻力等因素影响，会出现偏差。现场常在接单根/立柱后，将钻具提离井底并静止，标定此时为钻柱重量，减去钻进时的悬重，作为真实钻压。该方法当然也会产生一定误差，不一定为真实钻头施加于井底岩石的压力，但钻压与大钩载荷为一一对应，变化趋势与幅值相当，故此处只分析风险发生后大钩载荷的变化规律。

1）对地层产气的响应

地层产气影响大钩载荷表现在两个方面：第一，气体钻井钻遇储层，井底压力与储层的巨大压差作用，使井底岩石突然被破坏，破碎岩块混合产出气体的较大冲击力作用于钻头，钻具上顶，大钩载荷突然降低，如图 5-16 所示；第二，环空气流速度增大，对钻柱外壁面形成的向上的拖曳力增大，使大钩载荷降低，如图 5-17 所示。

根据图 5-16 的实际监测数据，钻遇储层形成的突然上顶力最大可达到 40 t，且在 0.5 min 内回升至正常值；同时，三段储层揭开后的大钩载荷的降低幅值不同，说明并不是所有的氮气钻井揭开后都能发现较大的上顶力，其数值与储层性质、钻进工艺相关。

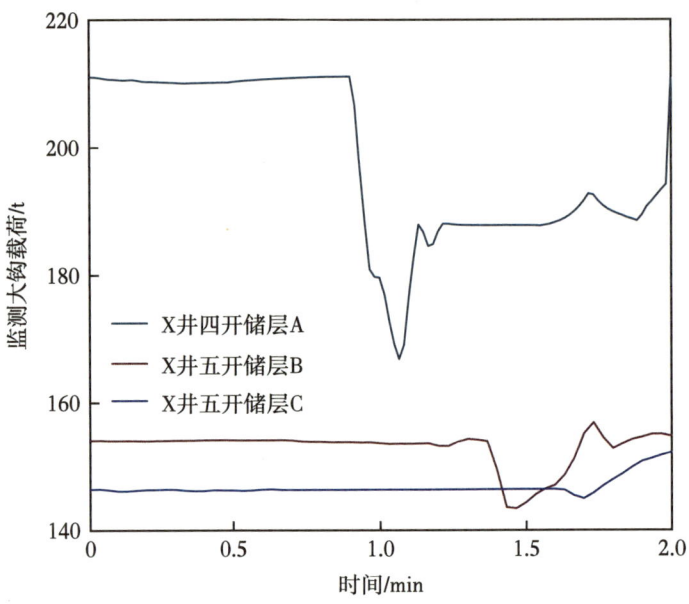

图 5-16 揭开储层时的大钩载荷变化

图 5-17 显示，未产气时，注入循环气体环空流动给钻柱施加一向上的拖曳力，地层产气后，钻柱所受的拖曳力随产气量的增加而增大。

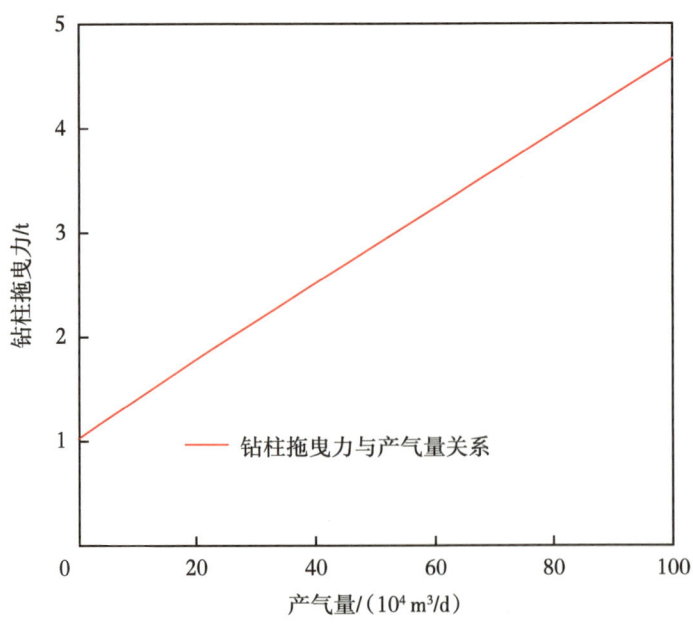

图 5-17 地层产气量与钻柱受拖曳力关系

2) 对井壁失稳的响应

钻柱活动同时受摩擦力与加速度力的作用，井壁坍塌失稳卡钻后，钻具上提下放的大钩载荷的波动范围大于未卡钻时，其变化幅值为堵塞段对钻柱的摩擦力，如图 5-18 和图 5-19 所示，未卡钻时与卡钻后对比，上提钻柱时，大钩载荷的增加幅值增大，下放钻柱时，大钩载荷的降低幅值也增大。

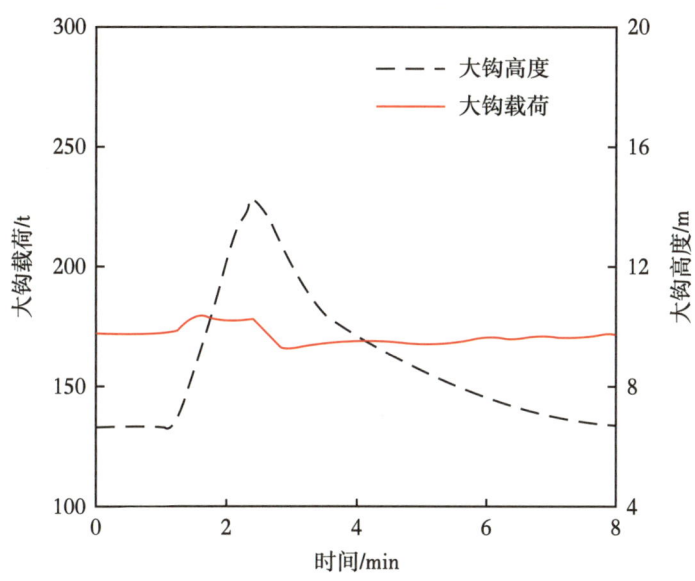

图 5-18　未卡钻活动钻具的大钩载荷变化

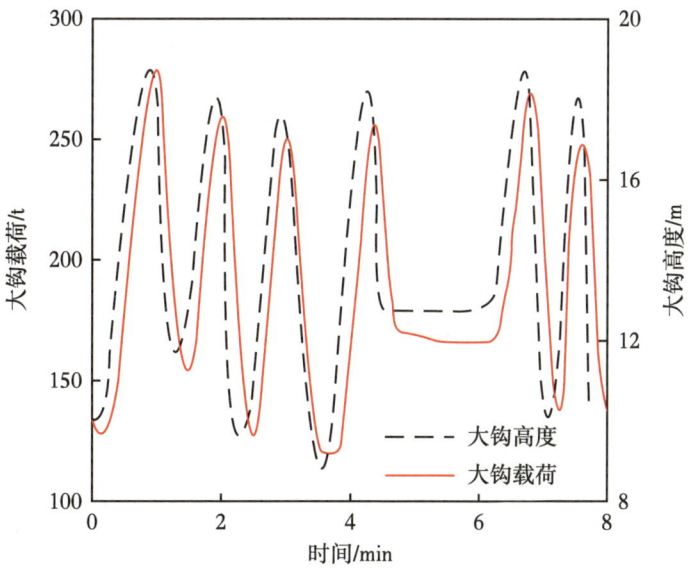

图 5-19　卡钻后活动钻具的大钩载荷变化

3）对钻柱失效的响应

钻柱失效后，大钩的悬重减少量为落鱼的重量，与落鱼长度相关，如图 5-20 所示。

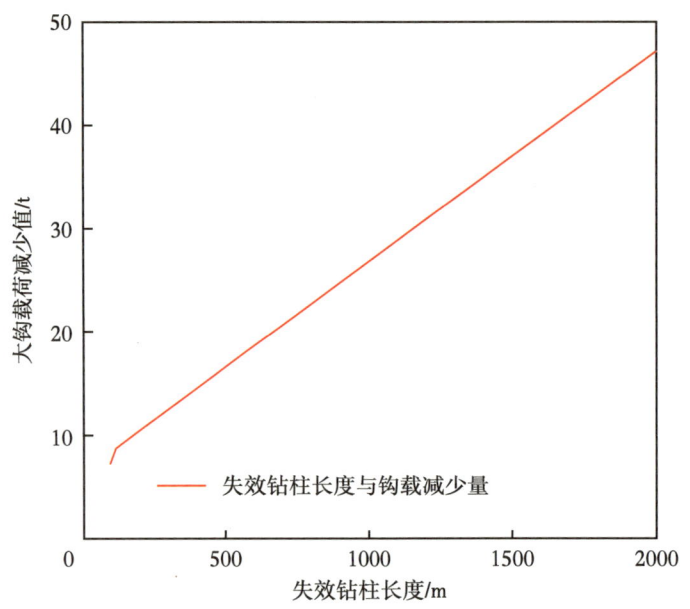

图 5-20　失效钻柱长度与大钩载荷减少值关系

2. 扭矩与钻时

1）扭矩

扭矩为钻柱转动时，钻头对井底岩石的切力矩与整个钻柱对井壁面的摩擦力矩之和，因此，其大小与所施加钻压、钻进地层岩性、钻头使用情况和井壁稳定情况等因素相关。

井壁坍塌失稳造成钻具阻卡后，钻柱与井壁的摩擦力矩增大，导致顶驱/转盘监测扭矩变化。图 5-21 为实际监测的钻柱阻卡前后的扭矩参数，可见，未发生阻卡时，扭矩在 25% 范围内波动，发生阻卡后，转动钻柱的扭矩值大幅增大。

2）钻时

钻时为每钻进单位进尺地层所需要的时间，单位为 min/m，其大小受地层岩性、钻头类型与新旧程度和钻井参数等因素的影响。气体钻井对钻头的磨损较小，钻进时的钻压、转速、注入参数变化不大，因此在气体钻井时，钻时参数可较好地反映钻进地层的物性变化。储集层钻进时，由于孔隙压力作用下的岩石受压实作用弱,且井底岩石所受围压相对于非储层时较低,导致钻遇储层后机械钻速增大,钻时相应变低。

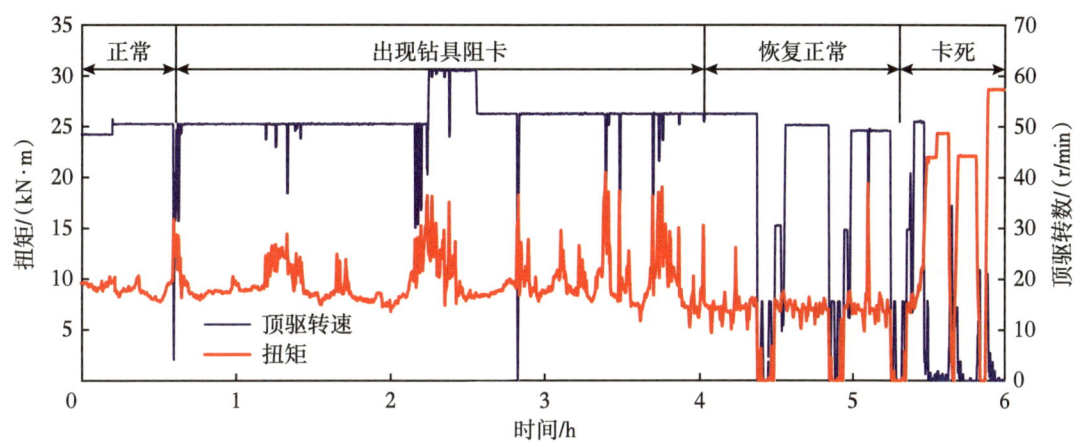

图 5-21　钻柱阻卡前后旋转钻柱的扭矩变化

钻井工程中,由于录井仪型号、品牌差异,对钻时的采集、记录步长不同。一些录井设备为了减小记录数据量,以整米进尺为间隔计量钻时,该方法不能精确反映钻进地层的物性变化,不利于采集、分辨薄层信息。也有录井设备将瞬时钻时以一定时间间隔作数据滑移窗口处理使其平滑,瞬时钻时的数据处理量相对较大。通过两种不同的钻时记录方法形成的曲线形式如图 5-22 所示,

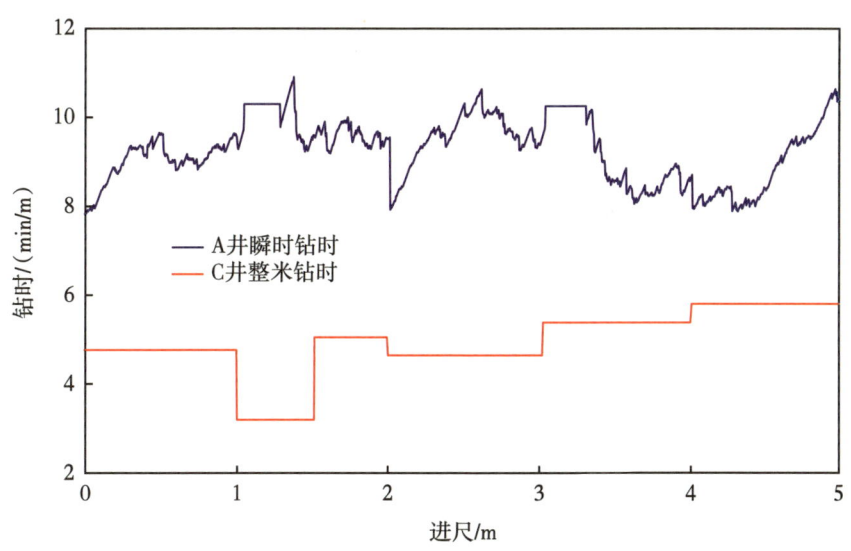

图 5-22　瞬时钻时与整米钻时记录曲线形式

可见，采用瞬时钻时能显现钻时的连续变化过程，能够反映微小进尺内的地层物性变化。

四、返出参数监测

氮气钻井时，地层产出流体与注入循环气体、破碎岩屑混合，由井筒环空→井口装置→排砂管线→燃烧池返出。返出参数的监测集中于排砂管线上，其项目包括返出气体组分与浓度、湿度、流量、压力、温度、岩屑量与形态。

1. 返出气体组分与浓度

储层揭开前，排砂管线返出气体组分与注入气体相当，为经膜制氮脱掉部分氧气的环境空气。储层揭开后，返出气体中含有地层产出气体，其组分包括烃类气体 $C_1 \sim C_5^+$ 和部分非烃类气体，若发生井下燃爆，还有由可燃气体燃烧生成的 CO_2、CO 气体返出。

1）对地层产气的响应

地层产气后，在一个迟到时间后，返出气体中的可燃气体组分浓度增大。若同时钻开钻穿多个储层，返出气体组分浓度会呈阶梯式增长，如图 5-23 所示。

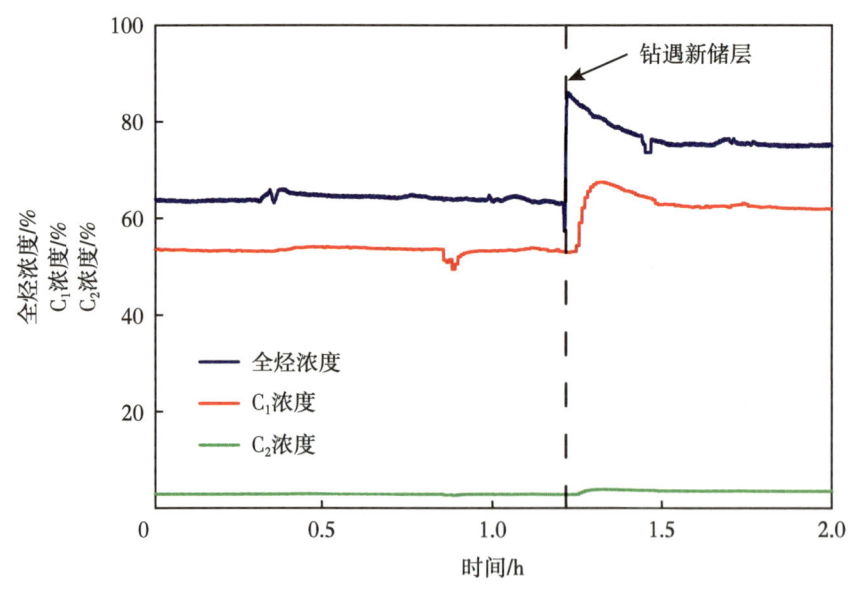

图 5-23　钻遇新储层前、后返出气体组分的浓度变化

2）对井下燃爆的响应

可燃气体燃爆消耗混合气流中的氧气，不完全燃烧反应生成 CO 与 CO_2，

因此，若发生井下燃爆，可监测到返出气体中 O_2 浓度降低，CO、CO_2 浓度升高，如图 5-24 和图 5-25 所示。另外，为了避免井下燃爆发生，在一定的安全范围内，整个钻进过程所监测的返出气体中的 O_2 浓度应低于 5%。

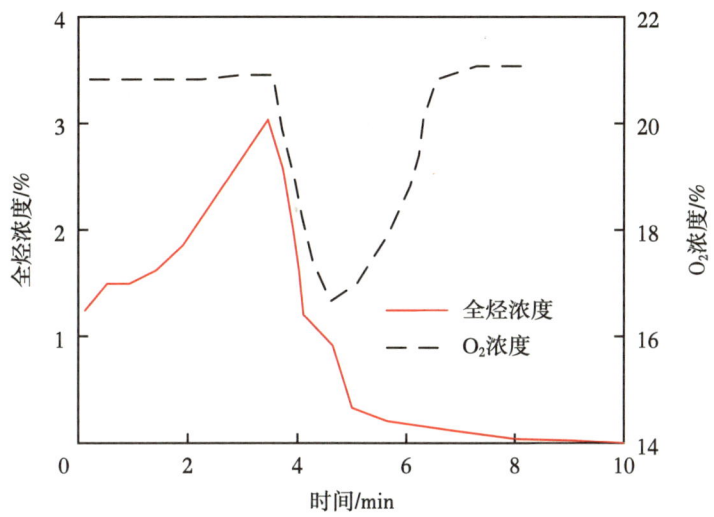

图 5-24　井下燃爆发生后返出 O_2 浓度变化

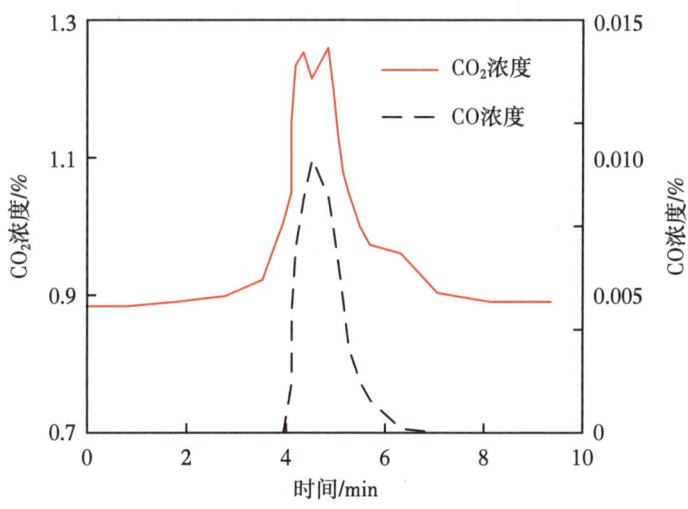

图 5-25　井下燃爆发生后返出 CO 与 CO_2 浓度变化

3）对地层产出有毒与有害气体的响应

若气藏中含 H_2S、CO_2 与 CO 等有毒有害气体，产出后，排砂管线返出气体组分与浓度对其有响应，如图 5-26 所示。

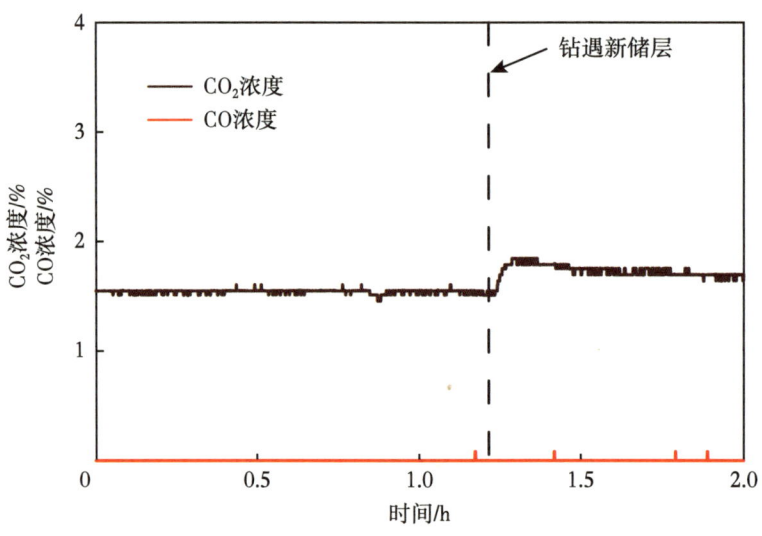

图 5-26　地层产出有毒与有害气体时返出气体组分浓度变化

2. 返出气体湿度

井筒烘干或钻遇地层产水时，部分水以蒸汽形式随气流返出，导致返出气体相对湿度变化，如图 5-27 和图 5-28 所示。井筒烘干过程中，返出气体的相对湿度逐渐降低，而地层水产出后，相对湿度逐渐增大。

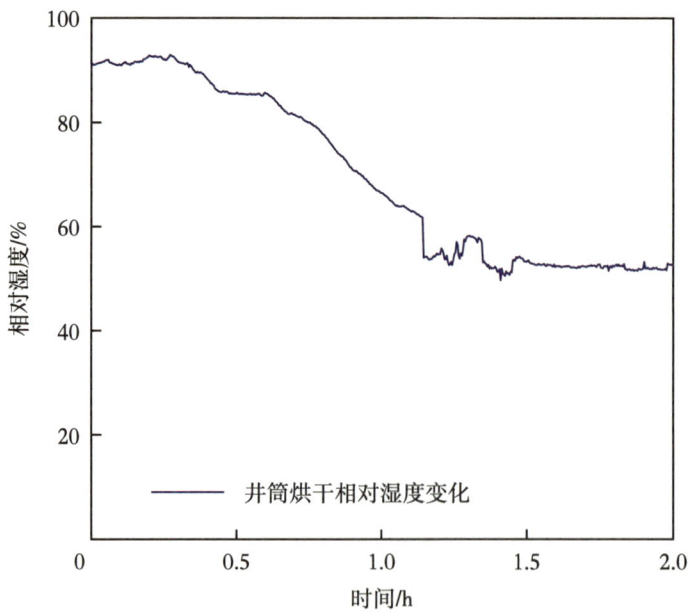

图 5-27　井筒烘干过程中返出气体湿度变化

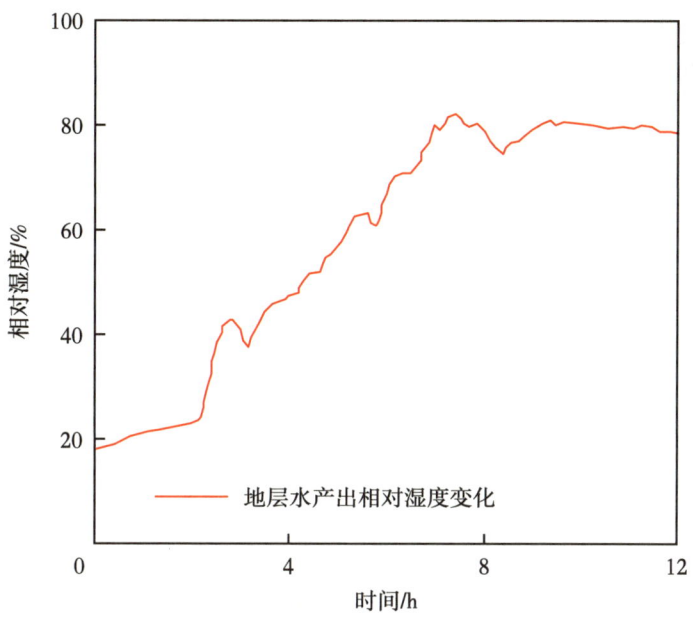

图 5-28　地层产水后返出气体湿度变化

3. 排砂管线流量与压力

排砂管线压力实际为一定气流速度在管线流动时的摩阻压降、加速度压降、重力压降的和，排砂管线流量与压力都是反映的管线气流速度变化，且响应一致。

1）对地层产气的响应

地层产气后，排砂管线的气流速度增加，致使管线的流量与压力均增大，监测压力的变化如图 5-29 所示。

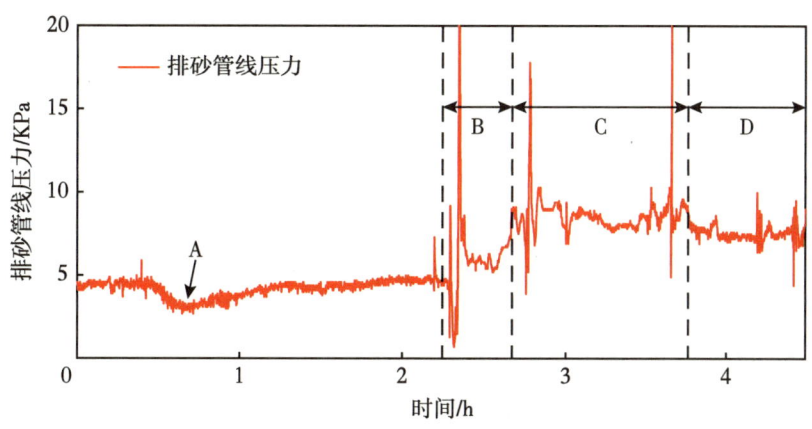

图 5-29　钻遇新储层前后排砂管线压力变化

A 点为接双根停止注气，排压降低，但所钻穿的储层持续产气，排压未降到零；C 段开始揭开新储层，可见，平均排压值增大，但其平均值与波动幅度大于 D 段。出现 C 段现象的原因有两个：一为储层刚揭开时，地层瞬时产气量大，随时间逐渐衰减至平稳产气；二为井底与储层间的较大压力释放使储层一定体积岩石发生粉碎性的突然破坏，产生的大量岩屑非规律地混合于气流中，而使气流当量密度增大，增加了管线流动摩阻压降，待此段岩屑完全返出后，摩阻压降降低，且波动幅度减小。

2）对井壁失稳的响应

出现井壁失稳现象后，环空流动不通畅，使排砂管线流量与压力不平稳，如图 5-29 中的 B 段，该段在储层段之上即为盖层，由于泥岩层强度较低，钻井时出现了轻微的井壁失稳。井壁失稳严重时，导致环空憋堵现象，管线流量与压力呈现陡增陡减的波动形式，若环空完全堵死，则排砂管线流量与压力逐渐降至零，如图 5-30 所示。

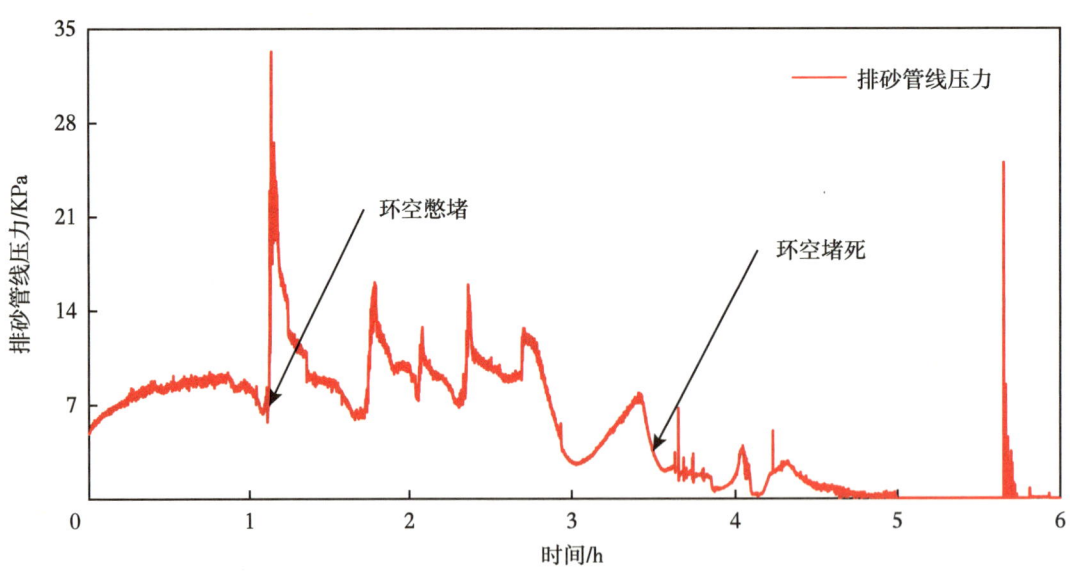

图 5-30 井壁失稳憋堵环空导致的排砂管线压力变化

4. 返出岩屑量与形态

气体钻井在排砂管线下端开侧口，并焊接一根配两级球阀的支管，以在计算迟到时间后，间隔录取钻至整米进尺时所返出的岩样。井眼净化正常时，岩屑连续返出，岩屑量与钻头破碎的井底岩石体积相当，且粒度组成变化不大。

1) 对井壁失稳的响应

井壁失稳后，环空流动气流中的固相包含钻头破碎岩屑与井壁崩落或坍塌产生的岩块，致使返出固相流量增大，且录取岩样中出现粒径较大的、与钻头所破碎地层岩性不同的岩块。若井壁失稳导致环空憋堵，此时岩屑呈间断返出形式，而环空堵死时，无岩屑返出。但这些现象难以实现数据采集，只能通过人工观察判断。

2) 对地层产水的响应

地层产出水与井底岩屑混合，在液相表面张力和黏聚力作用下，岩屑发生聚并，可发现录取岩样颜色变深，聚并成团，黏性增强。另外，岩屑聚并后，气流携岩效率变低，且岩屑黏附于钻柱和井壁上，致使返出岩屑量减少。

五、地面装备与人员安全监测

1. 井场有毒与有害气体浓度

地面的有毒有害气体可由地面装备直接产生和环空返出气体在地面泄漏，若有发生，安装于井场的固定式与井场人员便携的有毒与有害气体检测装置可发生响应。

2. 地面管线壁厚

地面管线受气流的冲蚀与冲击作用，壁厚减薄。周期性地采用管壁测厚仪测量管线壁厚，可监测管线受损情况、防止管线失效，同时能评价气流的冲蚀与冲击破坏能力。

3. 井场关键位置图像

采集井场关键位置图像可实现以下几个功能：(1) 钻井技术专家远程了解当前的施工状态；(2) 监测旋转防喷器胶芯是否发生泄漏；(3) 监测排砂管线出口返出情况；(4) 了解井场内的人员分布与体能状态。图5-31为现场应用所采集图像。

图 5-31 氮气钻井时所采集的井场关键位置图像

第三节 氮气钻井安全监测系统

本节根据前两节的研究内容与结果,提出一套适用于氮气钻井的随钻安全监测系统,其目的为实时反映氮气钻井作业时井下与地面的安全状态,进行正确的分析、判断、报警,避免出现复杂的工程问题,确保氮气钻井的顺利进行。该系统主要包括三个部分:(1)安全监测参数的采集与传输;(2)监测数据的整合共享;(3)安全监测系统软件;整个系统框架如图 5-32 所示。

一、随钻安全监测参数采集与传输

随钻安全监测参数包括钻进地层岩性参数、注入参数、钻井参数、返出参数、地面装备与人员安全监测参数五个部分。其中,为了避免监测参数复杂与交叉，该安全监测系统不涉及钻井参数采集，只采集综合录井、气体钻井作业队等单位未能采集和采集不完善的必要工程数据。

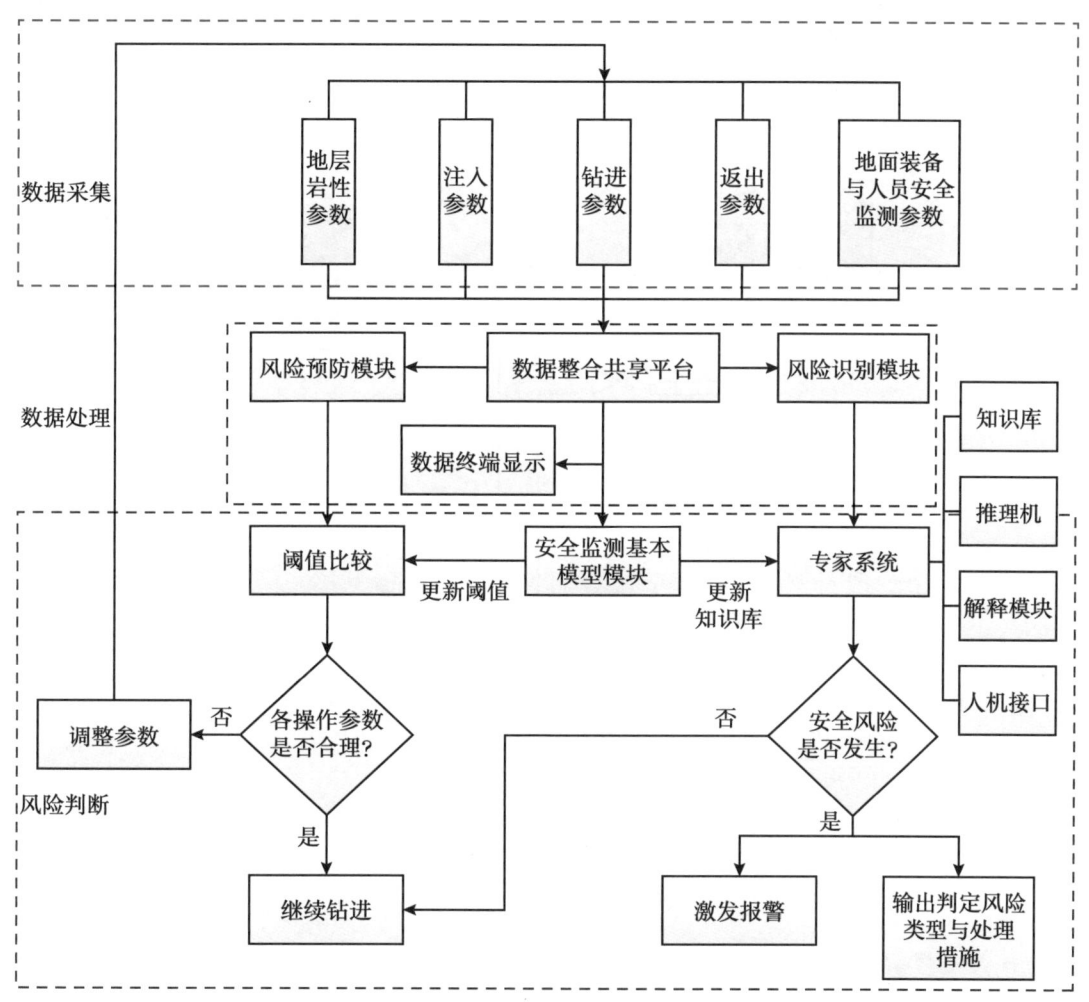

图 5-32　氮气钻井随钻安全监测系统框架

1. 监测参数采集

通过在不同位置安装不同类型的传感器和监测设备，可实现对监测参数的实时、在线采集。根据氮气钻井的井场布局情况，设计整个监测系统的参数采集结构如图 5-33 所示。若布局有左排砂管线，其布置的参数采集结构与右排砂管线相同。由于部分监测参数会出现瞬时突变，要求传感器或监测设备有较高的采样率，但过大的数据量导致服务器数据储存、读取速度慢，采用的数据采样时间间隔小于 2 s。

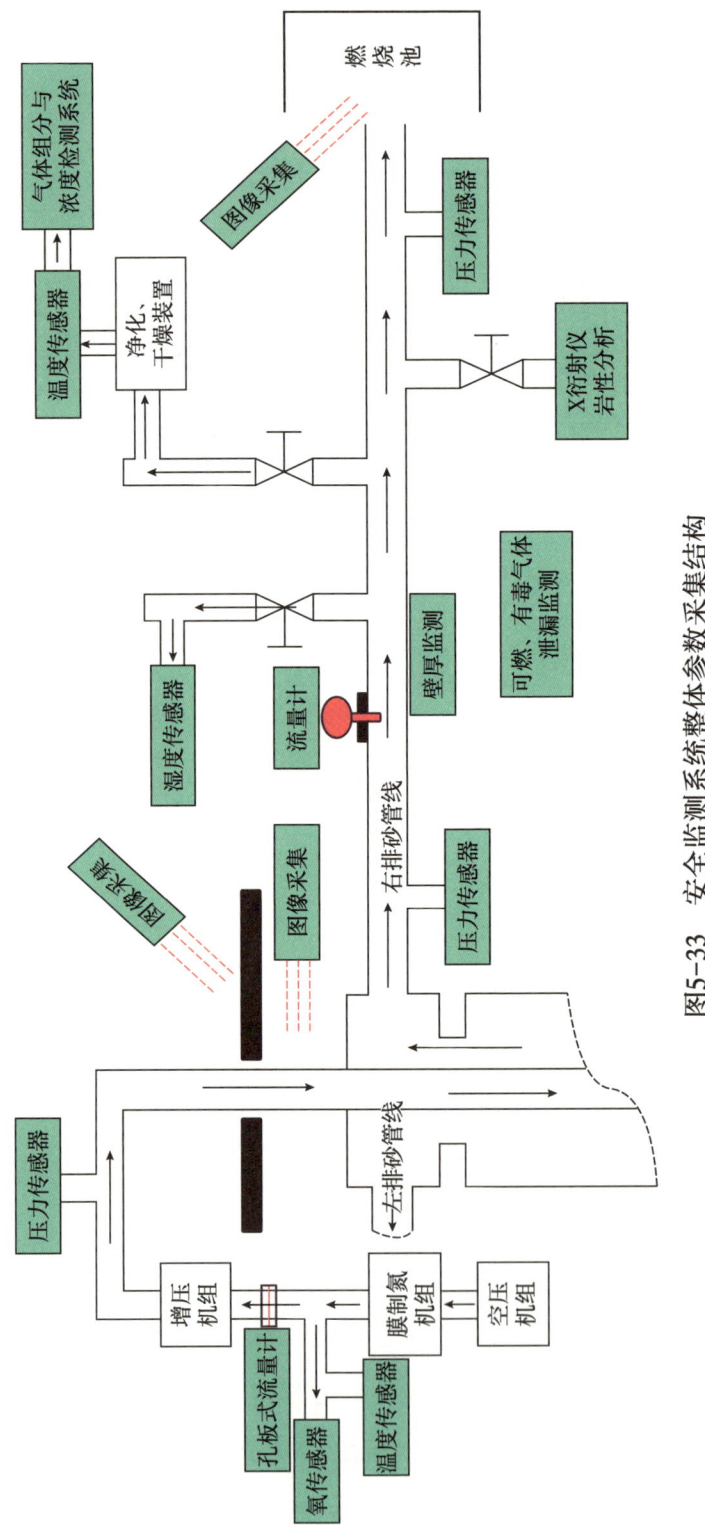

图5-33 安全监测系统整体参数采集结构

1)地层岩性参数采集模块

地层岩性参数采集模块具有确定返出岩屑迟到井深和确定返出岩屑岩性两项功能,而迟到井深的准确确定是准确判定钻进段地层岩性的基础。返出岩屑对应的迟到井深由迟到时间确定,迟到时间即岩屑在整个环空段运移所消耗的时间,当前时间减去迟到时间后所得时间所对应的钻进井,即为返出岩屑所对应的实际迟到井深。迟到时间计算公式为:

$$t_1 = \sum_{i=1}^{n} \frac{\Delta h}{v_{si}} \qquad (5-3)$$

式中　t_1——迟到时间,s;

Δh——井筒轴向网格间隔,m;

v_{si}——i 网格内岩屑的运移速度,m/s;

n——井筒轴向网格数。

对比目前市场存在的各类型 X 衍射矿物组分分析仪,筛选条件以满足便携、符合现场工作环境、操作简单快速和经济等为标准,最终采用 Terra 便携式 X 射线衍射仪分析识别钻进地层返出岩屑岩性,如图 5-34 所示。将取样岩屑 X 衍射图谱数据与标准矿物数据库对比,即可得当前岩样所含的具体矿物组分与含量。

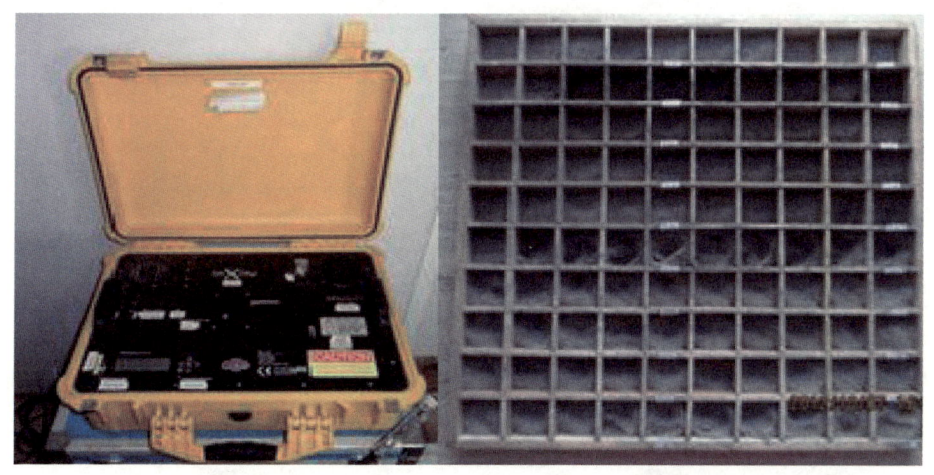

图 5-34　Terra 便携式 X 射线衍射仪分析返出岩屑岩性

2）注入参数采集模块

注入参数采集模块所采集数据包括注入气体流量、气体压力、气体温度与氧气浓度。注入气体流量参数采集采用孔板式流量计，其自带温度测量功能，如图 5-35 所示；压力参数采集采用扩散硅压阻型压力传感器，如图 5-36 所示；氧气浓度参数采集采用电化学式氧气传感器。压力传感器与氧气浓度传感器的技术参数见表 5-2。

图 5-35　孔板式气体流量计

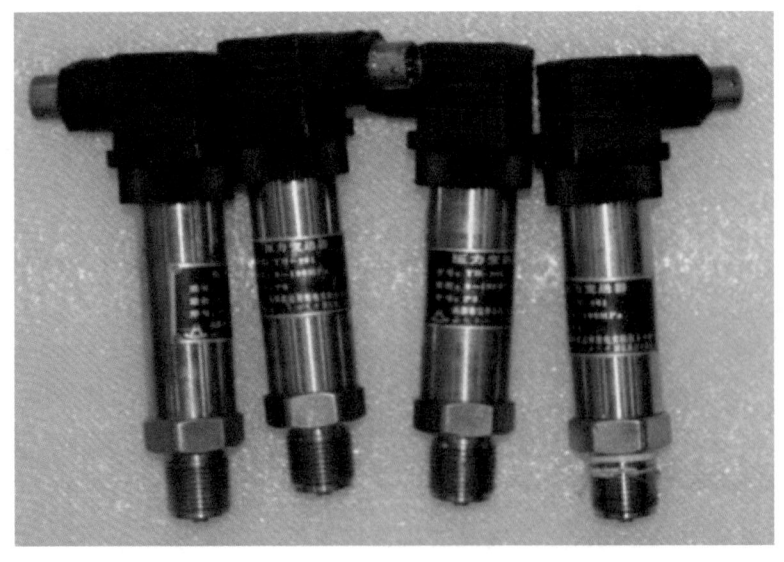

图 5-36　注入气体压力传感器

表 5-2 注入参数采集模块传感器的技术参数

参数名称	压力传感器	氧气传感器
响应时间 /s	<1（0~100 MPa）	<10（0~29%）
零点漂移 /%	<1（1年）	<2（3个月）
测量范围	0~100 MPa	0~30%
线性度	<0.1%（全量程）	<0.6%（全量程）
温度范围 /℃	-40~125	-20~50
寿命 / 月	>24（达到初始信号80%）	>24（达到初始信号80%）

3）返出参数采集模块

返出参数采集模块所采集数据包括返出气体组分与浓度、气体湿度、气体流量、气体压力和气体温度。

气体组分与浓度参数采集采用气体组分与浓度监测系统，外形如图 5-37 所示，其所能检测的气体组分包括 CH_4、O_2、CO、CO_2 和 H_2S，由安装于系统内的各个 CH_4 气体传感器、O_2 气体传感器、CO 气体传感器、CO_2 气体传感器和 H_2S 气体传感器完成对样气组分与浓度的监测。

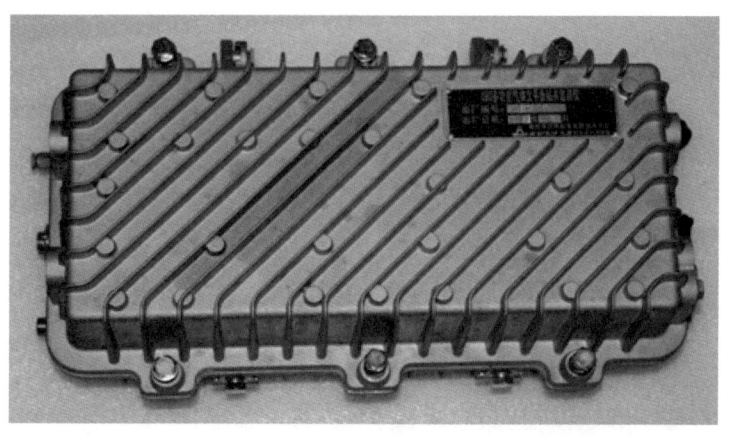

图 5-37 气体组分与浓度监测系统外形

CH_4 浓度的检测由一只半导体表面电阻控制型超微粒 SnO_2 薄膜型传感器与一只热导率变化式传感器组成，半导体传感器用于低可燃气体浓度下 [0~1%（体积分数）] 检测，其电阻率变化范围大，灵敏度高，信号处理方便，对返出气流中的微量可燃气体浓度有反应；组合中的另一只热导式传感器克服了半导体型传感器检测浓度范围小的缺点，其可检测浓度范围为0~100%（体积分数），但其在微量可燃气体浓度时的检测精度没有半导体型传感器精度高。由此，将两只不同类型的CH_4浓度传感器配合使用，在不同CH_4浓度下，通过编写控制程序激活单只传感器工作。

O_2浓度检测同注入气体相同，采用电化学式传感器；CO气体浓度检测采用电化学式传感器；CO_2气体浓度检测采用电容麦克型红外吸收式传感器；H_2S气体浓度检测采用电化学式传感器。气体组分与浓度监测系统中的各个传感器的技术参数见表5-3。

表5-3　气体组分与浓度监测系统各传感器的技术参数

参数名称	CH_4传感器	CO传感器	CO_2传感器	H_2S传感器
响应时间/s	<20（0~2%；4%~10%）	<25（0~800×10^{-6}）	<25（0~45 000×10^{-6}）	<35（0~20×10^{-6}）
零点漂移/%	—	—	<1000×10^{-6}	N/D（1 m）
测量范围	0~100%	0~1000×10^{-6}	0~50 000×10^{-6}	0~200×10^{-6}
线性度	<0.01%（低浓度全量程） <1%（高浓度全量程）	<10×10^{-6}（全量程）	<50×10^{-6}（全量程）	1×10^{-6}~8×10^{-6}（全量程）
温度范围/℃	-40~70	-30~60	-20~50	-35~55
寿命/月	>24（达到初始信号80%）	>24（达到初始信号80%）	>18（达到初始信号80%）	>24（达到初始信号80%）

气体湿度参数采集采用相对湿度传感器，如图5-38所示；气体流量参数采集采用靶式流量计，如图5-39所示；气体压力参数采集采用扩散硅压阻型压力传感器，在排砂管线近井口位置与近燃烧池位置各安装一只压力传感器，在可测量各个位置压力的同时，还可通过管线气流流动压差反映井筒流动与净化情况。

图 5-38　返出气体相对湿度传感器　　　　图 5-39　靶式流量计

4）地面装备与人员安全参数采集模块

地面装备与人员安全参数采集模块所采集数据包括地面有毒和有害气体浓度、地面管线壁厚与井场关键位置图像。

地面有毒和有害气体浓度参数采集采用便携和固定式气体检测装置，便携式气体检测装置主要用于井场工作人员随身携带，固定式气体检测装置主要布置于井场固定位置。两种类型的气体检测装置都可对泄漏于地面的微量 CH_4、H_2S 和 CO 等可燃与有毒气体响应。

为防止排砂、放喷等管线失效，对地面管线开展壁厚监测。根据超声波脉冲反射原理进行厚度测量，当探头发射的超声波脉冲通过被测物体到达材料分界面时，脉冲被反射回探头，通过精确测量超声波在材料中传播的时间，确定被测材料的厚度。该方法能间接、快速地测量出管线壁厚，但其是对单点的测量，只能是人为地选择关键位置监测。

井场关键位置图像采集采用云台摄像头，在钻台上、井口选装防喷器、排砂管线出口位置各安装一台可远程控制、调节的云台摄像头，如图 5-40 所示。

2. 监测参数的传输

各个传感器或监测设备将采集数据以电流或电压形式输出，为了方便多个信号的处理工作，将本系统传感器的输出量形式统一为电压形式，后通过 A/D

转换器将多个模拟信号转换为一组计算机能够识别的数字信号。

图 5-40　图像采集云台摄像头

数据信号的传输可采用有线和无线传输两种方式，对于屏蔽电线传输方式，现场布线麻烦，而各个采集模块分布较为分散，有必要采用无线信号传输方式。信号的无线传输需一组无线发射接收模块，本系统所采用的传输模块的主要技术参数见表 5-4，其传输距离满足现场需要，且符合整个监测系统低功耗、微型化、稳定性高等技术要求。

表 5-4　无线传输模块的主要技术参数

参数名称	数值范围
工作频率 /MHz	420.00~450.30
发射功率 /W	1
信道数	8 信道
发射电流 /mA	≤ 550
接收电流 /mA	≤ 32
接口速率 / bps	1200/2400/4800/9600/19 200
工作温度 /℃	−25~80
可靠传输距离 /m	200

图像采集信号的传输也采用无线方式,由于图像信号数据量大,且易受干扰,采用 2.4 GHz 微波无线图像传送器,此模块的载波频率高达 2.4 GHz,有效避免了低频段的干扰,且视频接收品质优良,分辨率极佳,可靠传输距离达 1000 m。

二、监测数据的整合共享

通常情况下,氮气钻井作业时,井场涉及工程参数监测的服务公司包括综合录井、气体钻井和随钻安全监测,为保证各服务公司的监测数据能够在线地联合预警,建立数据整合共享平台,由各个数据服务器、监控终端与局域网体系组成,如图 5-41 所示。

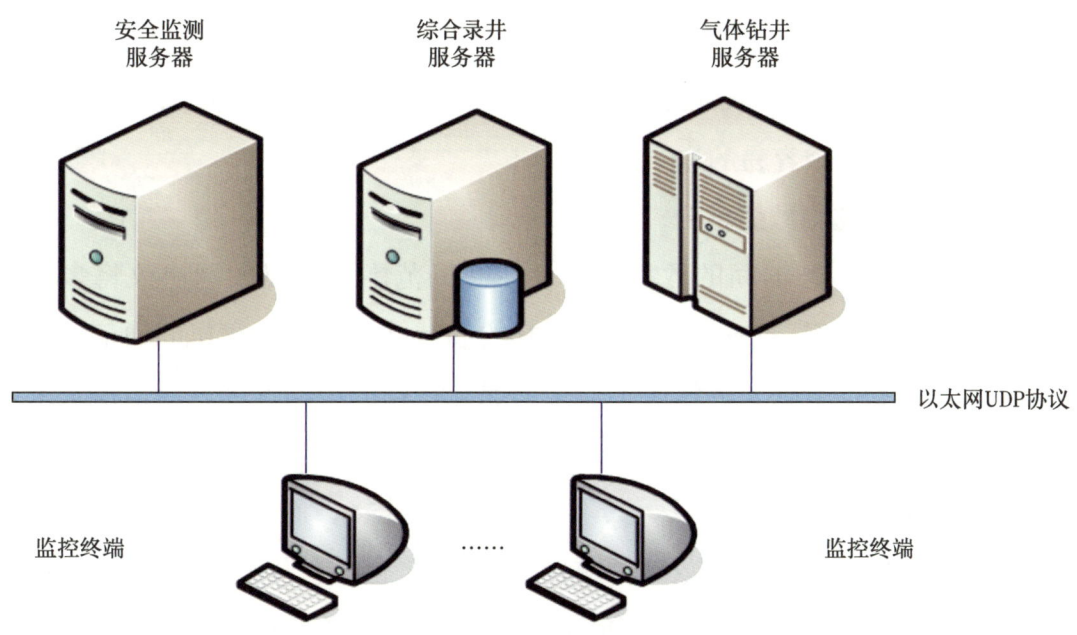

图 5-41　监测数据整合共享结构

1. 单个服务器的数据存储

在石油工业的勘探和开发领域中,为了简化多个作业和服务公司的电子数据交换问题,IADC(国际钻井承包商协会)与 API(国际石油学会)倡导以 WITS(井场信息传输规范)格式作为井场信息传输规范通信格式,因此,在氮气钻井时,综合录井、气体钻井和随钻安全监测单个服务器数据都以 WITS 格式记录。

WITS 为多级格式，提供一个容易实现的具有灵活性不断增加的较高级别的进入点。当前已定义了四个级别，0 级以 ASCII 码格式为基础，1 级到 3 级是以 LIS（测井管理标准）为基础，而级别的增加都表示复杂性和灵活性的提高。在低级别时，使用一种固定格式的数据流；而在高级别时，可应用一种自定义的定制的数据流。WITS 数据流由不连续的数据记录组成。每个数据记录的产生都是独立于其他数据类型，且每个数据记录都有唯一的触发变量和采样间距。通常，钻机动作决定了在其在给定时间内采用哪一种记录模式，以便只记录传输合适的数据。

WITS0 级是由从一个计算机系统到另一个计算机系统的 ASCII 码格式数据值的单向传输组成。这个级别的基本用意是为服务公司在井场进行数据交换时提供一个简单的方法。例如，在井场上只有一个通信通道可用于数据传输，而这又需要来自多个供应商的数据，就要用到 WITS0 级，其对远程传输要求较低的用户提供一个容易的进入点。

2. 主服务器监测数据整合

为便于各台服务器间的数据传输，在井场范围内，以太网协议将多台计算机互联成计算机组。在以太网协议建立的局域网内，各计算机间通信可采用多种模式，在数据量较大的情况下，为了保证数据的传输速度，通信模式采用 UDP 机制。

UDP 是面向非连接的协议，其不与对方建立连接，而是直接把数据发送过去，对于实时性要求较高的数据传输，采用 UDP 有以下几个优点：（1）数据在发送前不需建立连接，减少了时间的开销和延迟；（2）没有采用可靠交付，数据的收发双方不用维护较多的用于记录连接状态的表；（3）数据报首部短，处理方便；（4）取消了拥塞控制，发送方不会降低发送速度，其对于实时应用非常重要。

以 WITS 格式记录的监测数据经 UDP 协议由各单位服务器发送至主服务器，虽然 WITS 格式便于石油领域间的数据交换，但其不利于做数据后期开发，所以将其经软件编译后，使用 SQL 数据库存储，便于数据的管理与访问。

3. 监测数据共享

将各服务公司监测数据整合为单一数据库后，局域网内的各数据需求方可通过设置正确的 IP 地址与端口号获取主服务器存储的全部监测工程数据，实现数据的整体共享，其模式如图 5-42 所示。

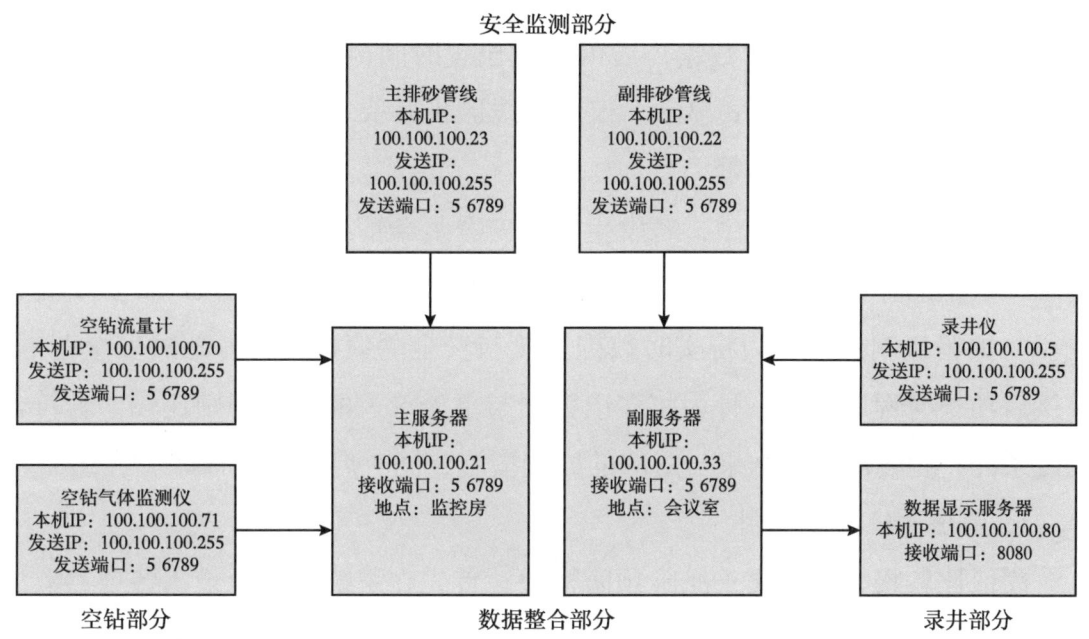

图 5-42　监测数据的整合共享模式

三、安全监测系统软件

氮气钻井安全监测系统软件的主要功能为终端显示监测数据与报警已发生的钻井安全风险，并给出初步的判断结果，辅助钻井技术人员认识、判定井下钻井状态。

1. 监测数据显示

安装于计算机终端的安全监测系统软件通过 UDP 协议访问主服务器 SQL 数据库获得安全监测相关工程参数，再通过程序语言编写与控件插入将数据直接显示于软件界面。

通常，综合录井对钻井参数的显示方式有曲线显示与面板显示两种方式，曲线显示形式可直观反映一段时间内数据的变化趋势，而面板形式直接显示数值大小。本系统软件将曲线形式与面板形式结合,在界面顶部以面板形式显示井深、钻头位置、立压、CH_4等11项关键参数,在中下界面以曲线形式显示大钩高度、大钩载荷、顶驱转数、立压、扭矩等26项参数,鼠标置于参数曲线上时,可显示该项参数的具体数值,各曲线的标尺量程可自定义设置。同时软件界面支持多格式的图片导出。

软件不仅可显示实时数据,还可通过设置时间范围,调取回放历史数据,但历史数据不再以面板形式显示,仅以曲线形式显示。

2. 安全风险分析与报警

在储层气体钻进过程中,若发生井下安全复杂情况,系统软件可根据所监测工程数据的异常变化情况对安全风险实施分析与报警。系统软件提供了两种分析与报警机制:一种为将实时数据直接与安全阈值比较,若超过安全范围,直接启动报警程序;另一种为将多组数据与事先录入的经验规则比较,若符合判定条件,则输出判定结果与对应的处理措施,同时启动报警程序。

1) 阈值比较报警机制

阈值比较报警机制用于风险预防模块,首先在系统软件中录入各项参数的上、下限阈值,软件界面如图5-43所示。具体参数包括注入气量、注入气体氧气浓度、顶驱/转盘转速、钻压、机械钻速等,主要避免因主观操作不当诱发安全风险,起预防作用。由于不同井的钻井施工与设计情况不同,部分参数的上下限阈值也会根据具体数值变化,各参数的具体安全范围可由第二章与第三章相关内容确定。

若实时监测参数超过设定的阈值范围,则报警程序激活,其界面如图5-44所示,软件将以闪现提示窗口和播放声音形式报警,同时文字输出发生异常的参数名称与参数的具体数值,以引起值班人员注意。

2) 规则推理报警机制

该报警机制用于风险识别模块,采用专家系统模式,将专家的经验知识以规则判定方式录入计算机中形成知识库,运用人工智能推理来模拟由人类专家才能解决的各种具体的、复杂的问题,形成与专家具有同等解决问题能力的计算机智能程序系统,其结构框图如图5-45所示。

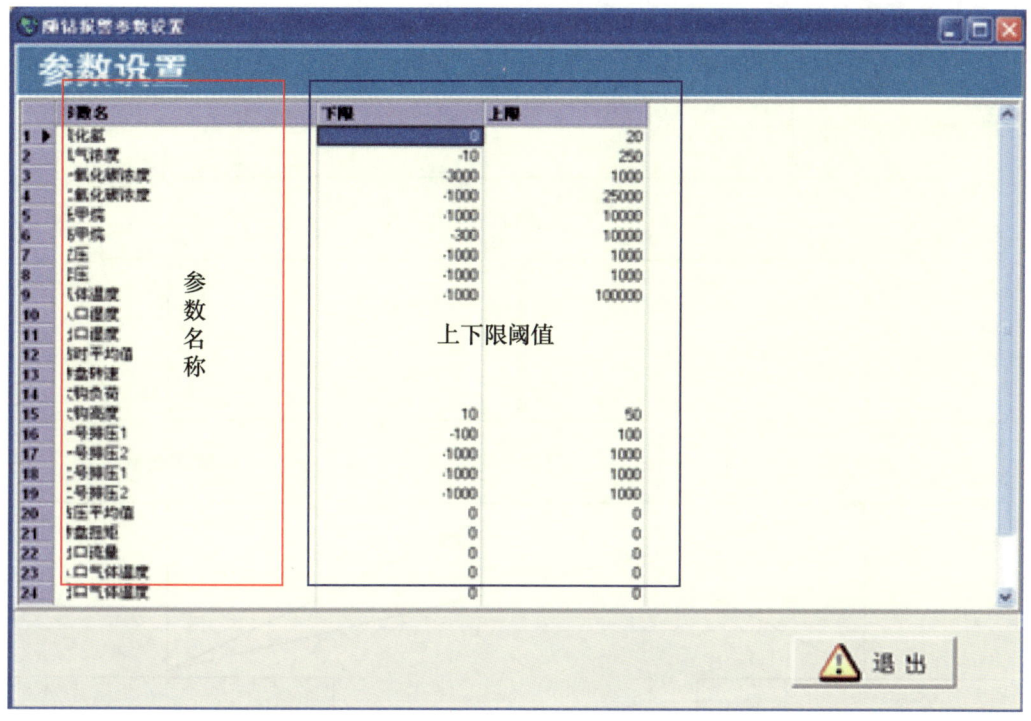

图 5-43　软件各参数上、下限阈值录入界面

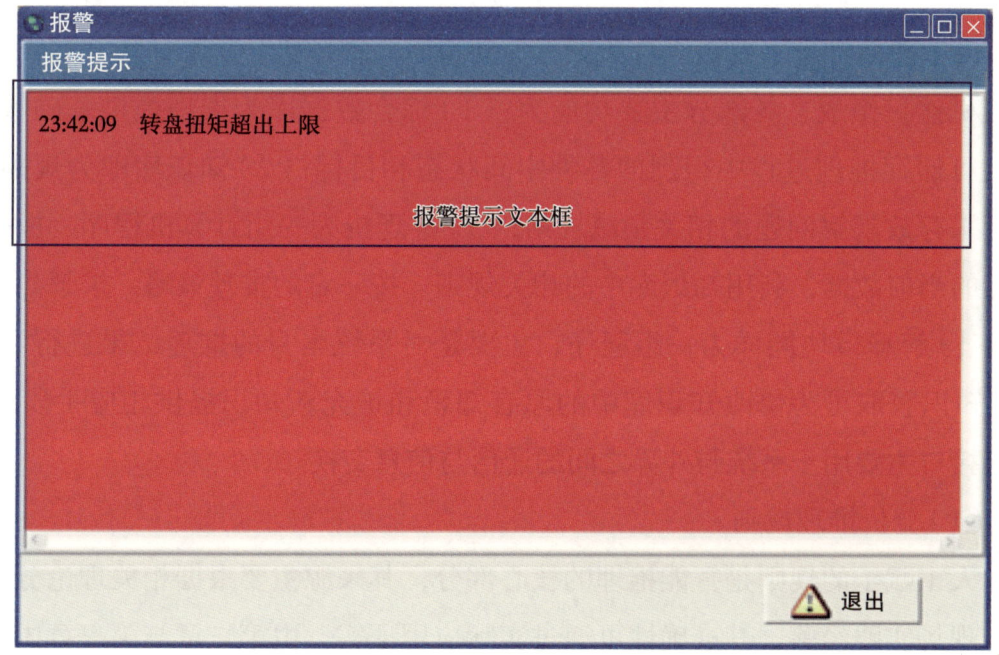

图 5-44　软件参数报警提示窗口

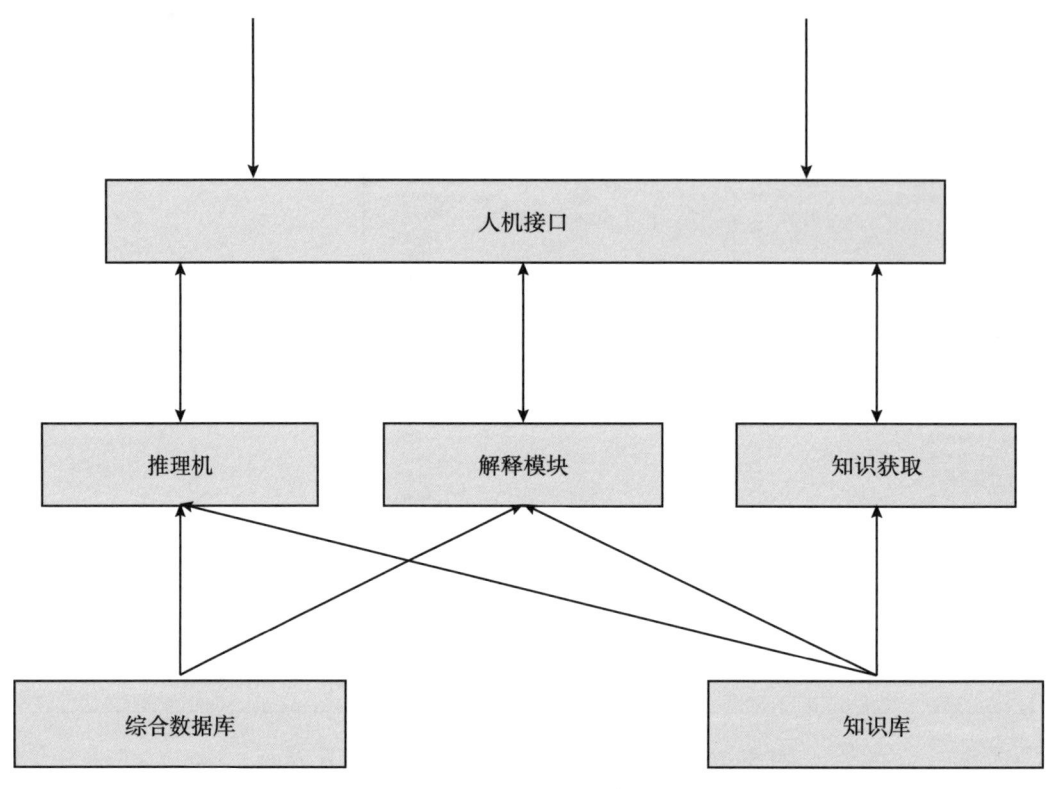

图 5-45　人工智能推理的结构框图

人工智能推理主要由综合数据库、知识库、推理机、解释模块、知识获取与人机接口组成，各部分主要功能为：（1）综合数据库为推理提供基础数据，同时可储存推理过程中得到的各种中间状态和目标；（2）知识库即为规则库，其用来存放求解问题的相关领域规则；（3）推理机为一组计算机程序，根据数据库的当前数据，利用知识库中的相关规则，按一定的推理策略，求解当前问题；（4）解释模块同样为一组程序，主要是对系统本身的推理结果进行解释；（5）知识获取可为修改知识库中的原有知识和扩充新知识提供相应手段；（6）人机接口主要用于系统与外界之间的通信与信息交换。

（1）分析推理规则。

人工赋予的规则是智能推理的核心部分，其来源主要根据相关理论分析计算与现场实践经验，其准确性可通过实际应用证实。由第二章与第三章内容可知，各类型安全风险发生所对应的工程参数响应情况见表 5-5。

表 5-5　各项安全风险发生分析推理规则所涉及工程参数

参数响应	地层产气	井壁失稳	地层产水	井下燃爆	钻柱失效	地层产出毒害气体	地面装备与人员安全
注入气体压力小幅增大	◆	◆	◆				
注入气体压力大幅增大		◆					
注入气体压力下降					◆		
大钩载荷增大		★					
大钩载荷瞬时降低	★	★					
大钩载荷持续降低					★		
扭矩增大		★					
扭矩降低	◆						
钻时降低	◆						
返出气体全烃浓度上升	★						
返出气体流量增大	◆						
返出气体流量降低		◆					
返出气体压力增大	◆						
返出气体压力降低		◆					
返出气体压力波动幅度增大		★					
返出气体 CO 浓度增大				★		★	
返出气体 CO_2 浓度增大				★		★	
返出气体 O_2 浓度降低				★			
返出气体 H_2S 浓度增大						★	
返出气体相对湿度增大			★				
地面可燃、有毒气体浓度增大							★
排砂管线壁厚减少							★
返出岩屑量增加		◆					

续表

参数响应	地层产气	井壁失稳	地层产水	井下燃爆	钻柱失效	地层产出毒害气体	地面装备与人员安全
返出岩屑量减少		◆	◆				
返出岩屑形态变化		★	★				
关键位置采集图像		◆	◆				◆

注：（1）★为充分条件，可定性确定。
　　（2）◆为辅助判定条件，可能响应滞后或不响应。
　　（3）上述的推理知识需以一定的逻辑表达形式才能被计算机识别。逻辑表达是基于形式逻辑的知识表达形式，将谓语连接词 and（与）、or（或）、equivalent（等价）、implie（蕴含）、not（非）等复合为复杂谓词，具体形式为：IF e_1 and//...not e_2...Then h_1。其中，e 为证据，即响应参数；h 为激发事件。

（2）针对措施推荐。

针对监测系统已确定发生的安全风险，系统软件将推荐性地输出须即刻执行的工程处理方案，以避免其转化为复杂的安全事故，具体见表 5-6。

表 5-6　针对各类型安全风险的建议处理方案

风险类型	推荐处理方案
地层产气	发现地层产气，立刻上提钻具 5 m，注气循环，活动钻具，观察： （1）如在气体循环过程中，发现返出烃类浓度、流量下降或上升缓慢，各相关情况稳定，则考虑放下钻具缓慢钻井，继续观察； （2）如在循环气体过程中，返出烃类浓度、产气量持续上升，则需继续循环观察
井壁失稳	出现井壁失稳情况，立刻上提钻具 10 m，增大注气量循环，活动钻具，观察： （1）如钻具上下活动、井眼净化正常，各相关情况稳定，考虑划眼后下放钻具，缓慢钻进； （2）否则考虑转液基钻井
地层产水	发现地层产水，立刻上提钻具 5 m，增大注气量循环，活动钻具，观察： （1）若岩屑返出正常，且返出相对湿度降低或稳定，则增大气量继续钻进，实时观察岩屑返出情况； （2）否则考虑转为雾化、泡沫等其他钻井方式
井下燃爆	发现井下燃爆，立即上提钻具 5 m，停止注气循环，活动钻具，观察： （1）若返出气体 CO_2、CO 浓度降低，各相关情况稳定，将注入气体氧气含量降低于 5% 后继续钻进； （2）否则起钻检查钻具

续表

风险类型	推荐处理方案
钻柱失效	发现钻柱失效,立即上提钻具 5 m,注气循环,停止活动钻具,观察,各相关情况稳定后,起钻检查钻具
地层产出毒害气体	发现地层产出有毒与有害气体,立即上提钻具 5 m,注气循环,活动钻具,观察: (1)若返出气体 CO_2、CO 浓度降低或稳定,各相关情况稳定,注意加强地面管线与泄漏监测,继续钻进; (2)若返出气体持续含 H_2S,转液基钻井
地面装备与人员安全	发现地面装备与人员安全,立即上提钻具 5 m,视具体情况确定是否停止注气循环与活动钻具,观察: (1)若有毒与可燃气体泄漏,立即疏散现场人员; (2)若为地面装备失效,立即更换、维护地面装备; (3)若涉及人员安全,须先保障人员安全

(3)知识规则录入。

初始使用系统软件,需录入推理知识规则,且应用于不同井例时,规则可能出现变化,需对知识库进行更新、修改。监测系统软件提供知识库的录入、更新功能,同时能以文档文件形式导入、导出,实现人机信息交换。

第四节 现场安全监测效果评价

一、现场概述

迪西 1 井是库车坳陷依奇克里克冲断带迪西 1 号大型断鼻构造东南翼的一口风险预探井,四开在阿合组井段 4 708.00~4 811.38 m 采用氮气钻井,环空测试,10 mm 油嘴求产,套压 45.32 MPa,天然气产量为 $58.98×10^4$ m^3/d,油产量为 69.6 m^3/d。天然气产量是邻井依南 2 井的 4.2 倍,取得了重大突破。为了继续及时发现和评价阿合组下部主力储层段,获得储层原始产量,五开继续采用氮气钻井技术钻完迪西 1 井阿合组储层段。

二、基础数据

1. 井身结构

迪西 1 井井身结构数据见表 5-7。

表 5-7 迪西 1 井井身结构数据

开钻次序	井段 / m	钻头尺寸 / mm	套管尺寸 / mm	套管下入地层层位	套管下入井段 / m	水泥返至井深 / m
一开	205.09	660.4	508.00	第四系	0~205.09	0
二开	2 630.00	444.5	339.70	吉迪克组	0~2 630.00	0
三开	4 708.00	311.2	244.50	阿合组	0~2 286.73	0
			250.80		2 286.73~4 708.00	
四开	4 878.00	215.9	206.38	阿合组	0~4 496.47	0
			177.80		4 496.47~4 877.65	
五开	5 000.00	149.2	—	—	—	—

注：本井设计井深数据不含补心高，现场须根据实测地面海拔和补心高进行调整。

2. 钻具组合

迪西 1 井的氮气钻井钻具组合：ϕ149.2 mm 牙轮钻头＋双母箭形回压阀＋ϕ120.65 mm 钻铤×1 根＋箭形回压阀×2 只＋ϕ120.65 mm 钻铤×11 根＋箭形回压阀×1 只＋投入式回压阀×1 只＋旁通阀×1 只＋转换接头＋ϕ88.9 mm 18°斜坡钻杆×48 根＋接头＋ϕ101.6 mm 18°斜坡钻杆＋钻杆旋塞×1 只＋箭形止回阀×1 只＋ϕ101.6 mm 18°斜坡钻杆＋旋塞（手动）＋顶驱液压旋塞。

三、施工情况

2012 年 6 月 25 日 1:10，干燥井壁后，试钻进 2 m（注气量为 170 m³/min，转速为 50 r/min，钻压为 10~30 kN），观察扭矩、立压等钻井参数和钻屑的返出情况，6 月 25 日 8:00，一切正常后，开始五开氮气钻井。

2012 年 6 月 25 日 14:23，钻进至 4 893.67 m 时，发现全烃浓度开始上涨（注气量为 170 m³/min，转盘转速为 50 r/min，钻压为 10~30 kN，泵压为 4.2~4.5 MPa），立即上提钻具循环观察，悬重、扭矩、立压无明显变化，14:30 全烃浓度由 0.29% 上升至 87.58%，排砂管线出口点火，火焰高 8~10 m，打开副排砂管线，发现火焰中带黑烟，录井取砂样处发现有凝析油。14:41 火势基本稳定，全烃浓度保持在 62% 左右后，将钻压上调至 40 kN 继续钻进，泵压由 4.5 MPa 上升至 5.5 MPa。钻进至井深 4 893.67 m 时的气测异常曲线图如图 5-46 所示。

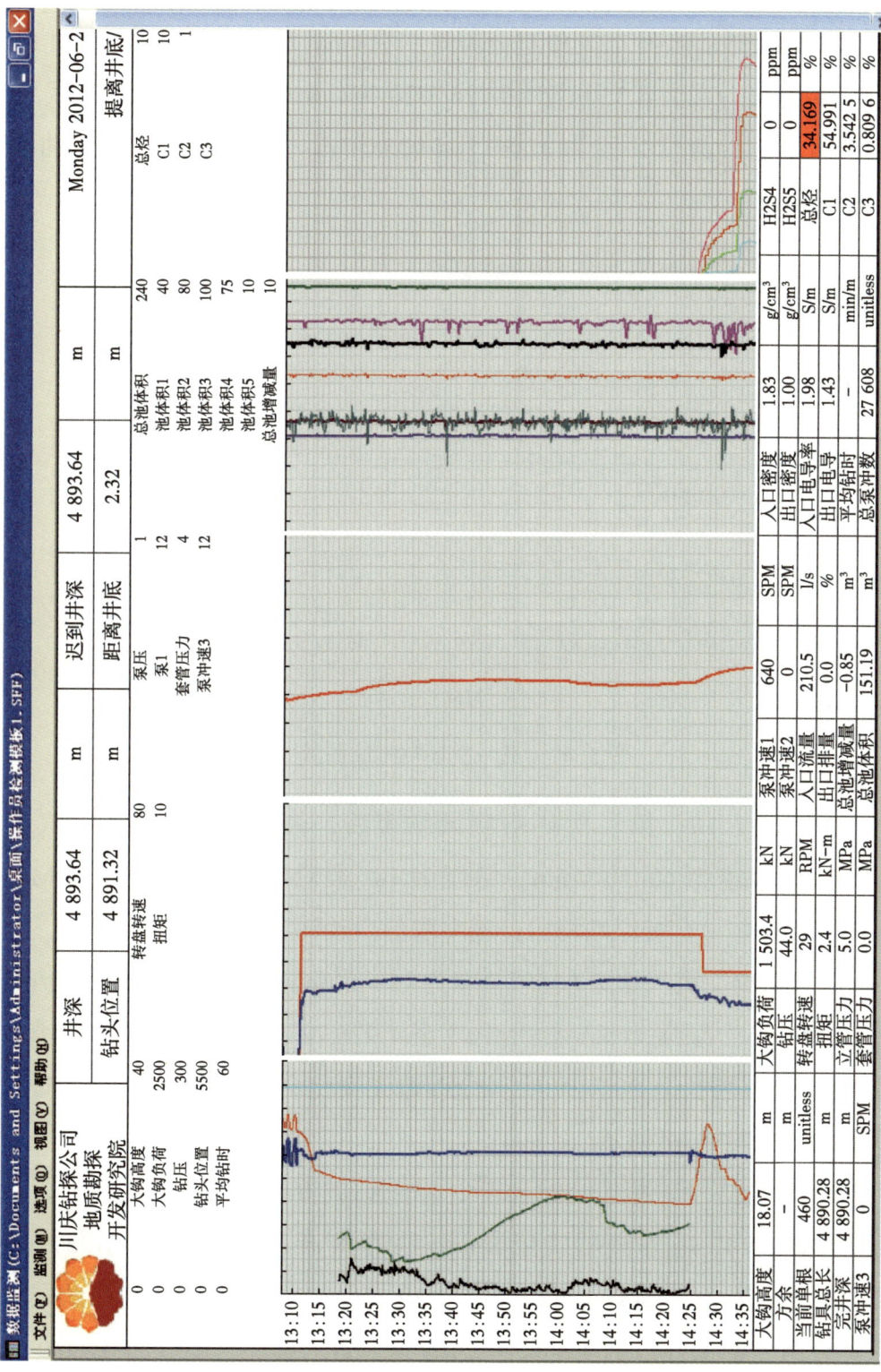

图 5-46 钻进至井深 4893.67 m 时的气测异常曲线图

2012年6月25日20:09，继续钻进至4908 m后，停止钻进进行第一次环空测试，21:54进地面流程，22:10进分离器，用8 mm油嘴求产，p_c为13.41 MPa，Q_g为133 840 m³/d，Q_o为4.32 m³/d（0.725 3/20 ℃，0.702 8/50 ℃）。测试层位为侏罗系阿合组，测试井段为4 880.1~4 908.01 m。第一次环空测试曲线如图5-47所示。

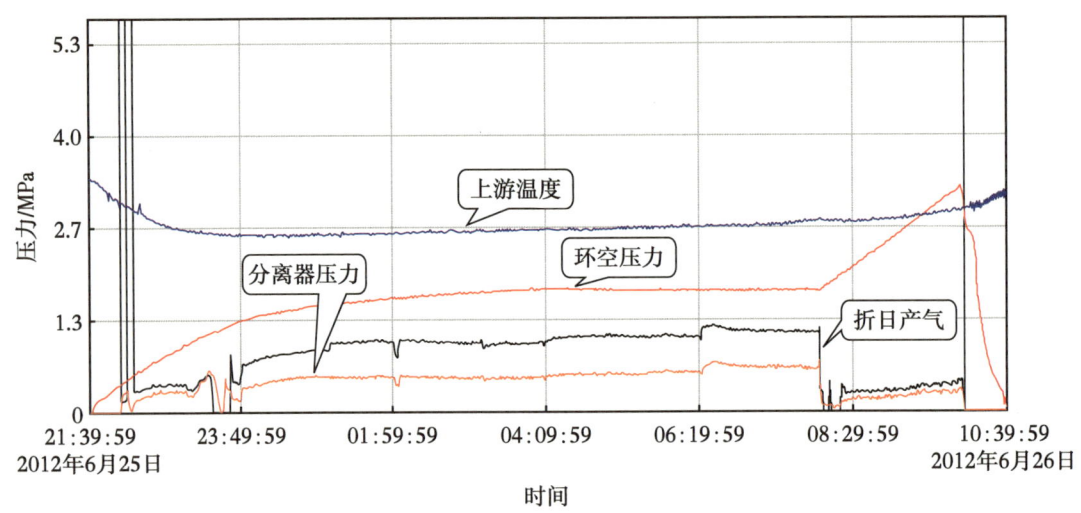

图5-47 第一次环空测试曲线

6月26日12:30，第一次环空测试结束后，恢复氮气钻进（注气量为170 m³/min，转速为40~50 r/min，钻压为10~50 kN，泵压为5.1~5.5 MPa），钻进期间，取样口一直有原油析出，基本取不到砂样。

6月27日6:04，氮气钻进（注气排量为150 m³/min，转盘转为40~50 r/mim，钻压为20~40 kN，泵压为5.4~5.8 MPa）至4 976.72 m时，发现气测异常（全烃浓度由66.21%增长至88.24%），其余参数无变化。钻至井深4976 m时的气测异常曲线图如图5-48所示。

6月27日7:52，钻进至4985 m后，停止钻进进行第二次环空测试，9:06进地面流程，9:17进分离器，用8 mm油嘴求产，p_c为20.43 MPa，Q_g为186 526 m³/d，Q_o为24.48 m³/d（0.797 3/20 ℃，0.774 8/50 ℃）。测试层位为侏罗系阿合组，测试井段为4 880.1~4 985 m。第二次环空测试曲线如图5-49所示。

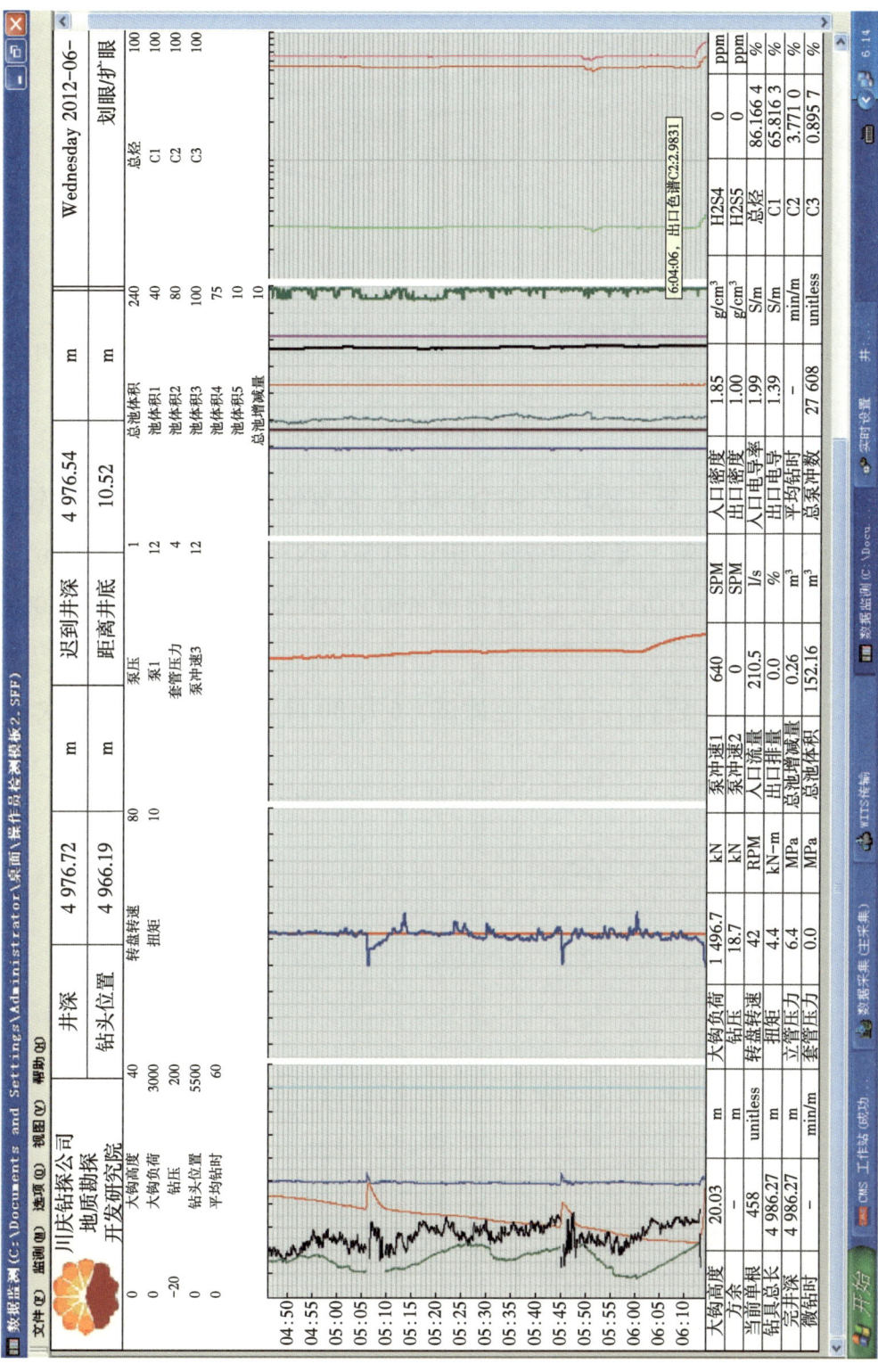

图 5-48 钻至井深 4976 m 时的气测异常曲线图

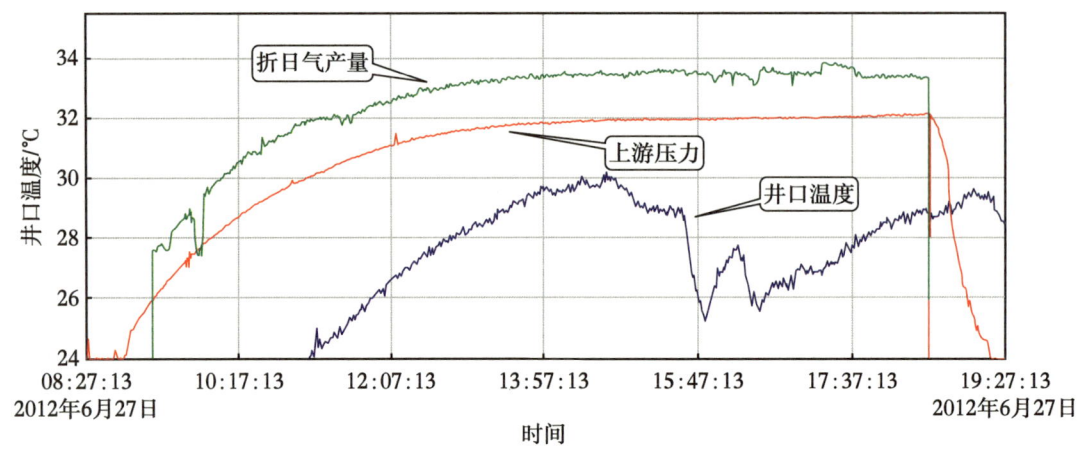

图 5-49　第二次环空测试曲线

6 月 27 日 21:00，第二次环空测试结束后，恢复钻进，由于井下产油较多，返出气体湿度由 39.5% 上升至 61.2%，扭矩由 5.7 kN·m 上升至 6.2 kN·m，因此调整注气量（由 150 m³/min 调整至 170 m³/min），23:20 氮气钻进至井深 5000 m 完钻。

6 月 28 日 1:00，进行第三次环空测试。6 月 30 日 00:48，进行第四次环空测试。

第六章 酸性、腐蚀气体下氮气钻井"油钻杆"技术

CO_2 对油管的腐蚀是困扰塔里木油田安全生产的突出问题,严重影响油气开采及安全。针对酸性气体腐蚀最安全的措施就是采用耐蚀管材。为满足致密性气藏氮气钻完井需要,可采用超级 13Cr 油钻杆进行钻进。如能在保障超级 13Cr 油管良好耐蚀性能的前提下,提高其强度,就能在氮气钻井结束后不起管柱而直接完井,避免了储层伤害,有利于获得高产。

第一节 油钻杆结构及制造工艺

一、油钻杆方案

1. 油钻杆两端加厚形式及接头设计制造方案

1)钢级

采用基本适应塔里木山前含二氧化碳井腐蚀的 Super 13Cr-110 马氏体不锈钢。在国际相关标准及基本认识中,Super 13Cr-110(758 MPa)作为油管,其强度已足够,但是作为钻杆,其强度远低于塔里木常用的 S135(930 MPa)。一个折中处理是把 Super 15Cr-125(862 MPa)作为备用方案研究。

选用 Super 13Cr-110 马氏体不锈钢,其化学成分符合 NACE 15156-3 表 D.6 中 S/W 13Cr(UNS,S41425)要求。

2)油钻杆几何尺寸参数设计

针对迪西 1 井已下 ϕ200 mm 套管,其内可用钻杆最大直径为 101.6 mm,确定 ϕ101.6 mm 油钻杆技术方案如下。

(1)基本尺寸:管体外径 101.6 mm、内径 72 mm,通径 69 mm,这是考虑射孔枪可下入的最小直径。两端接头外径 133.4 mm、内径 72 mm,即内平外

加厚结构。内径 72 mm 是射孔枪可通过的最小直径。

（2）接头制造方案：接头外径 133.4 mm，如果加厚长度由接单根起下工具可操作空间决定，势必太长，制造困难或不经济。因此设计钳头咬在管体部位，防钳牙咬伤问题由钻井现场解决。拟试验两种接头制造方案，通过试验后确定。

①首选方案：套管两端直接热挤压到接头尺寸，然后整管热处理。

②备选方案：管体和接头分别单独制造，摩擦焊联结。摩擦焊焊缝强度及热影响区性能将是考核的重点。经研究，确定首批试验生产用油钻杆 Super 13Cr-110 属于马氏体不锈钢，可焊性差。因此如果采用钻杆接头摩擦焊的方法制造，风险较大。

经研究，决定首选方案为整体热挤压镦粗，钻杆接头摩擦焊作为储备研究技术。制造的油钻杆已在塔里木迪北 101 井、迪北 104 井使用。

（3）接头螺纹：采用钻具接头螺纹，要求接头螺纹强度与同尺寸钻杆碳钢接头相当。螺纹密封面结构应具有 70 MPa 气密封和防腐蚀泄漏性能。公扣最末完全扣区应尽可能降低应力集中和缺口疲劳敏感系数。

3）特殊要求

鉴于氮气钻开产层时，钻具断裂可能造成井喷，因此特别强调油钻杆强度设计与制造过程质量控制，给现场使用留有充分的强度裕量。由于这是国际上首次采用 Super 13Cr-110 马氏体不锈钢制造钻杆，因此充分认证和评价是必要的，为此该钻杆必须具备以下特性和功能：

（1）具有钻杆的拉扭强度和操作方式。

（2）具有油管的气密封性和内压—拉伸强度。

（3）具有油管的抗产层流体冲蚀—腐蚀特性，为此要求接头与管体具有完全相同内径，以防止冲蚀和"空化"相变腐蚀。

2. 油钻杆螺纹及气密封结构

完成油钻杆接头、螺纹及气密封有限元分析研究，油钻杆气密封实物评价试验用 BGXT 42M 钻杆扣型。接头特征为：

（1）一对接头上下均为 18° 斜坡，适应过旋转防喷器胶芯。

（2）接头和管体为同一内径，有利于测试/采气时防冲蚀。

（3）在 API NC38 牙型基础上修改了扣根圆角半径，使用 BGXT 42M 钻杆扣型，有利于提高疲劳强度，同时内台阶带锥面对锥面气密封，是国际公认的气密封结构，并完成了复合载荷气密封、强度试验。

（4）无摩擦焊、整体增粗接头，接头力学性能高于管体。

3. 气密封结构

采用的气密封结构为锥面对锥面密封，其设计理论为塑性流动密封机理。通过试验和弹塑性接触有限元计算，要求 1 mm 密封泄漏长度上的接触压力大于材料屈服强度，只有密封面产生塑性流动，表面凹凸差或微小配合间隙被塑性流动金属填平，泄漏通道才会被锁定。

二、接头、螺纹及密封结构

图 6-1 为内螺纹接头及密封结构，图 6-2 为外螺纹接头及密封结构。

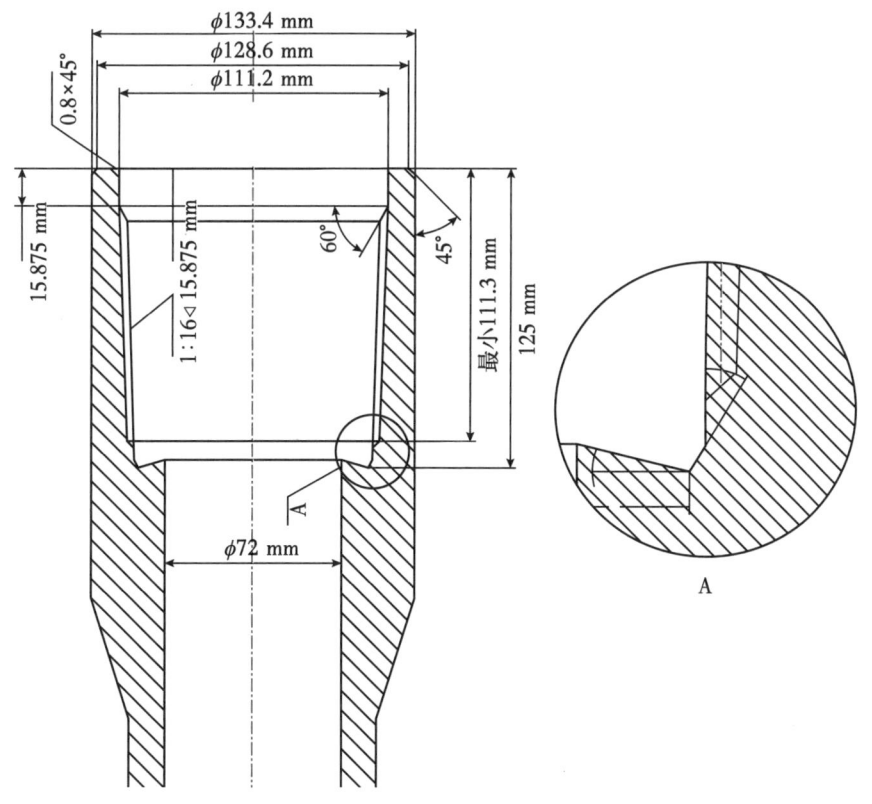

图 6-1　内螺纹接头及密封结构

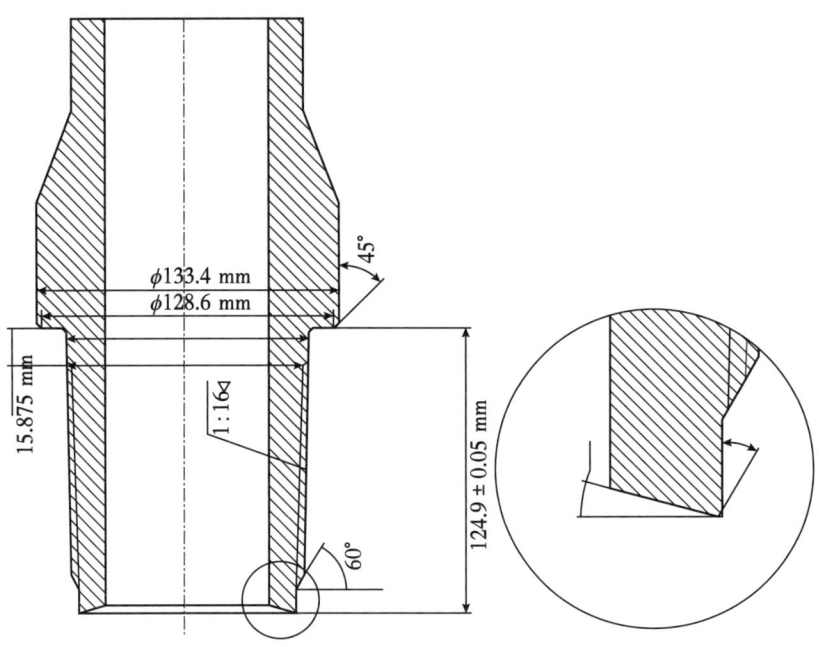

图 6-2 外螺纹接头及密封结构

三、油钻杆接头及管体性能参数

BGXT 42M 钻杆及接头的性能参数见表 6-1 和表 6-2，钻杆与接头强度见表 6-3 至表 6-5，接头基本尺寸如图 6-3 所示。

表 6-1 BGXT 42M 钻杆的性能参数

公称尺寸/mm	钢级	管体/mm			外螺纹接头/mm				内螺纹接头/mm			
101.6	S120	外径	内径	名义壁厚	外径	内径	长度	台肩宽	外径	内径	长度	台肩宽
		101.6	72	14.8	133.4	72	124.9	13.6	133.4	72	124.9	13.6
最小抗扭强度/(kN·m)		73.9			65.5							
最小抗拉强度/kN		3340			3514							
紧扣扭矩/(kN·m)		—			39.3							
抗挤强度/MPa		206			—							
抗内压/MPa		211			—							
通径/mm		72		加厚型式	EU			螺纹类型			BGXT 42M	
内容积/(L/m)				外加厚长度/mm				螺纹锥度			1:6	
								螺距/mm			6.35（4牙/25.4）	

表 6-2 接头 BGXT 42M 基本结构尺寸参数

屈服应力 /MPa	钻具类型	螺纹类型	外台肩距离 B_1/mm	内台肩距离 B_2/mm	内台肩角度/(°)	外径 D/mm	内径 d/mm
827	钻杆	BGXT42M	15.875	13.6	15	133.4	72
基面节径 C/mm	母接头镗孔直径 Q_c/mm	公接头长度 L_{pc}/mm	牙数/in	锥度/(mm/mm)	螺纹截底高度/mm	螺纹不截顶高度/mm	牙型半角/(°)
106.68	111.2	124.9	4	0.0625	0.9652	5.4975	30

表 6-3 钻杆强度

新钻杆数据							
外径/mm	内径/mm	壁厚/mm	钢级	抗扭强度/kN·m	抗拉强度/t	抗挤强度/MPa	抗内压强度/MPa
101.6	72	14.8	120	73.58	340.82	205.99	210.97

表 6-4 接头强度

钻杆外径/mm	螺纹类型	接头外径/mm	内径/mm	抗扭强度/kN·m	抗拉强度/tf	上扣扭矩/kN·m	接头与钻杆抗扭强度比	接头与钻杆抗拉强度比
101.6	BGXT42M	133.4	72	65.5	358.64	39.3	0.89	1.05

表 6-5 钻具 BGXT42M 接头扭矩分解

		外台肩	内台肩	总扭矩强度
扭矩强度	lbf·ft	27 684	20 658	48 342
	kN·m	37.51	27.99	65.5
台肩力	lb	790 109	675 081	外螺纹接头弱
	t	358.64	306.43	
上扣扭矩	lbf·ft	16 614	12 392	29 005
	kN·m	22.51	16.79	39.30

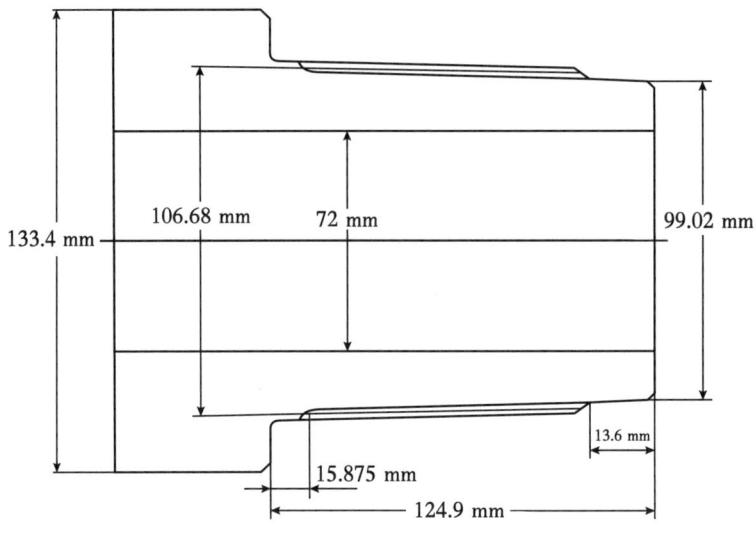

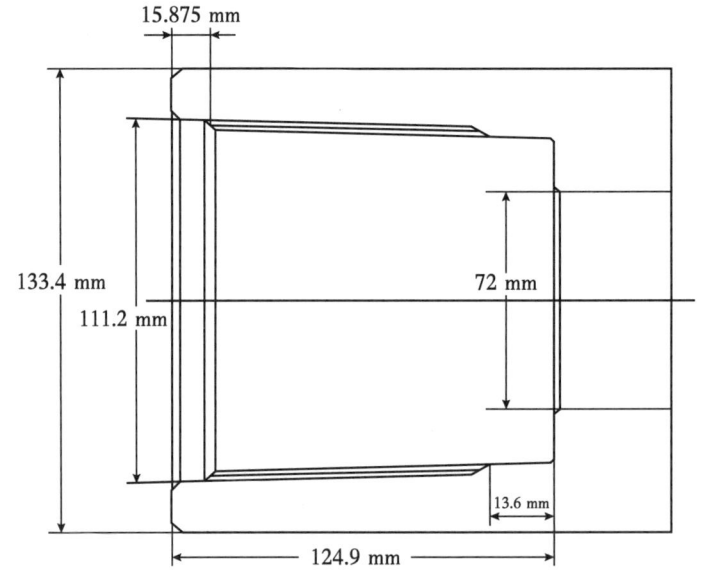

图 6-3 接头基本尺寸

第二节 油钻杆材料性能

一、BG 13Cr-110TB 油钻杆材料的理化和力学性能

ISO 11960 和 NACE 15156-2 把 BG 13Cr-110TB 材料定位在 758 MPa（110 ksi），通过对化学成分和热处理作了优化研究，使该材料具有优良的金相、理化和力

学性能，其性能已优于迄今所检测过的国内外任何一种 Super 13Cr-110 油管。微观组织符合 ISO 13680 要求，该标准的要求是：δ 铁素体含量不超过 5%。微观组织中晶界间不应有连续的析出相或网状铁素体（图 6-4）。在国际相关标准及基本认识中，Super 13Cr-110 的屈服强度定位于 758 MPa（110 ksi），但本项目开发的材料的屈服强度达 938~952 MPa（136~138 ksi），已达到 S135 基本要求（表 6-6）。这就为安全钻井和处理卡钻提供了安全裕量。

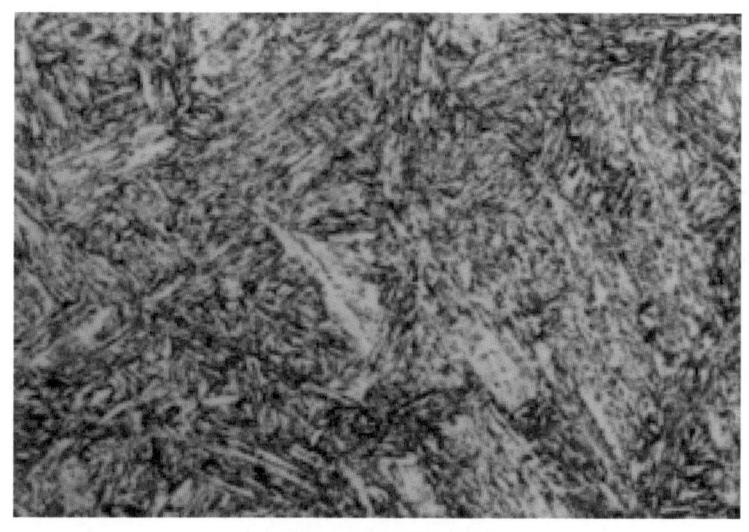

(a) 纵向金相组织图（500×）

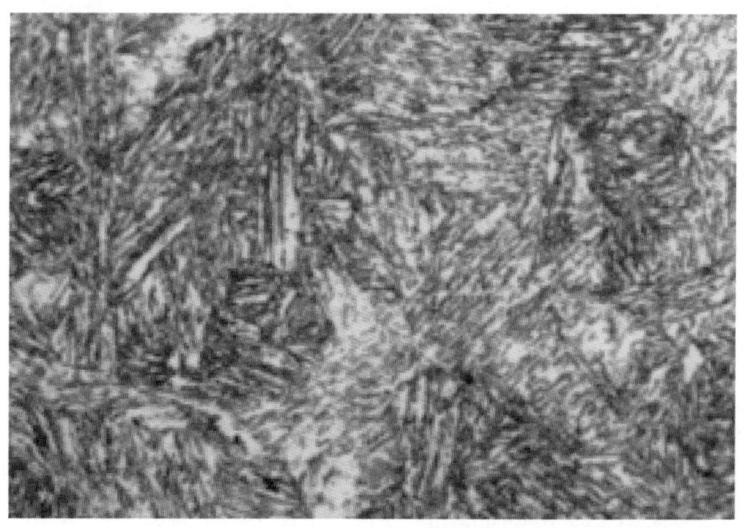

(b) 横向金相组织图（500×）

图 6-4　微观组织中晶界间没有连续的析出相或网状铁素体

表 6-6　BG 13Cr-110TB 油钻杆强度

试样编号	抗拉强度 /MPa		屈服强度 /MPa		弹性模量 /GPa	屈强比	断后伸长率 /%		硬化指数
	实测	均值	实测	均值			实测	均值	
管体	979	976	939	937	202	0.96	21.0	21.5	0.054
	971		932		202	0.96	21.7		0.055
	979		941		201	0.96	21.7		0.056
公螺纹端	984	996	943	953	201	0.96	22.1	21.7	0.048
	999		956		201	0.96	22.0		0.051
	1005		962		202	0.96	21.1		0.049

国际上首次用 Super 13Cr-110 制造了两端整体式工具接头，热挤压变形尺度大，多道次加热和更换模具挤压，难度极大。理论上采用热墩粗工艺得到热变形组织，实际上，热变形受到变形速度、变形温度、变形程度等诸多因素的影响，组织上存在较大差别。金属外部塑性变形，在金属内部表现为晶粒拉长、变形或破碎，晶格畸变、位错密度增加，处于非稳定状态。在较低的温度下，金属的不稳定状态会缓慢回复，当达到某一个温度以后，被拉长、变形或破碎的晶粒通过重新成核、长大，变为均匀的等轴晶。静态、动态过程的各种组合得到不同的组织，具有不同的性能。工艺过程的不当有可能导致性能的敏化、恶化，甚至失效。进行了多次试验，使墩粗接头及加厚过渡带材料具有优良性能。

二、中间试制产品油钻杆材料理化及力学性能

1. 取样位置

所送检油钻杆形貌图如图 6-5 所示。

2. 化学成分分析

利用 HCS-140 高频红外硫碳分析仪分析了外螺纹端油钻杆接头材料的元素分布情况，包括 C、Si、Mn、P、S、Ni、Cr、Mo、Cu、V、Ti 和 Al 这 12 种元素，所取的测试试样为粉粒状，测试结果见表 6-7。由表 6-7 可知，外螺纹端油钻杆接头材料的元素分布中，Cr、Mo 元素占有较高比例，而由于富含 Cr、Mo 元素的 δ 铁素体存在，会使其与马氏体的界面上形成脆性的碳化物层。

随着不锈钢中 Cr 元素含量的增加，钝化电流密度降低，且钝化膜击穿电压会提高，即不锈钢耐蚀性能提高。

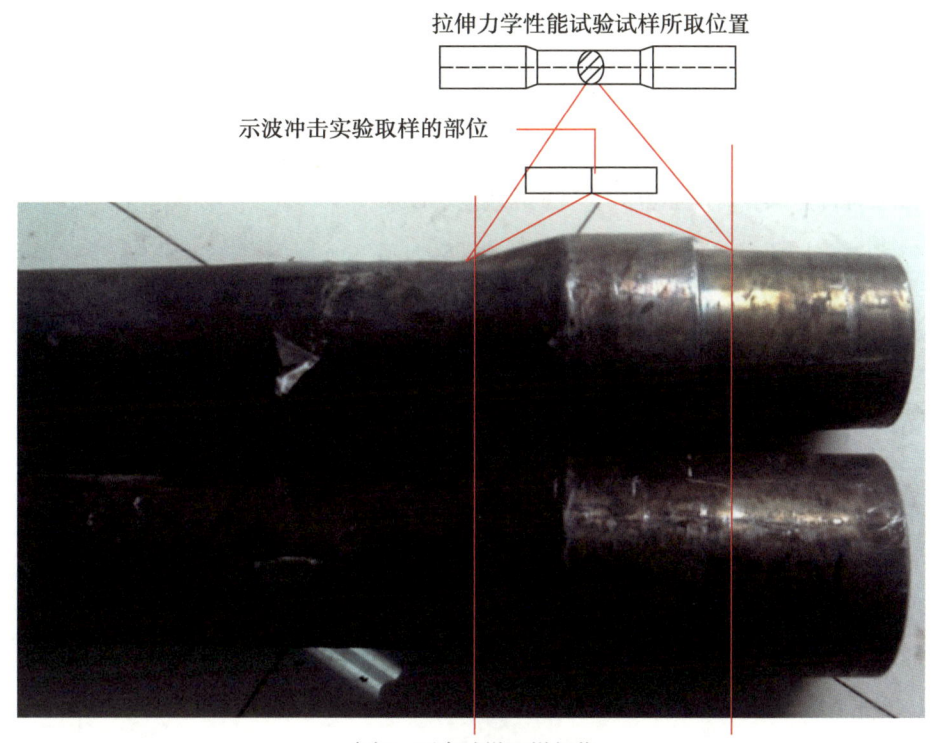

图 6-5　所送检油钻杆形貌图

表 6-7　化学成分测试结果　　　　单位：%（质量分数）

元素	检测结果	油钻杆补充订货技术条件
C	0.020	≤0.040
Si	0.290	—
Mn	0.350	—
P	0.015	≤0.020
S	0.002	≤0.005
Cr	13.040	12.000~14.000
Mo	1.960	1.500~3.000
Ni	4.780	4.500~5.500
Ti	0.040	—

续表

元素	检测结果	油钻杆补充订货技术条件
Cu	0.050	—
V	0.030	—
Al	0.008	—

3. 油钻杆接头部分拉伸力学性能测试结果

油钻杆接头螺纹部分拉伸实验结果见表6-8。由表6-8可知，接头螺纹部分的平均屈服强度为975 MPa，平均抗拉强度为1050 MPa，满足API Spec 5D对135级钻杆的强度要求（标准规定屈服强度的范围为827~1138 MPa，抗拉强度大于965 MPa）。

表6-8 油钻杆接头螺纹部分拉伸力学性能测试结果

编号	屈服强度 $R_p0.2$/MPa	平均屈服强度 $R_p0.2$/MPa	抗拉强度 σ_b/MPa	平均抗拉强度 σ_b/MPa	断裂总延伸率 δ/%	平均断裂总延伸率 δ/%
试样1	995		1025		21.40	
试样2	970	975	1070	1050	18.25	19.25
试样3	955		1060		18.09	

4. 油钻杆外加厚终点管体部位拉伸力学性能测试结果

油钻杆外加厚终点管体部位拉伸实验结果见表6-9。由表6-9可知，管体部位的平均屈服强度为985 MPa，平均抗拉强度为1020 MPa，满足API Spec 5D对135级钻杆的强度要求。

表6-9 油钻杆外加厚终点管体部位拉伸力学性能测试结果

编号	屈服强度 $R_p0.2$/MPa	平均屈服强度 $R_p0.2$/MPa	抗拉强度 σ_b/MPa	平均抗拉强度 σ_b/MPa	断裂总延伸率 δ/%	平均断裂总延伸率 δ/%
试样1	985		1015		19.74	
试样2	990	985	1020	1020	19.44	19.54
试样3	985		1020		19.44	

5. 示波冲击实验结果

从油钻杆接头部位和外加厚终点管体部位的纵向截面与横向截面上分别制取 12 件冲击试样，分成 2 组（6 件一组，有 3 件为纵向试样，另 3 件为横向试样），用示波冲击仪对这 2 组试样在不同的温度条件下（25 ℃、-20 ℃）进行冲击试验。试验所取的试样尺寸为 10 mm×10 mm×55 mm，缺口为夏比冲击 V 形缺口。示波冲击测试可测量夏比冲击功，它由起裂功和裂纹扩展功组成。此外可计算出冲击试样的动态断裂韧度和动态临界应力场强度因子。冲击韧性值见表 6-10。

表 6-10 油钻杆接头示波冲击韧性值测试结果

编号	冲击功 W_t/J	温度 /℃	取样方向	取样位置	均值 W_t/J
1	134.29	25	纵向	接头部位	144.34
2	148.70		纵向		
3	150.04		纵向		
4	154.03		横向		141.08
5	133.52		横向		
6	135.70		横向		
7	169.59		纵向	外加厚终点管体部位	167.59
8	177.15		纵向		
9	156.02		纵向		
10	145.12		横向		148.71
11	152.30		横向		
12	废		横向		
13	169.45	-20	纵向	接头部位	163.27
14	164.50		纵向		
15	155.85		纵向		
16	179.36		横向		161.04
17	154.84		横向		
18	148.91		横向		

6. 中间试制产品评价

材料具有优良的化学元素设计，符合 NACE 15156-3 表 D.6 中 S/W 13Cr（UNS，S41425）要求。材料强度达到 S135 水平，平均屈服强度 $R_p0.2$ 为 985 MPa（143 ksi），平均断裂总延伸率 δ 为 20%。两端整体式工具接头，热挤压墩粗工艺及后续热处理先进，接头及加厚过渡带具有高韧性，-20 ℃ 冲击功纵向大于 160 J，横向大于 145 J，接头性能优于管体。金相组织可见高温铁素体，呈岛状析出相。进一步优化工艺措施，在终端产品中已完全克服了上述问题。

三、终端成品油钻杆管体部位和接头部位材料力学性能

1. 油钻杆管体、接头拉伸力学性能

油钻杆管体、接头部位拉伸实验结果见表 6-11。由表 6-11 可知，管体部位平均屈服强度为 937 MPa，平均抗拉强度为 976 MPa，接头部位平均屈服强度为 953 MPa，平均抗拉强度为 996 MPa，均满足 API Spec 5D 对 135 级钻杆的强度要求。

表 6-11　油钻杆管体、接头拉伸力学性能测试结果

试样编号	抗拉强度 /MPa		屈服强度 /MPa		断后伸长率 /%	
	实测	均值	实测	均值	实测	均值
管体	979	976	939	937	21.0	21.5
	971		932		21.7	
	979		941		21.7	
接头部位	984	996	943	953	22.1	21.7
	999		956		22.0	
	1005		962		21.1	

2. 管体与接头部位冲击性能

样品管体与螺纹端横向、纵向示波冲击实验结果见表 6-12。

表 6-12 样品管体与螺纹端横向、纵向示波冲击实验结果

测试部位		测试温度 / °C	冲击功 W_t / J	
			实测	转换后
管体	横向 55 mm×10 mm×7.5 mm	25	104.59	130.74
		0	106.22	132.78
		-20	101.79	127.24
	纵向 55 mm×10 mm×10 mm	25	168.47	
		0	161.25	
		-20	165.80	
接头	横向 55 mm×10 mm×10 mm	25	159.41	
		0	—	
		-20	154.22	
	纵向 55 mm×10 mm×10 mm	25	168.23	
		0	148.09	
		-20	144.93	

四、油钻杆材料旋转弯曲疲劳性能评价

参照 GB/T 4337—2015《金属材料 疲劳试验 旋转弯曲方法》和 ISO 10407-1 进行疲劳试验。通过旋转弯曲疲劳性能测试试验，可得到材料的循环周次与加载载荷之间的关系，疲劳试样尺寸图如图 6-6 所示。

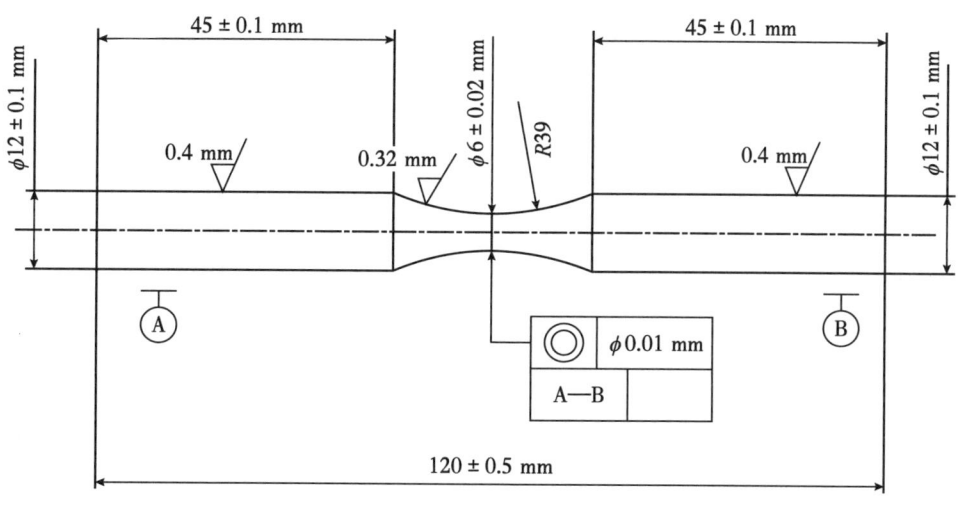

图 6-6 疲劳试样尺寸图

中间试制产品及终端产品测试结果见表 6-13 和表 6-14。按塔里木 S135 钻杆旋转弯曲性能要求，在 550 MPa 弯曲正应力下，疲劳寿命应大于 10^7 旋转周次。BG 13Cr-110TB 油钻杆材料旋转弯曲性能达不到 S135 水平，其机理尚待研究。经初步研究，认为造成此现象的可能原因是：马氏不锈钢材料旋转弯曲疲劳性能对微观组织敏感；材料旋转弯曲疲劳强度在极大程度上决定于抗拉强度，S135 抗拉强度高于 BG 13Cr-110TB 油钻杆材料。

表 6-13　中间试制产品疲劳寿命测试结果

编号	疲劳寿命（550 MPa）/旋转周次	疲劳源特征描述
1	388 917（3.9×10^5）	（1）断裂，疲劳源区存在球状夹杂物（成分与母材接近）； （2）夹杂物附近伴生氧化物相
2	738 862（7.4×10^5）	断裂，疲劳源区含夹杂物
3	4 809 022（4.8×10^6）	断裂（未发现明显夹杂物，失效机制待进一步分析）
4	8 633 740（8.6×10^6）	断裂（接近 S135 标准要求的 1×10^7 周次，建议补充断口电镜分析）

表 6-14　终端产品疲劳寿命测试结果

应力/MPa	试样编号	断裂情况	旋转圈数
480	1	破断	1 118 626（1.1×10^6）
480	2	越出	12 108 121（1.2×10^7）
550	1	破断	465 523（4.6×10^5）
550	2	破断	658 139（6.6×10^5）
550	3	破断	1 269 356（1.3×10^6）
550	4	越出	22 079 699（2.2×10^7）

第三节　模拟开采环境的材料腐蚀及适用性评价

一、Super 13Cr-110 油钻杆材料腐蚀及适用性评价

Super 13Cr-110 油钻杆在模拟开采环境的材料腐蚀及适用性评价打钻、完井和测试后将用于采气，因此模拟开采环境的材料腐蚀及适用性评价十分重要，具体包括以下几方面的评价：

（1）模拟凝析水、二氧化碳和甲烷体系复杂组分的流动腐蚀评价。
（2）模拟凝析水、二氧化碳和甲烷体系复杂组分的静态腐蚀评价。
（3）高温高压螺纹及密封面缝隙腐蚀评价。
（4）BG 13Cr-110 与碳钢连接的电偶腐蚀评价。

分别进行在 90 ℃、110 ℃ 两个温度条件下，样品 13Cr、S135 在气相、液相腐蚀环境下的耐腐蚀性能评价实验，以及样品 13Cr 与 4145H 偶接为电偶对时的电偶腐蚀加速行为。其中，动态腐蚀性能测试参照 JB/T 6073—1992《金属覆盖层 实验室全浸腐蚀试验》执行，将样品加工为 30 mm×15 mm×3 mm 的矩形截面试样，在油气藏地质及开发工程国家重点实验室自研的循环流动高温高压釜和静态高温高压釜中进行耐腐蚀性能检测。

腐蚀速率采用式（6-1）计算：

$$v = \frac{87\ 600 \Delta m}{\rho A t} \quad (6\text{-}1)$$

式中　v——试样腐蚀速率，mm/a；
　　　Δm——试样的失重，g；
　　　A——试样的表面积，cm^2；
　　　ρ——试样的密度，g/cm^3；
　　　t——腐蚀时间，h。

二、油钻杆材料的耐腐蚀性

对 Super 13Cr-110 油钻杆材料进行了系统的流动腐蚀评价试验，证明所开

发的该材料在模拟开采腐蚀环境下具有优良耐腐蚀性。在塔里木油田首次开展了模拟开采腐蚀环境下流动腐蚀评价（图6-7、表6-15）。该装置可评价井筒中水的存在状态。

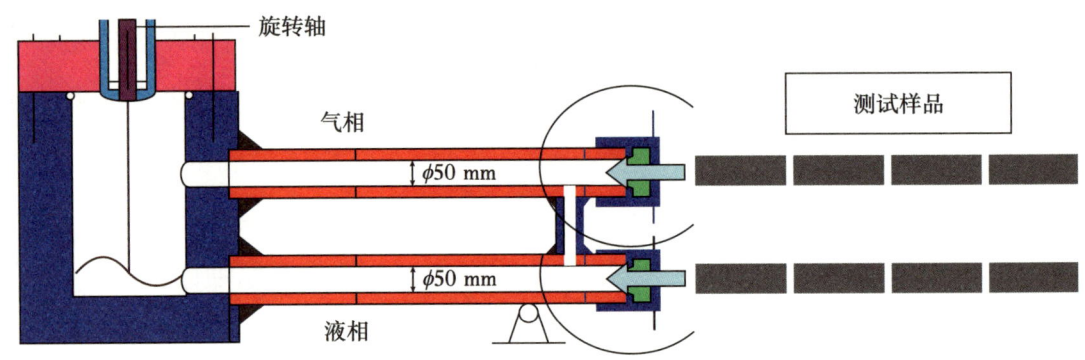

图6-7　模拟开采腐蚀环境下流动腐蚀评价

（70 MPa、最高工作温度180 ℃、容积8 L、整体C276合金锻造）

表6-15　塔里木油钻杆模拟开采腐蚀环境下流动腐蚀评价

试样编号	相态	失重/g	均匀腐蚀速率/mm/a	腐蚀速率均值/mm/a
3-1	携水腐蚀：模拟地层水分散在天然气中	0.000 6	0.003 2	0.003 6
3-2		0.000 7	0.004 0	
3-3		0.000 6	0.003 4	
3-4		0.006 3	0.036 3	
4-1	积水腐蚀：模拟天然气分散在地层水中，水为连续相	0.006 4	0.036 8	0.039 4
4-2		0.007 8	0.045 1	
4-3		0.000 6	0.003 2	
4-4		0.000 7	0.410 0	

参照迪西1井腐蚀环境评价：CO_2含量为2.42%，分压为1.69 MPa，含凝析水，Cl^-质量浓度为50 000 mg/L的NaCl溶液；温度分别为90 ℃和110 ℃；实验压力为p_{CO_2}=1.75 MPa，$p_{总}$=35 MPa；动态循环流动，模拟流速为5 m/s；实验时间为168 h。

三、油钻杆材料腐蚀评价认识

1. 金相组织是 13Cr–110 材料腐蚀的重要影响因素

试验材料的成分一致,但是组织不同,其化学成分见表 6-16,其金相组织如图 6-8 所示。中间试制油钻杆样品金相组织为马氏体 +δ 铁素体;油钻杆样品中未见析出的 δ 铁素体,组织更加均匀,耐腐蚀性能显著提高。

表 6-16　超级 13Cr 油钻杆化学成分　　单位:%(质量分数)

材料	C	Si	Mn	P	S	Cr	Mo	Ni
超级 13Cr	0.020	0.290	0.350	0.015	0.002	13.040	1.960	4.780

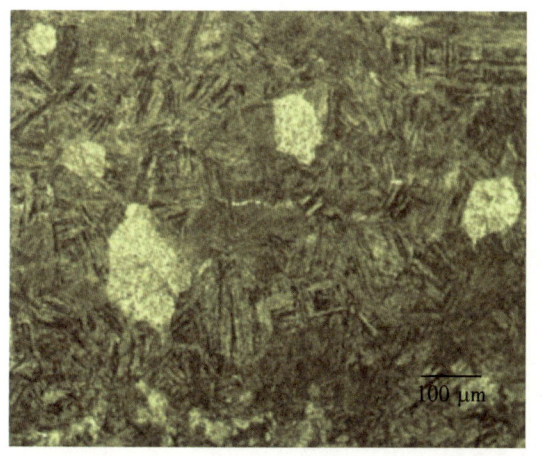 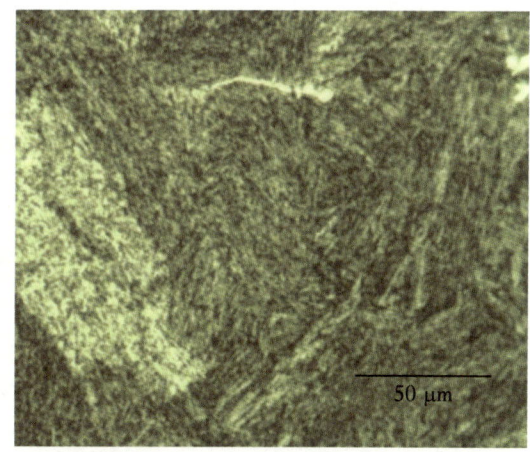

(a)中间试制油钻杆样品金相组织

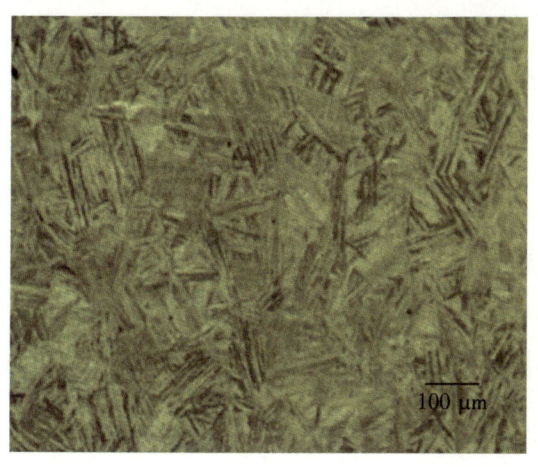 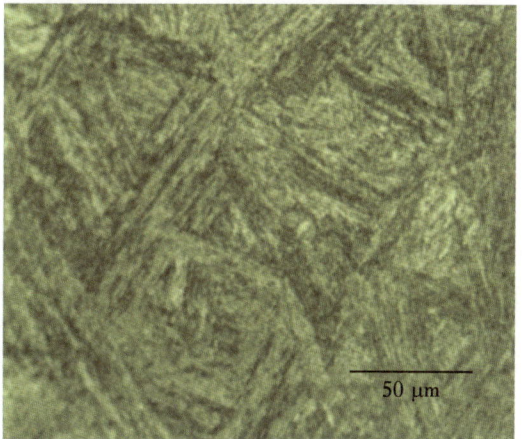

(b)塔里木油钻杆样品金相组织

图 6-8　试验材料的金相组织

不同试样金相组织的腐蚀实验结果见表 6-17，根据 NACE RP 0775—2005《油田生产中腐蚀挂片的准备安装以及试验数据的分析》的规定，腐蚀速率小于 0.025 mm/a 为轻度腐蚀；腐蚀速率在 0.025~0.125 mm/a 之间为中度腐蚀。可见，两种试样油钻杆在气相中的腐蚀程度都为轻度腐蚀，在液相中的腐蚀程度都为中度腐蚀。塔里木油田均匀腐蚀速率控制的技术指标为不超过 0.076 mm/a，中间试制油钻杆样品在模拟积水采气工况下的腐蚀速率超出该标准。

表 6-17 不同试样金相组织的腐蚀速率测试结果

材质	试样编号	工况	失重/g	均匀腐蚀速率/mm/a	腐蚀速率均值/mm/a
中间试制钻杆样品	1-1	携水采气	0.001 4	0.008 1	0.007 5
	1-2		0.001 0	0.006 0	
	1-3		0.001 5	0.008 5	
塔里木钻杆样品	2-1		0.000 6	0.003 2	0.003 6
	2-2		0.000 7	0.004 0	
	2-3		0.000 6	0.003 4	
中间试制钻杆样品	1-4	积水采气	0.023 8	0.137 1	0.103 2
	1-5		0.017 8	0.103 1	
	1-6		0.012 0	0.069 5	
塔里木钻杆样品	2-4		0.006 3	0.036 3	0.039 4
	2-5		0.006 4	0.036 8	
	2-6		0.007 8	0.045 1	

在两种模拟工况下，塔里木钻杆样品的耐腐蚀性能均优于中间试制油钻杆样品，且腐蚀速率都在油田控制标准之内。在模拟携水采气工况下，塔里木油钻杆的腐蚀速率为 0.003 6 mm/a，约为中间试制油钻杆样品的 48%；在模拟积水采气工况下，塔里木油钻杆的腐蚀速率为 0.039 4 mm/a，约为中间试制钻杆样品的 38%。可见，金相组织中析出的 δ 铁素体的量越少，超级 13Cr 管材的耐腐蚀性能越优良。

2. 高温下点蚀加剧

按照ISO 11463—2020《金属和合金的腐蚀点蚀评定方法》和GB/T 18590—2001《金属和合金的腐蚀 点蚀评定方法》对实验结果进行评定。中间试制样品13Cr的点蚀类型属于"宽浅型"，即点蚀深度较浅，而点蚀开口较大（图6-9）。当实验温度T=110 ℃；p_{CO_2}=1.75 MPa；p_a=35 MPa；Cl⁻质量浓度为50 000 mg/L；模拟流速5 m/s；实验时间t=168 h，在该实验条件下，样品13Cr的平均蚀坑深度为190 μm（即0.19 mm），平均蚀坑开口为0.28 mm²。样品13Cr的统计点蚀数据见表6-18。

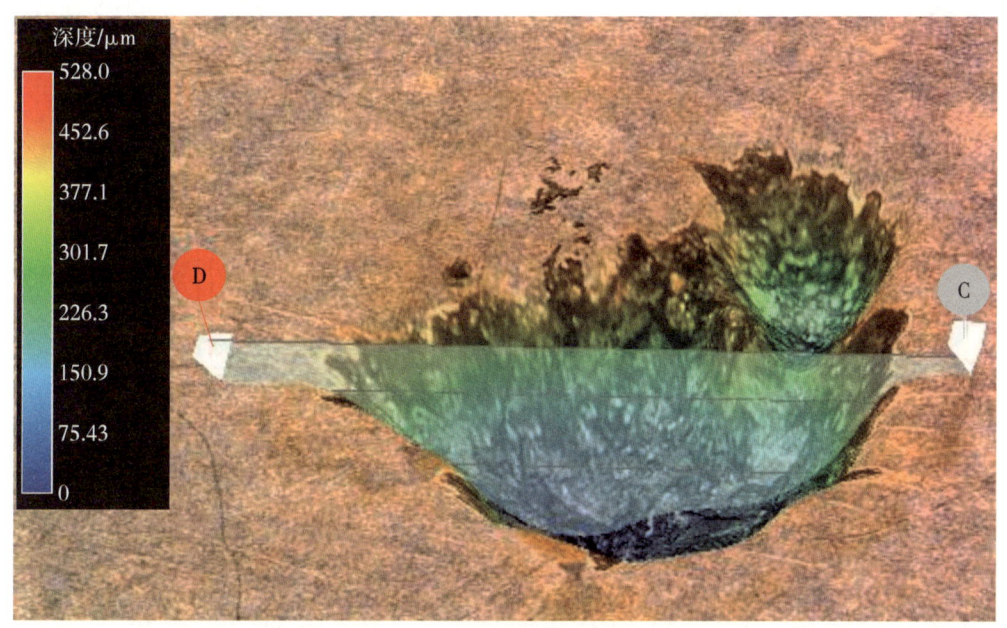

图6-9 不同点蚀类型横截面形状

表6-18 样品13Cr点蚀评价结果

实验温度/ ℃	点蚀评价		
	A密度/ 10³个/m²	B尺寸大小/ mm²	C深度/ μm
90	2	0.12	90
110	4.5	0.28	190

3. 电偶加剧4145H碳钢钻工具腐蚀

BG 13Cr-110油钻杆下端接4145H碳钢钻工具,二者的电极电位差大,由于电偶作用,碳钢钻工具腐蚀加剧。

按照图6-10加工超级13Cr与4145H电偶对,将其连接并拧紧螺母,从而模拟现场条件下的电偶腐蚀与缝隙腐蚀对平均腐蚀速率的加速作用大小。利用13Cr端$\phi1$孔将试样悬挂于高温高压釜中,实验温度:T=90 ℃、110 ℃;实验压力:p_{CO_2}=1.75 MPa、p_{CH_4}=6 MPa、p_a=35 MPa;液相腐蚀介质:50 000 mg/L的NaCl溶液;实验时间:t=168 h。该步骤的目的是检测样品13Cr与4145H偶接形成电偶后的电偶腐蚀作用,以及13Cr与4145H偶接接触面的缝隙腐蚀作用对13Cr平均腐蚀速率的影响和加速作用大小。

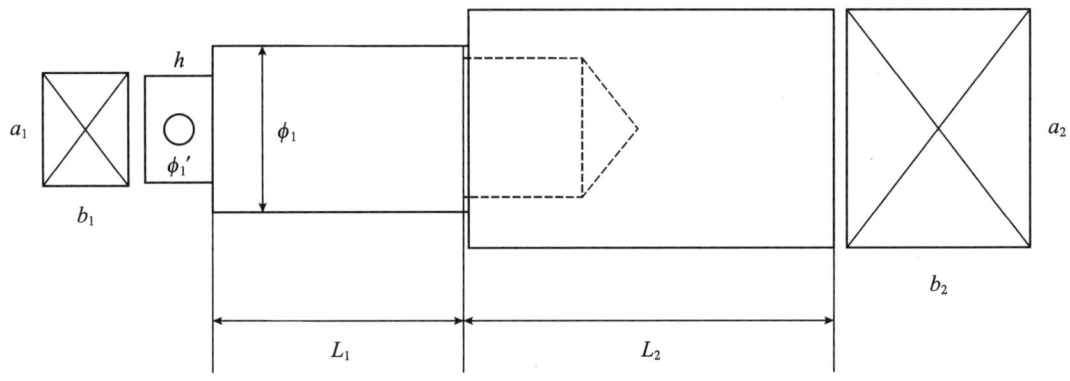

图6-10 电偶对超级13Cr(圆端)+4145H(方端)偶接形式

根据实验结果,13Cr与4145H偶接后,13Cr腐蚀作用更小,而4145H腐蚀作用因电偶形式而加剧。气相较液相试样表面具有更多腐蚀产物,并且接触面缝隙部位具有更多腐蚀产物的保护,具体腐蚀速率计算结果见表6-19。

4145H端表面腐蚀产物"厚而多",试样表面形成有一层钝化膜,但是该钝化膜在腐蚀实验过程中已被击穿,并发生严重均匀腐蚀现象,而13Cr端表面仍具有一定金属光泽,局部发生轻微腐蚀现象。

为了降低4145H碳钢钻工具的电偶腐蚀,在连接处,4145H端应设计为内螺纹,而13Cr端设计为外螺纹。

表 6-19　13Cr+4145H 平均电偶腐蚀速率计算结果（T=90 ℃）

编号	相态	材质	试样表面积 / cm²	失重 / g	平均腐蚀速率 /（mm/a）	
					实测	均值
4	气相	4145H	13.108 5	0.035 3	0.178 9	0.171 3
5			13.275 6	0.030 5	0.152 6	
6			12.886 6	0.035 4	0.182 5	
4		13Cr	14.537 1	0.001 2	0.005 5	0.004 8
5			13.375 1	0.000 9	0.004 5	
6			14.494 2	0.001 0	0.004 6	
1	液相	4145H	12.864 1	0.356 4	1.840 3	1.891 4
2			12.873 4	0.379 9	1.960 2	
3			12.893 2	0.363 7	1.873 7	
1		13Cr	14.510 4	0.000 2	0.000 9	0.001 1
2			14.542 0	0.000 2	0.000 9	
3			14.462 3	0.000 3	0.001 4	

第四节　油钻杆使用性能及复合载荷强度

一、油钻杆尺寸及强度基本数据

BG 13Cr-110TB 油钻杆在钻进、完井和测试后将用于采气，但十分重要的是，在钻井过程中，正常钻进、意外的卡钻和解卡不能断、刺，否则有可能造成井喷，风险极大。表 6-20 为 BG 13Cr-110TB 油钻杆性能参数，表 6-21 为新钻杆本体强度数据。

表 6-20 BG 13Cr-110TB 油钻杆性能参数

公称尺寸/mm	钢级	管体/mm			外螺纹接头/mm				内螺纹接头/mm			
		外径	内径	名义壁厚	外径	内径	长度	台肩宽	外径	内径	长度	台肩宽
101.6	110	101.6	72	14.8	133.4	72	124.9	13.6	133.4	72	124.9	13.6
最小抗扭强度/kN·m		67.45			60.05							
最小抗拉强度/kN		3 061.6			3 221.8							
紧扣扭矩/(kN·m)		—			36.03							
抗挤强度/MPa		188.82			—							
抗内压/MPa		193.39			—							
通径/mm		72	加厚型式		EU	螺纹类型			BGXT 42M			
						螺纹锥度			1:6			
						螺距/mm			6.35（4牙/25.4）			

表 6-21 新钻杆本体强度数据

新钻杆本体强度数据							
外径/mm	内径/mm	壁厚/mm	钢级	扭矩强度/kN·m	抗拉强度/t	抗挤强度/MPa	抗内压强度/MPa
101.60	72.00	14.80	110	67.45	312.41	188.82	193.39

二、在复合载荷作用下的油钻杆强度

1. 扭矩及对应的扭转圈数

不同钻柱长度与对应扭矩的钻柱扭转圈数见表 6-22。

表 6-22 不同钻柱长度与对应扭矩的钻柱扭转圈数

钻铤长度/m	钻杆长度/m	扭矩/kN·m	0	10	20	30	33（上扣扭矩）	40
		钻柱总长/m	—					
100	4500	4600	0	11.15	22.31	33.46	36.80	44.61
100	4700	4800	0	11.64	23.29	34.93	38.43	46.58
100	4900	5000	0	12.14	24.27	36.41	40.05	48.54
100	5100	5200	0	12.63	25.25	37.88	41.67	50.51
100	5300	5400	0	13.12	26.24	39.36	43.29	52.47
100	5500	5600	0	13.61	27.22	40.83	44.91	54.44

2. 井口安全提拉力与极限扭矩关系曲线

BG 13Cr 油钻杆井口安全提拉力与扭矩的变形关系曲线如图 6-11 所示。BG 13Cr-110TB 油钻杆的井口安全提拉力随扭矩的增大而减小，当扭矩为上扣扭矩 33 kN·m 时，对应的井口安全提拉力为 2 053.46 kN，满足强度要求。

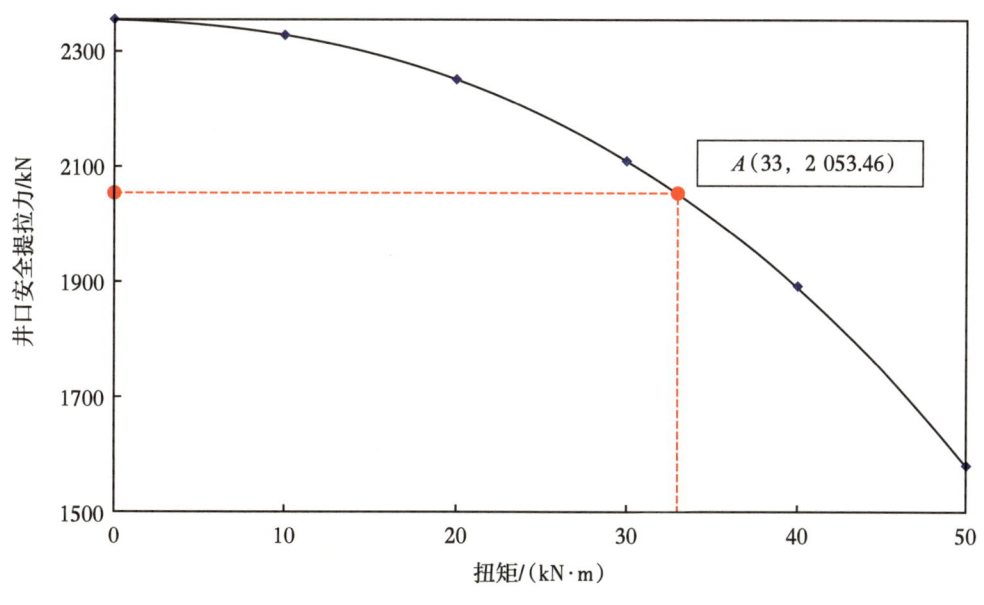

图 6-11 BG 13Cr 油钻杆井口安全提拉力与扭矩的变化关系曲线

3. 油钻杆井口安全边际负荷与极限扭矩关系曲线

BG 13Cr 油钻杆井口安全边际负荷与扭矩的变化关系曲线如图 6-12 所示。在不同井深条件下，BG 13Cr-110TB 油钻杆的井口安全边际负荷随扭矩的增大而减小，在同等扭矩下，井深越深，对应的安全边际负荷越小。当井深为 5600 m、扭矩为 20 kN·m 时，对应的井口安全边际负荷为 477.73 kN，满足强度要求。

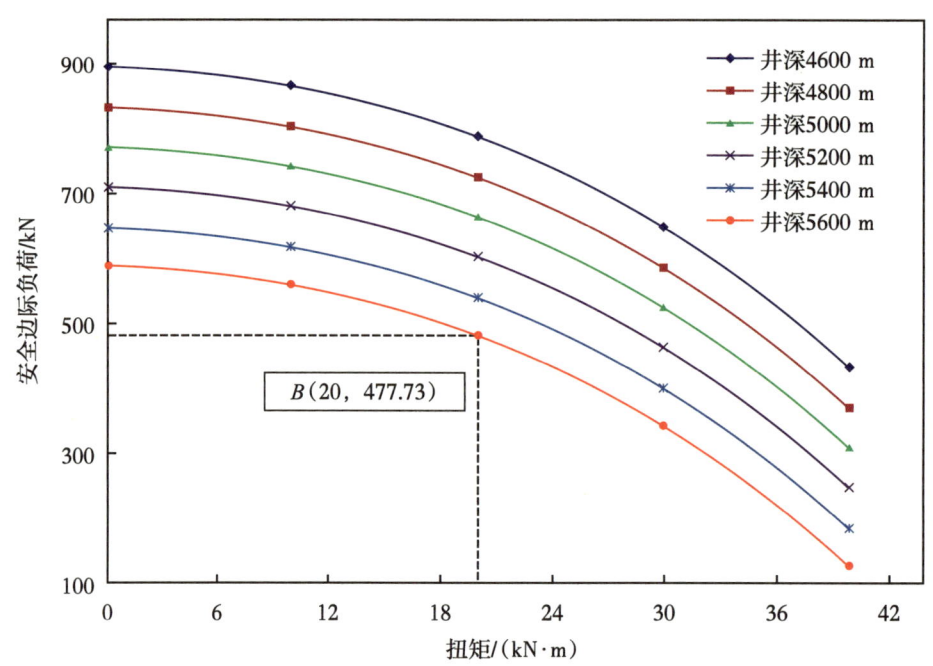

图 6-12　BG 13Cr 油钻杆井口安全边际负荷与扭矩的变化关系曲线

第五节　油钻杆现场应用及评价

一、迪北 101 井

油钻杆在迪北 101 井入井使用 488 根，使用时间为 10.5 h，进尺 52.07 m，表 6-23 为迪北 101 井基本数据。

表 6-23　迪北 101 井基本数据

作业时间	开次	钻头尺寸/mm	进尺/m	纯钻时间/h	套管尺寸/mm	套管下深/m	氮气钻井井段/m
2012 年 10 月 16 日—2012 年 10 月 17 日	四开	165.1	52.07	10.5	206.375+201.676	4 782.5	4 785.00~4 837.07

钻具组合为 ϕ165.1 mmA617DYGL+ϕ121 mm 箭形止回阀+ϕ120.65 mm 钻铤×1 根+ϕ121 mm 箭形止回阀×2 个+ϕ120.65 mm 钻铤×8 根+ϕ121 mm 箭形止回阀+ϕ121 mm 投入式止回阀+ϕ121 mm 旁通阀+DS35×BGXT42 接头+ϕ101.6 mm 油钻杆×488 根+BGXT42×NC40 旋塞（ϕ121 mm）+NC40×HT40 箭形止回阀（ϕ121 mm）+ϕ101.6 mm 斜坡钻杆×4 根+HT40×NC40 旋塞（ϕ121 mm）+NC40×HT40 箭形止回阀（ϕ121 mm）+ϕ101.6 mm 斜坡钻杆×4 根。钻进过程中，钻压为 4~36 kN，转速为 32~50 r/min，泵压为 4.0~5.4 MPa，注气量为 172.4~178.6 m³/min，扭矩为 5.9~12.1 kN·m。起钻时，使用威德福（7.6-30）油管钳配合气动卡瓦（代替气动卡盘），更方便操作，可提高起下钻速度。管体起出后，未发现明显冲蚀，螺纹未发生粘扣等异常现象，能够满足氮气钻井的工艺需要，达到设计性能要求。

处理卡钻事故时，最大扭矩达 30 kN·m，拉力达 2886 kN，经受住苛刻条件的考验。戴好护丝用气动绞车上下钻台，在平稳操作时，对油钻杆基本无损害，可提高上下效率。油钻杆上扣时，油管钳背钳压力为 37.9 MPa，设定上扣扭矩为 29 kN·m，实际上扣扭矩为 29.02~31.86 kN·m，牙痕深不超过 0.5 mm。威德福（7.6-30）油管钳配合气动卡瓦操作方便，可提高起下钻效率。

二、迪北 104 井

迪北 104 井由一勘 70126 钻井队承钻，设计井深 5070 m，2013 年 10 月 11 日 18:00，四开氮气钻进，12 日 3:51，钻至 4 794.81 m 时，钻遇良好油气显示完钻。表 6-24 为迪北 104 井基本数据。

表 6-24 迪北 104 井基本数据

作业时间	开次	钻头尺寸/mm	进尺/m	纯钻时间/h	套管尺寸/mm	套管下深/m	氮气钻井井段/m
2013 年 10 月 11 日—2013 年 10 月 12 日	五开	168.27	26.81	7.43	206.375+201.676+196.85	4768	4 768.00~4 794.81

钻具组合为：630（母）×HT40（公）保护接头+ϕ101.6 mm 斜坡钻杆×3 根+HT40（母）×BGXT42（公）接头+ϕ101.6 mm 油钻杆×479 根+BGXT42（母）×

DS38 接头 +ϕ120.65 mm 旁通阀 DS38+ϕ120.65 mm 投入式止回阀 DS38+ϕ120.65 mm 箭形 DS38+ϕ88.9 mm 加重钻杆 DS38×15 根 +ϕ120.65 mm 箭形 DS38+ϕ88.9 mm 加重钻杆 DS38×1 根 +ϕ120.65 mm 箭形 + DS38（母）×330 浮阀 +ϕ168.3 mm 牙轮钻头。在钻进过程中，钻压为 13.3~44.2 kN，转速为 31~57 r/min，泵压为 4.6~6.8 MPa，注气量为 177~195 m^3/min，扭矩最大为 4.6~10 kN·m。

本井油钻杆入井使用 482 根，钻进井段 4 768.00~4 794.81 m，进尺 26.81 m，纯钻时间为 7.43 h，能够满足氮气钻井的工艺需要，达到设计性能要求。钳牙咬伤管体，对液压大钳上卸扣要求高，应加紧摩擦焊接头技术研究。油管钳配合气动卡瓦操作方便，可提高起下钻效率。

第七章 应用实例

库车北部侏罗系阿合组储层累计开展氮气钻井现场应用6井次，累计总进尺822.31 m，平均机械钻速5.92 m/h。其中，迪西1井、迪北104井钻获工业气流，单井产量较邻井提高6倍以上，取得重大勘探开发成果，也验证了氮气钻井是提高库库北部侏罗系阿合组储层单井产量的有效手段之一。

第一节 迪北氮气钻完井方案设计及应用过程

一、概述

迪北构造氮气钻井共部署5口井，表7-1统计了各井次的钻进井段、钻速和产量。其中，迪西1井是最早部署的一口风险探井，四开钻获天然气 $58.98×10^4 \text{ m}^3/\text{d}$，是邻井依南2井的4.2倍。为继续评价阿合组下部主力储层段，五开继续钻进并再获工业气流，证明了迪北构造阿合组储层的资源潜力。后部署迪北101井、迪北104井等继续采取氮气钻井，其中，迪北104井再获勘探开发重大突破。

表7-1 迪北构造氮气钻井现场应用统计

构造	井号	井眼尺寸/mm	井段/m	层位	进尺/m	钻速/(m/h)	钻获产量/($10^4 \text{m}^3/\text{d}$)
迪北构造	迪西1井	215.9	4 708.50~4 811.38	阿合组	102.88	6.28	58.40
		149.2	4 880.10~5 000.00	阿合组	119.90	3.66	22.80
	迪北1井	165.1	5 027.00~5 235.65	阿合组	208.65	7.19	—
	迪北101井	165.1	4 785.00~4 837.07	阿合组	52.07	5.48	6.72
	迪北104井	168.3	4 768.00~4 794.81	阿合组	26.81	3.57	72.64
	迪北103井	168.3	4 720.00~4 890.00（直井） 4 662.00~4 804.00（侧钻）	阿合组	312.00	7.14	1.92

二、迪西1井

1. 基本数据

迪西1井是库车坳陷依奇克里克冲断带迪西1号大型断鼻构造东南翼的一口风险预探井,具体井身结构数据见表7-2,其中,四开、五开井段分别在235.9 mm、149.2 mm 井眼中钻进,进尺分别为102.88 m、119.9 m。

表7-2 迪西1井井身结构数据

开钻次序	井段 / m	钻头尺寸 / mm	套管尺寸 / mm	套管下入地层层位	套管下入井段 / m	水泥返至井深 / m
一开	205.09	660.4	508.00	第四系	0~205.09	0
二开	2 630.00	444.5	339.70	吉迪克组	0~2 630.00	0
三开	4 708.00	311.2	244.50	阿合组	0~2 286.73	0
			250.80		2 286.73~4 708.00	
四开	4 878.00	215.9	206.38	阿合组	0~4 496.47	0
			177.80		4 496.47~4 877.65	
五开	5 000.00	149.2	—	—	—	—

2. 钻具组合设计

迪西1井的氮气钻井钻具组合为:ϕ149.2 mm 牙轮钻头 + 双母箭形回压阀 + ϕ120.65 mm 钻铤 ×1根 + 箭形回压阀 ×2只 + ϕ120.65 mm 钻铤 ×11根 + 箭形回压阀 ×1只 + 投入式回压阀 ×1只 + 旁通阀 ×1只 + 转换接头 + ϕ88.9 mm 18°斜坡钻杆 ×48根 + 接头 + ϕ101.6 mm 18°斜坡钻杆 + 钻杆旋塞 ×1只 + 箭形止回阀 ×1只 + ϕ101.6 mm 18°斜坡钻杆 + 旋塞(手动)+ 顶驱液压旋塞。

3. 钻井参数设计

迪西1井的氮气钻井参数及注入参数见表7-3和表7-4。

表7-3 迪西1井氮气钻井参数设计

井眼尺寸 / mm	氮气钻井井段 / m	层位	钻压 / kN	转速 / r/min
215.9	4693~5000	阿合组	60~100	50~70

表 7-4 迪西 1 井注入参数设计

井段 / m	注气量 / m³/min	注入压力 / MPa	环空气体返速 / m/s	环空最大岩屑 浓度 /%
4693~5000	100~150	3.0~5.0	14~42	0.17

4. 现场施工简况

1）钻前预备

2012 年 6 月 25 日 1:10，干燥井壁后，以 170 m³/min 注气量、50 r/min 转速、10~30 kN 钻压试钻进 2 m，监测扭矩、立压等钻井参数和返出钻屑情况，无异常后，于 6 月 25 日 8:00 开始氮气钻进。

2）钻遇产气情况

2012 年 6 月 25 日 14:23 钻至 4 893.67 m 时，发现全烃浓度开始上涨，如图 7-1 所示，此时注气量为 170 m³/min、转盘转速为 50 r/min、钻压为 10~30 kN、泵压为 4.2~4.5 MPa。立即上提钻具循环观察，14:30 全烃浓度升高至

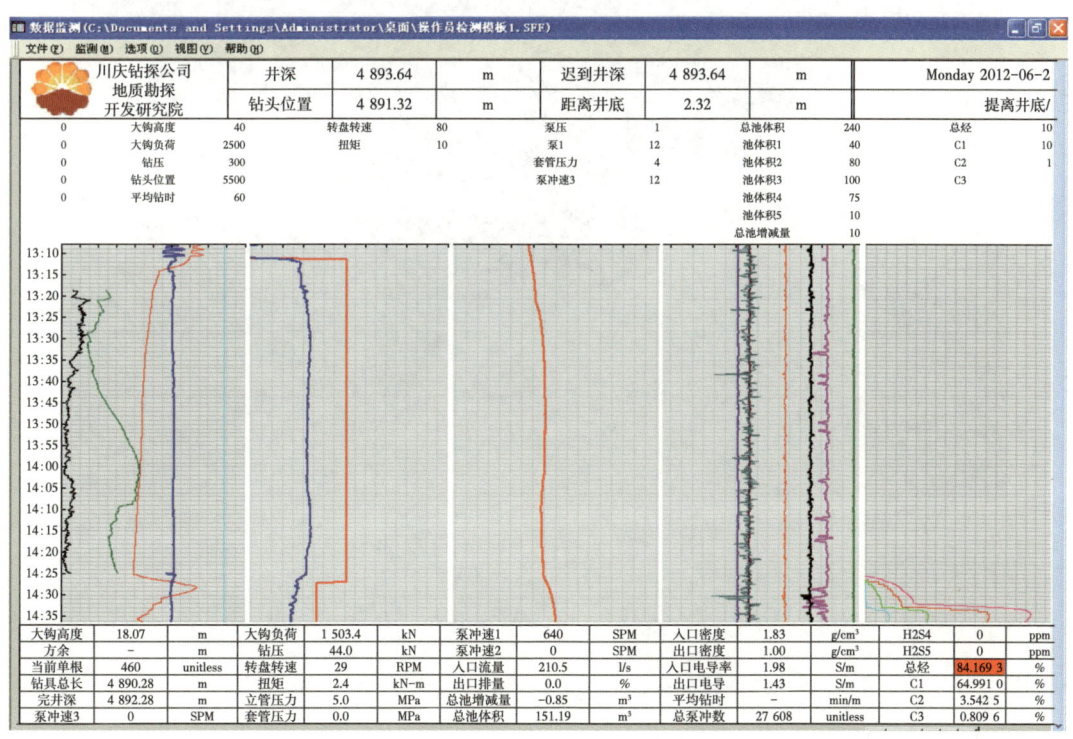

图 7-1 钻进至井深 4893.67 m 时的气测异常曲线图

87.58%，排砂管线出口点火，火焰高 8~10 m，打开副排砂管线，发现火焰中带黑烟，录井取砂样处发现有凝析油。14:41 火势基本稳定，全烃浓度保持在 62% 左右后，将钻压上调至 40 kN 继续钻进，泵压由 4.5 MPa 升高至 5.5 MPa。

12:30 第一次环空测试结束后，恢复氮气钻进，此时注气量为 170 m³/min、转速为 40~50 r/min，钻压为 10~50 kN、泵压为 5.1~5.5 MPa。钻进期间，取样口一直有原油析出（图 7-2），基本取不到砂样。

图 7-2 取样口取出的原油

6 月 27 日 6:04，以注气排量 150 m³/min、转盘转速 40~50 r/min、钻压 20~40 kN、泵压 5.4~5.8 MPa 继续钻进，钻至 4 976.72 m 时，发现气测异常，全烃浓度由 66.21% 上升至 88.24%，如图 7-3 所示。

钻头使用情况见表 7-5。

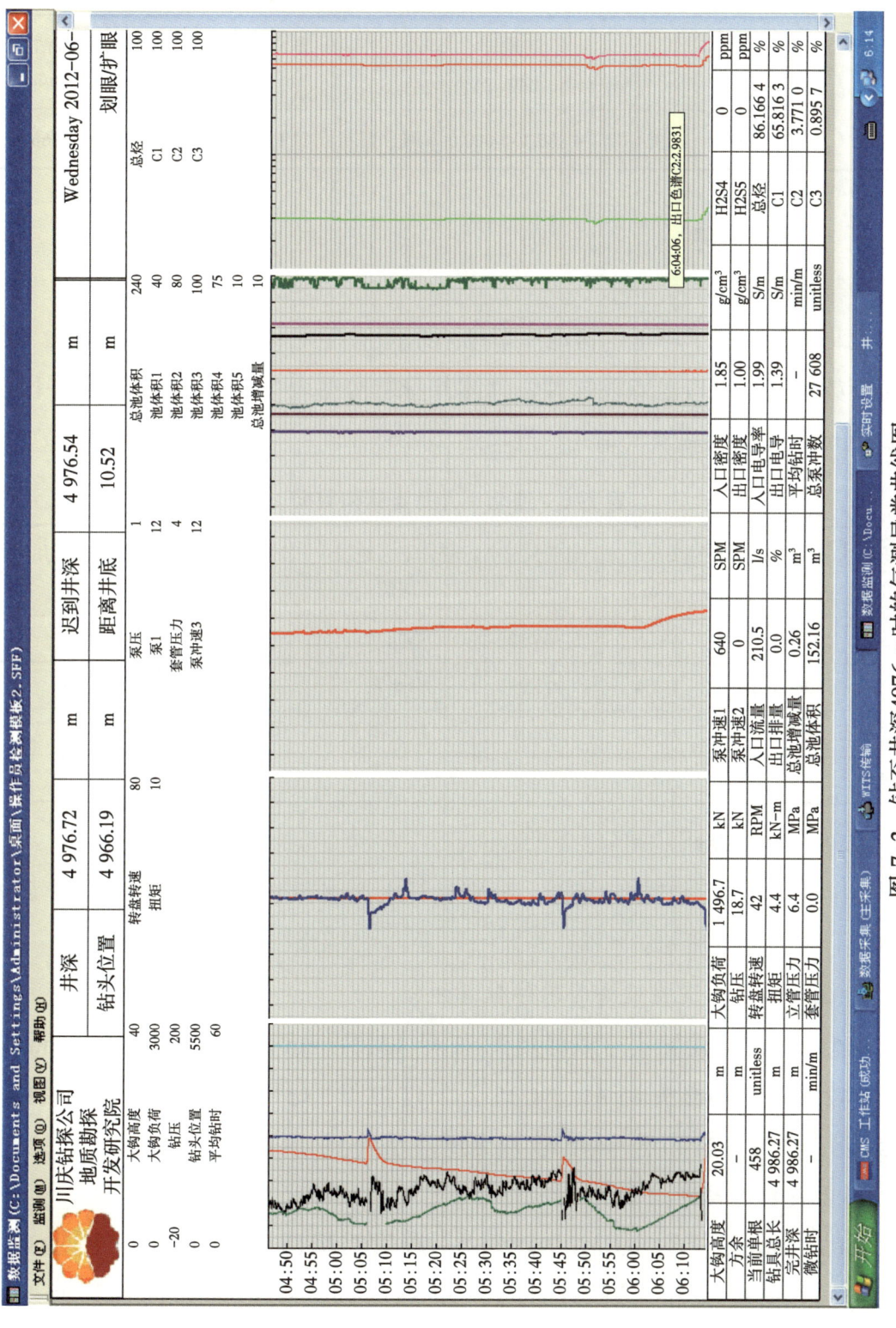

图 7-3 钻至井深 4976 m 时的气测异常曲线图

表 7-5 钻头使用情况

尺寸/mm	型号	厂家	井段/m	层位	进尺/m	纯钻时间/h	机械钻速/(m/h)
149.2	MX-18DX	贝克休斯	4 880.1~5 000.0	阿合组	119.9	32.45	3.66

三、迪北 1 井

1. 基本数据

迪北 1 井是位于塔里木盆地库车坳陷东部依奇克里克冲断带下盘迪北 1 号大型断鼻构造上一口重点预探井，具体井身结构见表 7-6。其中，四开井段在 165.1 mm 井眼中实施氮气钻井，进尺达 208.65 m。

表 7-6 迪北 1 井井身结构数据

开钻次序	井段/m	钻头尺寸/mm	套管尺寸/mm	套管下入地层层位	套管下入井段/m	水泥返至井深/m
一开	300.45	444.5	365.12	第四系	0~299.45	0
二开	3 170.00	333.4	273.05	白垩系	0~3 167.82	0
三开	5 027.00	241.3	206.4	阿合组	0~4 978.40	0
四开	5 235.65	165.1	—	—	—	—

2. 钻具组合设计

迪北 1 井采用两套钻具组合，分别钻开水泥塞和氮气钻井实施井段，具体钻具组合方式如下所示：

1）钻井液钻水泥塞及套管附件钻具组合

ϕ165.1 mm 牙轮钻头 + 双母接头 ×1 只 + ϕ121 mm 浮阀 ×1 只 + ϕ121 mm 光钻铤 ×12 根 + 转换接头 ×1 只（NC35 公 ×HT40 母）+ ϕ101.6 mm 18° 斜坡钻杆 + 转换接头 ×1 只（HT40 公 ×630 母）+ 旋塞（手动）+ 顶驱液压旋塞。

2）氮气钻进钻具组合

ϕ165.1 mm 牙轮钻头（A617DYGL）+ 双母箭形回压阀 [DS35（母）×330] + ϕ120.65 mm 钻铤 ×1 根 + 箭形回压阀 [NC35（母）× NC35（公）] + 箭形回压阀 [NC35（母）×NC35（公）] + ϕ120.65 mm 钻铤 ×11 根 + 箭形回压阀 [NC35（母）×

NC35（公）]+投入式回压阀［NC35（母）×NC35（公）]+旁通阀+转换接头（DS35 公 ×DS38 母）+ϕ101.6 mm 钻杆+顶驱。

3. 钻井参数设计

迪北 1 井的氮气钻井参数及注入参数见表 7-7 和表 7-8。

表 7-7　迪北 1 井氮气钻井参数设计

井眼尺寸 / mm	氮气钻井井段 / m	层位	钻压 / kN	转速 / r/min
165.1	5027~5350	阿合组—塔克奇组	20~40	40~50

表 7-8　迪北 1 井注入参数设计

井段 / m	注气量 / m³/min	注入压力 / MPa	环空气体返速 / m/s	环空最大岩屑浓度 / %
5027~5350	120~150	2~4	8.12~54.87	0.03

4. 现场施工简况

1）钻前预备

2012 年 10 月 6 日 02:00，干燥井壁后，以气体排量 170 m³/min、转盘转速 50 r/min、钻压 10~30 kN 开始试钻进，3:30 钻进至 5 029.23 m，接单根后划眼，扭矩增大，憋停顶驱遇卡，上提 200 kN 解卡，8:00 在井段 5 027.89~5 029.23 m 划眼过程中，反复出现阻卡且憋停顶驱，经多次反复划眼后，恢复正常。

2）钻遇井下复杂情况

2012 年 10 月 7 日 15:03 至 17:20 氮气钻井期间，1 号排砂管线排压及应力波曲线发生明显变化，顶驱扭矩波动大，排砂管线出口有黑烟喷出。17:20 氮气钻进至井深 5 234.48 m，扭矩由 7.8 kN·m 升高至 9.3 kN·m，立管压力由 5.8 MPa 升高至 6.3 MPa；17:28 继续钻进至井深 5 235.65 m，上提钻具至井深 5 234.97 m 遇卡，悬重由 1679 kN 升高至 1813 kN，立管压力升高至 6.5 MPa。17:51 上提钻具至钻头位置 5 234.42 m，悬重升高至 2455 kN，立管压力升高至 15.9 MPa；后下放至钻头位置 5 229.90 m，悬重降低至 1399 kN，立管压力升高至 18.5 MPa。18:12 上提下放活动钻具，立管压力降低至 9.8 MPa，旋转钻具扭矩恢复正常，出口有少量气体喷出，后继续活动钻具，立管压力升高至 20.3 MPa，出口无气体喷出，钻具卡死。

采取上提下放活动钻具、向环空注入柴油、憋压后活动钻具、注入钻井液等多种方式均未解卡。岩屑分析如图 7-4 所示，井段 5219~5235 m 含有大段的煤层，引起卡钻的原因是煤层段垮塌。

图 7-4　井段 5219~5235 m 岩屑情况

四、迪北 101 井

1. 基本数据

迪北 101 井是位于塔里木盆地库车坳陷东部依奇克里克冲断带下盘迪北 1 号大型断鼻构造上的一口评价井，具体井身结构见表 7-9。其中，四开井段在 165.1 mm 井眼中实施氮气钻井，进尺 52.07 m。

表 7-9 迪北 101 井井身结构数据

开钻次序	井深 / m	钻头尺寸 / mm	套管尺寸 / mm	套管下入地层层位	套管下入井段 / m	水泥封固段 / m
一开	300	444.5	365.13	$N_{1-2}k$	0~300	0~300
二开	3007	333.4	273.05	$E_{1-2}km$	0~3005	0~3007
三开	4785	241.3	206.38	$E_{2-3}s$	0~2800	0~2800
				J_1y	2800~4782	2800~4782
四开	5100	165.1	裸眼完井			

2. 钻具组合设计

迪北 101 井的氮气钻井钻具组合为：ϕ165.1 mm 牙轮钻头（A617DYGL）+ 双母箭形回压阀［330×NC35（母）］+ϕ120.65 mm 钻铤 ×1 根 + 箭形回压阀［NC35（母）×NC35（公）］+ 箭形回压阀［NC35（母）×NC35（公）］+ϕ120.65 mm 钻铤 ×8 根 + 箭形回压阀［NC35（母）× NC35（公）］+ 投入式回压阀［NC35（母）×NC35（公）］+ 旁通阀 + 转换接头［NC35（公）×BGXT42（母）］+ϕ101.6 mm 油钻杆 ×491 根［BGX42（公）×BGX42（母）］+ 旋塞［BGX42（公）×NC40（母）］+ϕ101.6 mm 箭形回压阀［BGX42（公）×NC40（母）］+ϕ101.6 mm 钢钻杆 + 顶驱。

3. 钻井参数设计

迪北 101 井的氮气钻井参数及注入参数见表 7-10 和表 7-11。

表 7-10 迪北 101 井氮气钻井参数设计

井眼尺寸 / mm	氮气钻井井段 / m	层位	钻压 / kN	转速 / r/min
165.1	4785~5100	阿合组—塔克奇组	20~40	40~50

表 7-11 迪北 101 井注入参数设计

井段 / m	注气量 / m³/min	注入压力 / MPa	环空气体返速 / m/s	环空最大岩屑浓度 / %
4785~5100	120~150	2.0~4.0	8.12~54.87	0.03

4. 现场施工简况

1）钻前预备

2012年10月16日21:00，干燥井壁后，以气体排量180 m³/min、转盘转速50 r/min、钻压10~30 kN开始试钻进，无异常情况。

2）钻遇产气情况

2012年10月17日8:00，钻进至4 837.07 m发现油气显示，气测全烃浓度由14.03%升高至99.99%，排沙管线出口点火，火焰高5~6 m，呈橘红色。9:00短起至4766 m进行环空测试，用8 mm油嘴放喷求产，测试日产气66 120 m³。

10月18日10:00测试结束，倒入钻井流程，16:29钻头划眼至4 834.2 m，扭矩由7.22 kN·m升高至11.25 kN·m，立压由5.7 MPa升高至7.81 MPa，16:32顶驱蹩停，扭矩上涨至24.4 kN·m，立压上涨至10 MPa，甲烷浓度上涨至86.94%。

3）钻遇井下复杂情况

2012年10月18日16:32至17:36，上下活动钻具，期间最大悬重为2 508.85 kN，立压上涨至21.62 MPa，扭矩峰值为24.62 kN·m，17:36立压开始下降，顶驱转速恢复至52.78 r/min，扭矩下降至6.82 kN·m，排压迅速上升。解卡前悬重为1 751.94 kN，解卡后悬重为1 653.55 kN。

21:30划眼至井深4 835.50 m，发现井下异常，加压4~8 tf，划眼无进尺，上提无阻卡。停顶驱，下压15 tf，上提无阻卡，初步判断为钻具断裂。后采用密度1.85 g/cm³的压井液压井，结束氮气钻井。

五、迪北103井

1. 基本数据

迪北103井是位于塔里木盆地库车坳陷东部依奇克里克冲断带下盘迪北1号大型断鼻构造上的一口评价井，具体井身结构见表7-12。其中，五开井段在168.3 mm井眼中实施氮气钻井，进尺达312 m。

2. 钻具组合设计

迪北103井的氮气钻井钻具组合为：ϕ168.30 mm钻头×0.21 m+ϕ140 mm双母

330×HT40×0.62 m +φ140 mm 箭形止回阀 ×0.47 m+φ101.6 mm 加重钻杆 ×28.08 m+φ140 板式浮阀 ×0.47 m+φ140 mm 箭形止回阀 ×0.47 m+φ140 mm 箭形止回阀×0.47 m+φ140 mm 箭形止回阀 ×0.47 m+φ101.6 mm 加重钻杆 ×112.59 m+φ140 mm 箭形止回阀 ×0.47 m+φ140 mm 投入止回阀 ×0.64 m+φ140 mm 旁通阀 ×0.56 m+HT40 公 ×BGXT42 母接头 ×0.75 m+φ101.6 mm 油钻杆 ×4 573.91 m+ HT40 母 ×BGXT42 公接头 ×0.72 m+φ140 mm 旋塞 ×0.46 m+φ140 mm 箭形止回阀 ×0.47 m+φ101.6 mm 钢钻杆。

表 7-12　迪北 103 井井身结构数据

开钻次序	井段/m	钻头尺寸/mm	套管尺寸/mm	套管下入地层层位	套管下入井段/m	水泥封固段/m
一开	0~201	660.4	508.00	第四系	0~201	0~201
二开	~2964	444.5	365.13	吉迪克组蓝灰色泥岩段	0~1390	0~2964
			374.65	吉迪克组膏泥岩段底	1390~2550	
			365.13	舒善河组顶	2550~2964	
三开	~4625	333.4	273.05	阿合组顶	2964~4720	2928~4720
		回接	273.05	—	0~2964	0~2964
四开	~4720	241.3	201.7	阿合组下砂砾岩夹泥岩段顶	4590~4720	4590~4720
		回接	196.85	—	0~4590	0~4720
五开	~5000	168.3	—	—	氮气钻井，裸眼完井	

3. 钻井参数设计

迪北 103 井的氮气钻井参数及注入参数见表 7-13 和表 7-14。

表 7-13　迪北 103 井氮气钻井参数设计

井眼尺寸/mm	氮气钻井井段/m	层位	钻压/kN	转速/(r/min)
168.3	4720~5000	阿合组—塔克奇组	20~40	40~50

表 7-14 迪北 103 井注入参数设计

井段/m	注气量/m³/min	注入压力/MPa	环空气体返速/m/s	环空最大岩屑浓度/%
4720~5000	120~150	2.0~4.0	8.07~53.87	0.03

4. 现场施工简况

1）钻前预备

2014 年 1 月 11 日 08:00，干燥井壁后，以气体排量 180 m³/min、转盘转速 65 r/min，钻压 40 kN 开始试钻进，无异常情况。

2）钻遇产气情况

2014 年 1 月 11 日 21:47，氮气钻进至井深 4 776.00 m，排砂管出口点火，呈橘红色火焰，火焰高 3~5 m，并伴有黑烟，至 22:45 火焰熄灭。

2 月 10 日 18:30，氮气钻进至 4804 m 完钻，全烃浓度由 7% 升高至 40%，出口间断点火，录井取样口见少量原油。

3）钻遇井下复杂情况

2014 年 1 月 12 日 20:30，氮气钻进至井深 4890 m 时，冲管密封圈刺坏，后起钻至套管鞋换冲管密封圈。23:30 更换冲管密封圈完，向环空注入氮气 2.2 MPa，从正眼内有小股气体泄漏，现场验证钻具内防喷工具失效。

1 月 13 日 15:30，划眼至井深 4 822.24 m 时遇卡，大钩负荷由 1759 kN 升高至 2635 kN，泵压由 7.7 MPa 升高至 20.6 MPa，出口间断返砂。1 月 14 日 13:20 注柴油 32 m³，大钩负荷由悬重 2600 kN 降低至 1798 kN，扭矩为 4.0 kN·m，泵压由 19.1 MPa 降低至 9.1 MPa，解卡成功。

六、迪北 104 井

1. 基本数据

迪北 104 井是位于塔里木盆地库车坳陷东部依奇克里克冲断带下盘迪北 1 号大型断鼻构造上的一口评价井，为了探索提高迪北气藏单井产量，储备迪北区块高效开发新技术、新工艺，该井五开 168.3 mm 井眼阿合组储层段实施氮气钻井。具体井身结构见表 7-15。

表 7-15 迪北 104 井井身结构数据

开钻次序	井段/m	钻头尺寸/mm	套管尺寸/mm	套管下入地层层位	套管下入井段/m	水泥封固段/m
一开	0~200	660.4	508.00	第四系	0~202	0~202
二开	~3076	444.5	365.13	吉迪克组蓝灰色泥岩段	0~1390	0~3076
			374.65	吉迪克组膏泥岩段底	1390~2550	
			365.13	舒善河组顶	2550~3076	
三开	~4792	333.4	273.05	阿合组顶	2928~4790	2928~4790
		回接	273.05	—	0~2928	0~2928
四开	~4852	241.3	201.7	阿合组下砂砾岩夹泥岩段顶	4590~4850	4590~4850
		回接	196.85	—	0~4590	0~4590
五开	~5070	168.3	—	—	氮气钻井，裸眼完井	

2. 钻具组合设计

迪北 104 井的气体钻井钻具组合为：ϕ168.3 mm 牙轮钻头（VMD-30H）+ϕ120.7 mm 双母浮阀（330×DS38 母）+ϕ120.7 mm 箭形止回阀（DS38 公 ×DS38 母）+ϕ88.9 mm 加重钻杆（DS38×DS38 母）+ϕ120.7 mm 浮阀 +ϕ120.7 mm 箭形止回阀 +ϕ88.9 mm 加重钻杆 ×15 根 +ϕ120.7 mm 箭形回压阀 +ϕ120.7 mm 投入式止回阀 +ϕ120.7 mm 钻具旁通阀 + 转换接头（DS38 公 ×BGXT42 母）+ϕ101.6 mm 油钻杆（BGXT42 公 ×BGXT42 母）×550 根 + 转换接头（BGXT42 公 ×HT40 母）+ϕ139.7 mm 旋塞（HT40 公 ×NC40 母）+ϕ101.6 mm 箭形回压阀（HT40 母 ×NC40 公）+ϕ101.6 mm 钢钻杆 ×3 根 + 保护接头（630×HT40 公）+ϕ101.6 mm 旋塞（630×631）+ 顶驱液压旋塞。

3. 钻井参数设计

迪北 104 井的氮气钻井参数及注入参数见表 7-16 和表 7-17。

表 7-16　迪北 104 井钻井参数设计

氮气钻进井段 / m	钻头直径 / mm	钻压 / kN	转速 / r/min
4852~5070	168.3	20~40	40~50

表 7-17　迪北 104 井注入参数设计

井段 / m	注气量 / m³/min	注入压力 / MPa	环空气体返速 / m/s	环空最大岩屑浓度 / %
4852~5070	120~150	2.0~4.0	8.07~53.87	0.03

2013 年 10 月 11 日 17:58 开始五开氮气钻进，于 10 月 12 日 1:26 钻进至井深 4794.81 m，发现油气重大显示，经两条 ϕ254 mm 排砂管线和两条 ϕ103 mm 放喷管线同时放喷，出口点火焰高 20~30 m。氮气钻至高产后，通过排砂管线和放喷管线放喷降压，利用旋转控制头密封起钻。起钻至钻杆箭形回压阀位置，先关闭箭形回压阀下部旋塞阀，拆卸箭形回压阀后，再打开旋塞阀时，疑因下部内防喷工具失效，钻具内憋有压力，旋塞阀无法正常打开。

后接压裂车，从钻具内打平衡压至 18 MPa，打开旋塞阀，并注入清水 15 m³ 以减缓投入式止回阀下落速度和平衡钻具内压力。待立压为零后，迅速卸掉接头，投入投入式止回阀，关闭旋塞阀。再接压裂车和压井管汇，开旋塞阀，通过压井管汇泄钻具内压力。

连接钻杆悬挂器，并安放 BPV 阀（图 7-5），通过旋转防喷器和环形防喷器倒关下放座挂钻杆悬挂器。

在借鉴该构造前三口井氮气钻井的经验上，迪北 104 井从井口装置、井控装置、内防喷工具、钻完井技术配套方面做了详细的论证和改进，投产采用原油钻杆座挂完井，首次在塔里木油田突破了高压高产井全过程欠平衡氮气钻井技术。

(a)安装过程

(b)拆卸过程

图 7-5　悬挂器内安装 BPV 阀和取出工具

第二节　应用效果分析评价

一、氮气钻井建产效果分析

迪西 1 井在未经储层改造的情况下,天然气产量是邻井依南 2 井的 4.2 倍,而邻井依南 2 井相同层位未获得原油产量,说明对于阿合组低孔隙度、低渗透率致密砂岩油气藏，常规钻井液钻井对储层造成的伤害导致原油无法进入井筒，即使通过酸化压裂，仍然无法消除对储层造成的伤害。

总结迪西 1 井钻完井的经验后，继续在迪北区块部署迪北 1 井、迪北 101 井、迪北 103 井，采取氮气钻井开发阿合组储层。其中，迪北 1 井发生卡钻事故并且未能成功解卡，迪北 101 井虽钻遇天然气，但也因卡钻事故未能成功建产，迪北 103 井卡钻后解卡成功，但产量有限。迪北 104 井部署在距迪西 1 井 2 km 处的相邻位置，再度钻获重大突破，天然气产量为 $70×10^4$~$80×10^4$ m³/d（含油），初步估算无阻流量达 $200×10^4$~$300×10^4$ m³/d。

实践表明，采用氮气钻井避免了液相侵入对储层造成的伤害，单井产量显著提高，证明氮气钻井是开发迪北构造阿合组储层行之有效的手段。但氮气钻井依然面临两方面问题：一是钻遇泥页岩夹层或煤层时易垮塌；二是高渗透富气层段的地质预测问题。

二、井下复杂的预防与控制

1. 岩屑堵塞

迪西 1 井在第三次环空测试时，当油压达到 27.90 MPa，发现天然气从旋转控制头胶心处冒出，关闭环形防喷器后仍有泄漏，说明半封闸板和环形防喷器均密封不严。经拆卸防喷器检查，发现防喷器内堆积大量岩屑，且闸板芯子上方有被压实的岩块，闸板芯子未出现明显的损坏，说明造成防喷器密封不严的主要原因是岩屑堆积在闸板芯子上，在关封井器时，封芯与钻具之间夹杂岩屑造成密封不严，环形防喷器在未更换胶心的情况下，只将其岩屑清除便试压成功。

岩屑经排砂四通连接出的排砂管线返出，排砂四通之上无返出通道，由于井筒上返通道与地面返出通道成 90°，岩屑上返时，岩屑由于惯性势必进入排砂四通以上通道，然后岩屑下沉时，堆积在防喷器的腔体内，由于无返出通道，造成岩屑越积越多，对防喷器的密封造成影响。

通过对井口装置、排砂管线上布置的 10 个监测点进行壁厚情况分析，排砂四通、排砂管线、多功能四通的壁厚均未发生变化。利用大通径排砂系统以增大返出流道面积，同时氮气钻井作业周期短，使得地面装置未受到冲蚀，提高了氮气钻井的安全性和可靠性。

迪北1井从平衡管汇连接一条吹扫管线至旋转防喷器壳体，氮气钻井期间，定期通过这条吹扫管线对防喷器腔体进行注气吹扫，在吹扫过程中，排砂管线出口处有大量岩屑喷出，有效防止了岩屑在防喷器腔体内的堆积，极大程度地消除了因岩屑堆积对防喷器密封造成的影响。

2. 卡钻

迪北1井、迪北101井和迪北103井均发生不同程度的卡钻事故，究其原因，是钻遇煤层和泥岩层时，井壁失去有效支撑导致失稳。应强化对随钻返出岩屑的监测，一方面控制钻时，另一方面反复划眼，保持井内循环正常，以便及时将垮塌物带出，如果垮塌严重影响氮气钻井作业安全时，应及时结束氮气钻井。

三、建议

1. 强化地质体含气性评价

提高地质体含气性评价的准确性，需深度结合工程地质力学研究，将地质演变与力学研究紧密结合，在区域空间上获取更准确的岩石力学参数场，进而为地应力评价、裂缝展布评价、孔隙压力系统分析提供更科学的研究手段。在强化三维地质体评价后，更精细地刻画构造、岩性界面及流体分布特征，从而为气体钻井开发致密砂岩气藏提供更准确的地质依据。

2. 完善随钻评价与安全控制技术体系

气体钻井对地层条件及工程作业的要求相对苛刻，需要更加完善的随钻评价与安全控制技术作为保障。为实时、快速地获取井下数据，还需形成长距离、大容量、高速井下随钻测量方法及系统。后续还需加强近钻头测量理论研究与专用关键传感器的研制，利用测量所得参数，评价地层特性、储层段流体特性、储层产量、压力、温度等，将气体钻井作为勘探和开发双重工具。

利用随钻评价结果实现风险评估与安全控制也是气体钻井关键技术的核心组成部分。目前，通过井下数据采集与异常工况的智能识别，可以实时地获知井下各项参数的变化情况，已建立了井壁失稳、产水、产气、燃爆、钻柱失效等风险发生与对应工况参数的关系模型，结合神经网络分析和机器学习，形成了气体钻井随钻安全风险辨识方法。后续除依托随钻评价技术的进步提高安全风险评估的精度外，还需研发自动化、智能化地面井控安全系统，以及预防风险的配套工艺技术，比如防止卡钻的气体钻井专用钻头、提高井眼净化效率的专用短节工具等。

3. 发展复杂地层气体钻完井工艺及工具

井下复杂的处理和预防同样重要，在提高气体钻井安全穿越泥岩层、水层能力的同时，还需加强对地层出水、卡钻等事故的处理工艺攻关，如处理地层出水的反循环钻井技术、处理卡钻后难以解卡的快速丢手工具等。

要发挥气体钻井保护储层的优势，还应在钻完井全过程避免储层伤害。迪西1井初期产量高，压井后产量陡然降低，压裂后产量依然持续衰减，其原因在于压井液和压裂液对储层的伤害，降低了气藏产能。后续还需加强对气体钻井不压井起下钻理论、井下带压完井工艺及配套工具的攻关。